GRID RENEWABLE ENERGY

GRID 신재생에너지

정승민 · 윤민한 지음

저자 소개

정승민

한밭대학교 교수

윤민한

광운대학교 교수

GRID 신재생에너지

발행일 2022년 5월 27일 초판 1쇄
지은이 정승민 · 윤민한
펴낸이 김준호
펴낸곳 한티미디어 | **주소** 서울시 마포구 동교로 23길 67 Y빌딩 3층
등 록 제 15-571호 2006년 5월 15일
전 화 02)332-7993~4 | **팩스** 02)332-7995
ISBN 978-89-6421-430-5 (93530)
정 가 27,000원

마케팅 노호근 박재인 최상욱 김원국 김택성 | **관리** 김지영 문지희
편 집 김은수 유채원 | **본문** 이경은 | **표지** 유채원

이 책에 대한 의견이나 잘못된 내용에 대한 수정정보는 한티미디어 홈페이지나 이메일로 알려주십시오.
독자님의 의견을 충분히 반영하도록 늘 노력하겠습니다.

홈페이지 www.hanteemedia.co.kr | **이메일** hantee@hanteemedia.co.kr

---

This work was supported by the Korea Institute of Energy Technology Evaluation and Planning(KETEP) and the Ministry of Trade, Industry & Energy(MOTIE) of the Republic of Korea (No. 20204030200080).

PREFACE

에너지전환정책의 핵심이 전력계통을 구성하는 발전설비의 신재생에너지 비중 증가로 대변됨에 따라 신재생에너지를 이해하는 데 있어서 전력계통 관점에서의 접근이 중요해지고 있다.

최근 도입되고 있는 신재생에너지원은 대부분 전력전자를 탑재하고 있어, 고전적인(Conventional) 발전기와 큰 차이가 있고, 전 세계적으로 이러한 설비의 특성에 주목하여 학계와 산업계의 연구가 확대되고 있다. 이러한 상황에서 신재생에너지와 전력계통 측면에서 기술과 시장의 발전을 위해, 전문가를 양성하고 효율적으로 설비들을 설계하여 연구 및 개발 프로젝트를 수행할 수 있도록 학습하기 위한 교재가 필요하다는 판단하에 본 교재를 편찬하게 되었다.

인버터 및 컨버터를 활용한 전력 변환기의 개념은 전력시스템 응용 분야에서 널리 쓰이고 있는데, 이는 전력의 변환, 저장 · 생산 등에 점차 확대되어 사용되고 있으며, 특히 신재생에너지, HVDC/FACTS(High Voltage Direct Current/Flexible ac transmission system), ESS(Energy storage system) 및 스마트 그리드와 같은 새로운 개념은 전력전자의 개념이 전력시스템으로 점점 더 확장되어 간다는 것을 의미한다. 본 교재에서는 전력 변환 및 신재생에너지 애플리케이션에 대한 설계 내용을 집중적으로 다루고 전력전자 설비의 원리와 제어기 설계에 대한 세부 정보를 다룬다.

본 교재에서 주요 학습원으로 분류한 에너지원은 국내에서 확장이 예상되는 풍력, 태양광, 에너지 저장장치로서 전력계통의 변동성에 가장 큰 이슈로 평가되는 전원들이며, 해당 에너지원의 특성을 이해하고 신재생에너지에 대한 실습을 전력시스템 해석 툴인 PSCAD(Power system computer aided design)를 이용해 진행할 수 있도록 구성하였다. 해당 학습을 체계적으로 구성 · 전달하기 위해, 회로이론, 전력공학, 전력전자 및 자동제어에 대한 학부 수준의 배경을 갖춘 사람을 주 독자층으로 예상하였으며, 특히 학부 졸업에 가까운 사람이나 연구를 시작하는 자가 PSCAD를 활용하여 직접 설계를 하고 전력전자를 기반으로 하는 신재생에너지 설비 및 전력전자 설비의 원리를 깨달을 수 있는 교재로 개발하였다.

많은 연구자들에게 이 책이 전력계통연계용 전력전자 설비의 원리를 학습하고 미래의 에너지 및 전력 산업에 있어 연구, 개발, 교육에 도움이 되고, 더 나아가 국가 기술을 발전시키는 데 좋은 지침서가 될 수 있기를 바란다.

편저자 일동

CONTENTS

CONTENTS

1

신재생에너지 개론

ENERGY

산업계에서 에너지를 재생에너지와 비재생에너지의 개념으로 분류하기 시작한 것은 비교적 최근의 일이다. 산업혁명을 시작으로 화석에너지를 급격하게 소진하기 시작한 이래 추출 가능한 화석연료의 상당 부분이 고갈되고 있다. 이들의 연료 생성은 수백만 년 전부터 시작된 것으로 새로운 연료 생성에 기대할 수 없으며, 기술의 발전으로 추출 가능한 화석연료의 범위가 넓어지는 데 의존하게 될 것으로 전망하고 있다. 하지만 추출 가능한 화석연료의 규모와 별개로, 지구의 생태계와 기후에 불안정을 유발할 수 있는 온실가스 문제는 우리에게 새로운 에너지원의 활용 및 보급의 필요성을 제시하고 있다. 이에 '지속가능성'에 주목한 에너지원의 보급이 가속화되고 있으며, 여기서는 '확대가능성'을 중심으로 신재생에너지를 소개하고자 하며, '전력계통'에서의 신재생에너지 확산에 대해 언급을 이어가고자 한다.

1.1 세계 기후 변화

산업혁명 시기에 가파르게 상승한 화석연료의 이용은 산업화가 안정화된 이후에도 꾸준히 유지되어 왔다. 선진국 중심의 산업 발전 이후에도, 새로이 산업이 확장되고 있는 이른바 '개발도상국'의 산업화 속도는 앞으로도 산업화에 지속적인 화석연료 투입을 예고하고 있다.

화석연료의 투입으로 우리는 산업화에 중요한 동력을 얻어왔지만, 과거에는 부산물로 얻는 폐기물과 가스에 주목하지 않았다. 산업화 이후 오랜 세월이 흘러서야 지구의 온도가 대기의 구성성분과 상태에 영향을 받는다는 사실을 인식하게 되었고, 대기가 태양복사에너지를 흡수하여 온도가 상승하는 현상이 '온실효과'로 정의되었다. 이러한 효과가 없으면, 영하 18도의 지표면 온도가 될 것이라는 연구도 1860년 이후에 이르러서야 도출되었다. 대기 성분에 대한 상세한 분석도 해당 시기에 진행되었다.

영하 18도의 지표면 온도를 우리가 일상생활이 가능한 상태, 약 35도의 지표면 온

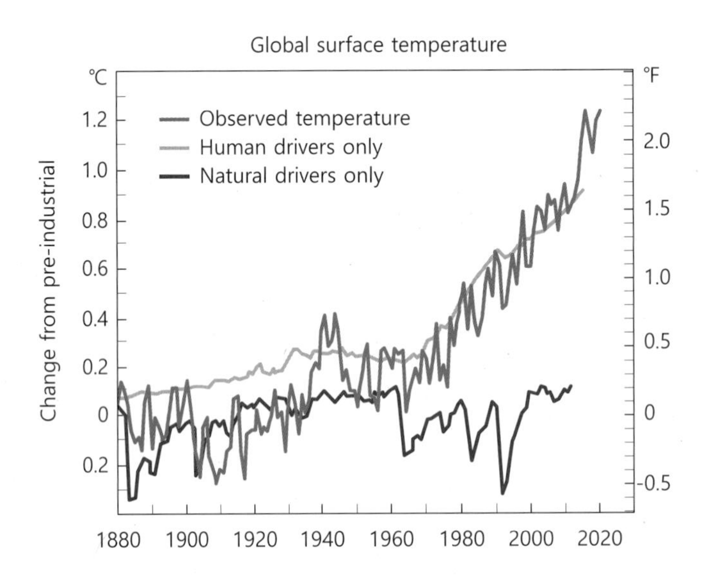

그림 1.1 1880년부터 지구의 온도 변화 곡선. 온도 측정치(—), 자연적 변화에 의한 온도 예상치(—), 인간 활동에 의한 온도 예상치(—)

도 상승을 가능하게 해주는 온실효과를 긍정적으로 인식하는 것은 타당하나, 과도한 온도 상승은 오히려 인류의 생활이 불가능하게 할 수 있음을 인지하는 것이 중요하다. 산업화로 유발된 온실효과의 지나친 확산은 북극해의 빙하 감소를 유발했고, 결과적으로 100년 전과 비교하면, 지구 전체 해수면 수위가 10cm 이상 상승했음이 분석되었다. 나아가 기후의 불안정성은 인류생활의 근간이었던 농경 · 목축 · 채집생활의 어려움과 인류를 제외한 지구의 주요 생태계 파괴를 지속적으로 유발하고 있다. 온실효과의 지나친 확산을 유발하는 온실가스가 인간 활동에 기원하며, 온실가스 배출을 조절하지 못한다면 21세기 말의 지구 표면 온도가 최대 5.8도 증가할 것이라는 IPCC(Intergovernmental Panal on Climate Change)의 추산은 공식적인 경고 메시지로 인식되고 있다.

학계에서는 지구의 온도 변화는 자연스러운 현상이며, 인간의 활동과 영향이 깊지 않음을 주장하는 이들도 있다. 그들은 지구온도 변화는 자연적 요인에 의해 결정되며, 인간의 활동에 의한 요소(인위적인 요소)는 지구의 온도 상승에 큰 기여를 하지 못한다고 주장한다. 하지만 온실가스, 특히 인간의 활동과 관련이 깊은 CO_2 가스가 지구 온도 변화에 미치는 영향성을 분석한 물리적 모델은 최근 발생한 지구 온도의 급격한 변화가 인류 활동의 결과물임을 암시하고 있다. 정밀한 온도 계측이 가능한 시점부터의 연평균 지구온도가 그림 1.1에 나타나 있다. 그림에 도시된 바와 같이, 자연적 요인들에 의한 지구온도 변화는 평균적으로 급변하지 않았으며, 1970년대 이후의 급격한 온도 변화는 인위적인 요소가 주요한 역할을 하였음이 암시되고 있다.

앞으로도 지구온난화는 심각해질 전망이다. 지구의 모든 국가가 참여하는 효과적인 대책이 제시되지 못한다면, 인류가 적응해 왔던 현재의 기상 조건이나 해양 조류의 흐름, 해수면 높이에 치명적인 변화가 발생할 것이다. 1997년에 체결된 교토의정서는 범

생각해 보자! **지구의 에너지 방출은 어떻게 이루어질까?**

지구환경의 유지 또는 보존과 관련하여 가장 큰 논쟁인 지구온난화 현상은 온실효과와 비슷한 원리이다. 지구온난화의 주범으로는 인간 생활의 부산물 중 양적으로 가장 월등한 이산화탄소가 지목된다.

온실효과의 원인은 기술된 바와 같이, 태양으로부터 입사된 에너지가 열평형의 원칙에 따라 우주로 돌아가야 하지만, 가스층에 의해 중도에 흡수되어 지구공간으로 되돌려짐에 따라 지구의 온도가 상승하는 것이다.

태양에너지는 전자기파의 일종으로 단파복사 형태이며, 태양으로부터 지구로 유입되는 에너지는 실질적으로 48%에 불과하다(구름 등에 의한 반사, 대기와 구름의 흡수).

에너지 평형 원칙에 따라 지구에 도달한 태양에너지는 재방출을 해야 한다. 그러나 재방출되는 에너지의 형태는, 입사되는 태양에너지와 같은 단파복사가 아니고, 지구상에 존재하는 물체에 흡수되었다가 방출되는 장파복사의 형태이다. 장파복사는 이산화탄소, 메탄가스, 프레온가스 등의 온실가스층에 일정량 흡수된다. 온실효과를 담당하는 가스층이 일종의 '유리' 역할을 하는 것이다. 흡수된 장파복사 형태는 일부가 지구로 재유입되도록 유도하며, 이는 결국 지구의 에너지보유량 증가를 유발한다. 이로 인해 지구 대기권 온도가 상승하는 것이다.

지구적으로 이러한 문제를 해결하기 위한 합의이며, 국가 간 온실가스 감축 목표 수립과 탄소 배출권 거래의 시행을 규정하고 있다. 초기의 우수한 평가에도 불구하고, 일부 선진국(미국 등)의 탈퇴와 이후 대다수 국가의 참여 열기 감소 등으로 추가적인 행동이 요구되고 있다.

1.2 기후변화협약

교토의정서 이전에도 구속력이나 강제성은 없었지만, 유엔기후변화협약(United Nations Framework Convention on Climate Change)이 채택되는 등 국제적인 공조는 반복적으로 논의되었다. 해당 협약은 IPCC가 결성된 1987년 이후 여러 번의 공식 논의를 거쳐 1992년 6월 체결되었다. 이후, 환경과 기후에 관심이 증가하며, 참여를 독려 · 호소하는 협약보다, 법적 구속력을 갖는 협약체결이 요구되었으며, 특히, 에너지와 관련한 정책이 많이 제정되었다. 탄소 배출과 관련한 의무사항을 제정한 국가나 국가 간 에너지 공유를 활성화하여 탄소 배출과 관련된 규제를 피하기 위한 노력도 제시되고 있다.

2015년도에는 '파리기후변화협약'(이하 파리 협정)이 제정되면서 기존의 교토의정서를 대체하는 협정이 도출되었다. 교토의정서에는 선진국 중심의 온실가스 감축 의무가 명시되었으나, 파리 협정에서는 참여하는 195개국 모두가 감축 목표를 지키도록 명시하였다. 파리 협정의 근본적인 목적은 다음과 같다.

- 지구 평균기온 상승을 산업화 이전 수준 대비 2℃보다 낮은 수준으로 유지하고 1.5℃ 수준으로 억제하도록 노력한다.
- 지구의 기후 변화 적응력을 강화하고 기후 회복력을 증진하고자 한다.
- 온실가스 저배출을 지향하고 기후에 대해 탄력적인 개발을 추진할 수 있는 재원을 조성하도록 한다.

- 선진국 · 개발도상국의 명시적인 구분 없이 모든 국가의 자발적인 온실가스 감축 기여 참여를 통해 기후 행동에 참여한다.
- 국제 배출권 거래제와 같은 탄소시장 및 탄소가격제 도입을 위한 기반을 조성한다.

목적에 제시된 바와 같이, 협정은 국가들의 자발적인 참여를 유도하기 위해 각 국가가 자발적으로 정하는 '국가결정기여'를 5년마다 제출하도록 하고 있다. 예를 들어 미국의 경우 2025년까지 26~28% 감축을 제시하였으며, 한국의 경우 2030년까지 배출전망치(BAU) 대비 37% 감축을 제시하였다. 특정 기준에 의한 선진국은 재원 공여 및 조성에 선도적인 수행을 하도록 명시하였으며, 또한, 기존 협정에서 자발적인 참여를 저해했던 원인을 반영하여 다음과 같은 기본원칙을 표방하였다.

- (형평성 원칙) 각자의 개발 우선순위, 목표, 상황을 고려하여 감축 의무를 설계하도록 한다.
- (Common But Differentiated Responsibilities, CBDR 원칙) 선진국과 개발도상국 간의 역사적 책임의 차이와 환경문제를 다룰 수 있는 경제적 능력의 차이를 인정하여 의무를 차별화한다.

그림 1.2 기후 변화 대응에 있어 선진국과 개발도상국의 공통적인 의무 부과를 풍자하는 그림
출처: GWPF

- (진전 원칙, 후퇴 금지 원칙) 제시한 감축 목표를 후퇴하여 조정하는 것을 방지하기 위한 원칙이다.

2016년 9월에 비준된 파리 협정은, 이러한 기본원칙에 따라 개발도상국의 탈퇴 없이 협약이 유지되고 있으나, 선진국으로서의 부담을 느낀 미국이 트럼프 행정부하에서 2020년 11월에 처음으로 탈퇴하였다. 그러나, 조 바이든 행정부 출범 직후인 2021년 1월에 재가입하여 모든 국가에서 준수하고 있다.

1.3 재생에너지

신재생에너지의 정의는 기본적으로 '기존의 화석연료를 대체하거나 자연에서 재생할 수 있는 재생에너지'를 의미한다. 단순히 태양광, 풍력, 해양에너지, 지열과 같은 자연

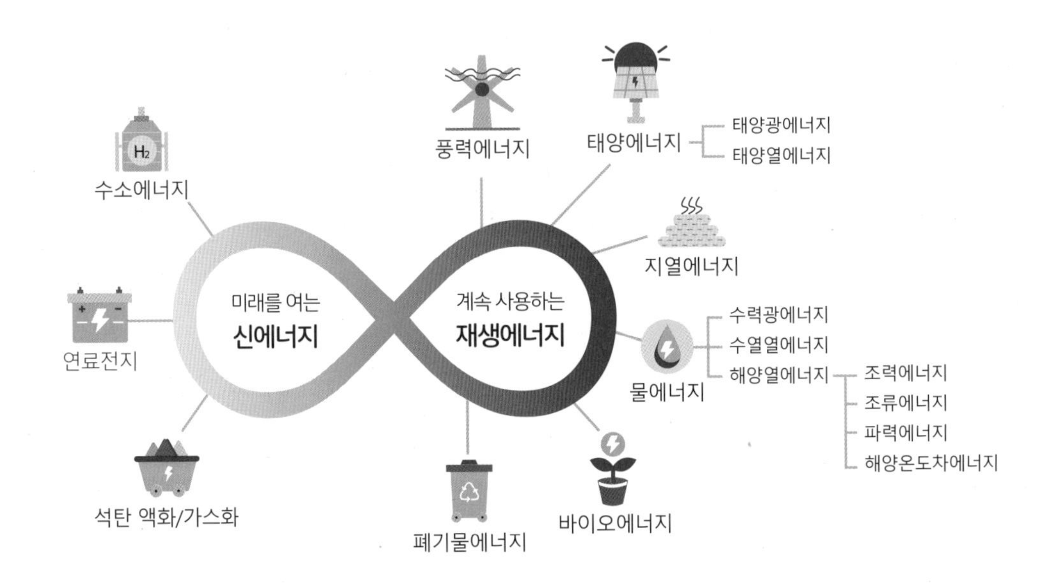

그림 1.3 신재생에너지 분류

그림 1.4 인류가 사용 가능한 재생에너지는 대부분 태양복사에너지에 기인하며, 우리가 사용하는 에너지는 극히 일부에 불과하다.

에서 가져올 수 있는 에너지뿐 아니라, 기존의 화석연료를 대체할 수 있는 에너지원이면 신재생에너지의 범위에 들어갈 수 있다. 국내에서는 신재생에너지를 신에너지와 재생에너지로 분류하고 있다. 신에너지는 연료전지, 석탄액화가스화, 수소에너지와 같이 기존 화석연료를 대체할 수 있는 에너지를 의미하며, 재생에너지는 태양열에너지, 태양광에너지, 바이오매스, 풍력, 소수력, 지열, 해양에너지, 폐기물에너지 등 넓은 범위에 걸쳐 자연으로부터 추출할 수 있는 에너지를 비롯하여 인간의 활동에서 발생하는 폐기물을 변환한 에너지를 활용하는 기술도 포함한다.

재생에너지는 '사용 후에도 똑같은 정도로 채워지는 에너지의 흐름(Sorensen, 2000)'으로 분류되어 있다. 지구 에너지의 기원이라고 볼 수 있는 태양에너지의 경우, 무한한 자원임을 의심하는 사람은 없으나, 풍력에너지에 대해서는 간혹 의구심이 들 수 있다. 예를 들어 '바람을 막아서 에너지를 생성한다면, 언젠가 바람이 통과할 수 없을 정도로, 세계의 기류가 바뀔 정도로 에너지를 소비하는 경우가 발생하지 않을까?' 하는 의문도 가능하다. 학계에서는 '그 정도의 에너지를 인류가 소비한다면, 지구의 종말에 도달했다고 봐도 무방하다'라는 판단을 하고 있다. 즉 풍력에너지도 우리가 사용하는 범위 내에서는 똑같은 정도로 채워지는 에너지의 흐름으로 분류할 수 있다.

그림 1.4는 지구에서의 재생에너지 흐름과 에너지양을 보여주고 있다. 인류가 사용하는 재생에너지 발전 시스템 중 바다의 조수간만을 이용한 조력발전, 지구 내부에너지에 의한 지열발전 등을 제외한 발전 시스템 대부분이 태양복사가 원동력이 되며, 풍력발전 시스템의 근간인 바람 또한 태양에너지에 기인하고 있음을 확인할 수 있다.

인류가 태양복사를 직접적으로 사용하는 경로는 다양하다. 기본적으로 난방을 포함한 열에너지에 활용하고 있으며,* 열을 집약하여 발전을 수행하는 태양열 발전 시스템 역시 상업화된 역사가 길다. 태양복사에 기인하는 재생에너지를 전기적으로 활용하기 위한 발전 시스템에서의 응용을 태양열 발전 시스템에서부터 나열해 보고, 전기시스템 즉 전력계통 측면에서의 주요 에너지원을 탐색해 보고자 한다.

증기기관으로 시작된 산업화의 영향으로, 태양복사를 이용한 발전 시스템은 고온의 증기 활용으로 시작되었으며, 이러한 태양열 발전 시스템은 미국과 스페인에서 현재까지 상업적으로 가동되고 있다. 오늘날 태양열 발전 시스템보다 전 지구적으로 활발하게 구성되고 있는 것은 태양광발전 시스템이다. 태양광발전 시스템은 빛에 의한 광전효과를 이용, 직접적인 전기생산이 가능하며, 초기 높았던 태양전지의 생산단가가 지속해서 감소함에 따라 관련 산업이 팽창하고 있다. 태양광에너지의 전기시스템적 측면은 2장에서 다룬다.

태양에너지는 다른 형태의 에너지로 변환되어 '재생에너지'로서 응용되기도 한다. 지표면에서 하나의 열에너지로 동작하는 태양복사는, 대지보다 표면적이 넓은 바다의 온도 상승을 유발하며, 공기 중의 수증기를 증가시킨다. 이러한 수증기의 순환으로 수자

---

* 온실효과에서 서술한 바와 같이, 지구의 모든 곳은 태양의 열에너지로 '난방'이 되고 있으나, 이를 능동적으로 사용하기 위해 건축에는 단열과 확산 등이 설계의 주요 요소가 되었다. 근대 건축물에서 태양열을 이용한 능동적인 난방이 활성화되었고, 온수를 위한 집열기의 발전으로 태양열을 이용한 증기 발전 시스템에 활용하기 위한 시초가 되었다.

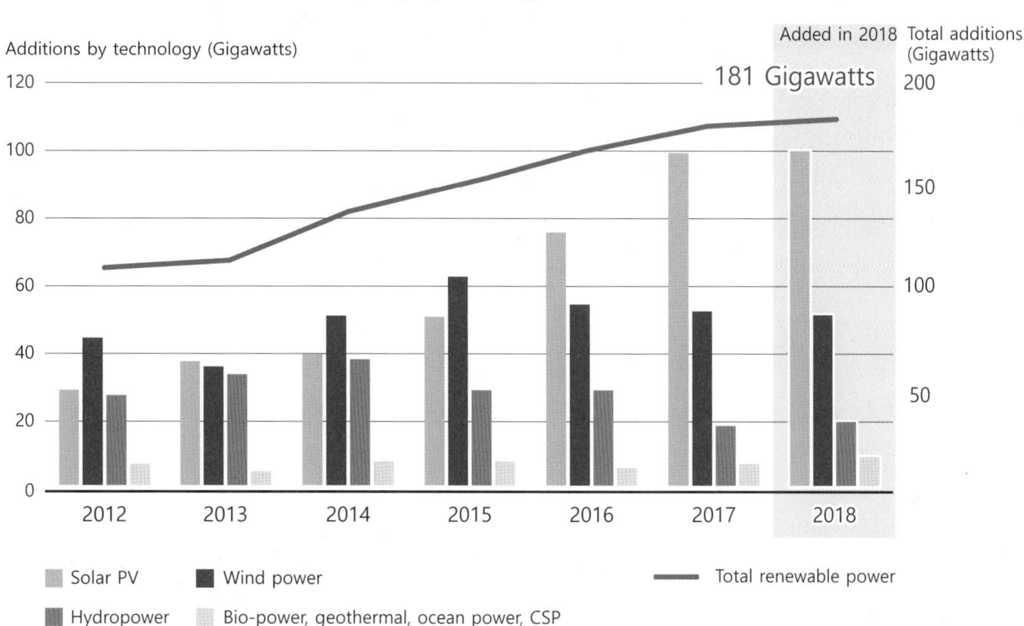

그림 1.5 태양광, 풍력, 수력발전 시스템의 연간 신규 설비 증가량
출처: REN21

원의 활성화가 이루어지며, 지속적인 발전 시스템으로 활용이 가능해진다. 200여 년이 넘도록 주요 에너지원으로 활용되고 있는 수력발전은 지난 100여 년 동안 '발전소'로서 전기시스템에 활용되어 왔다. 현재도 전 세계 전기사용량의 1/6 규모로 활용되고 있으며, 빠른 수요 응답성 등 전기시스템에서 주요한 역할을 담당하고 있다.

다른 형태의 태양에너지의 간접적인 응용은 풍력발전 시스템이다. 태양 빛의 입사각도 차이에 의해, 지구는 적도지방에 많은 열이 도달하며, 이로 인해, 해류와 공기의 흐름이 유발된다. 이러한 흐름은 하나의 에너지 형태로 파생되며, 풍력발전 시스템의 근간인 바람에너지 수확을 가능하게 한다. 풍력발전은 현재 대규모로 운영되는 대표적인 재생에너지로서, 최근 수십 년 사이에 가장 빠른 속도로 전기시스템에 공급되고 있다.

생각해 보자! **어떤 발전 시스템이 전기시스템 측면에서 효과적일까?**

전기시스템을 운영하는 견해에서는 응답성과 예측 가능성이 중요한 요소가 된다. 전력계통을 운영하는 운영자가 원하는 시점에 발전량을 증가·감소시킬 수 있어야 안정적인 전력 수급이 진행될 수 있다. 소비자들이 전기를 사전에 예고하고 사용하지 않기 때문에, 소비자들의 소비 추세를 실시간으로 확인하여, 부족하거나 초과된 전력을 맞춰주어야 하는 운영자 관점에서, 발전 시스템이 제어할 수 없다면 좋은 전원으로 분류되지 못하게 된다.

같은 의미로 예측 가능성 또한 중요하다. 태양광을 예로 들면, 실시간으로 전력 수급을 담당하는 입장에서, 낮 시간대의 특정 발전량이 예측되어 도움이 될 수 있다. 하지만 기상현상(구름 등)에 의해 예측이 어긋날 경우, 전력 수급에 악영향이 발생할 수 있다.

풍력에너지의 전기시스템적 측면은 3장에서 다룬다. 바람에 의해 생성되는 파도를 이용한 파력에너지 또한 태양복사의 간접적인 응용이 된다. 이 외에도 식물의 광합성을 통해 기체 또는 액체 연료를 생산하는 바이오에너지 등 재생에너지의 주요 기원은 태양복사에 기원하고 있다.

재생에너지를 활용한 발전 시스템의 설비용량은 매년 증가 추세에 있으며, 신규 설비용량도 2010년대에 들어서 급격하게 증가하였다. 수력발전이 입지적 요건에 영향을 크게 받음에 따라, 풍력발전 시스템과 태양광발전 시스템의 비중 확대가 도드라지며, 두 발전 시스템의 확장은 당분간 지속될 것으로 전망하고 있다. 세 가지 발전 시스템은 같은 재생에너지로 분류되나 전력공급 측면에서는 크게 다른 특성을 보여준다. 언급한 바와 같이 수력발전이 입지적 요건에 의해 건설이 제한되지만, 태양광발전 시스템과 풍력발전 시스템 또한 입지적인 요건을 고려해야 경제성을 확보할 수 있으며, 이를 극대화하기 위해 상당한 분석을 진행하여 설비 구성을 하고 있다. 전기시스템을 운영하는 측면에서도 세 가지 발전 시스템은 크게 차이가 있다.

표 1.1 주요 재생에너지 기반 발전 시스템의 전기적 응용 비교

	태양광 발전 시스템	수력 발전 시스템	풍력 발전 시스템
설치 가능 지역	햇빛이 미치는 지역이면 설치 및 운영 가능	흐르는 물을 이용할 수 있는 지역	시동풍속(일반적으로 4m/s) 이상의 풍속이 빈번하게 발생하는 지역
설치 고려사항	연중 일사량, 온도, 습도 등 발전량을 높일 수 있는 조건을 분석해야 하며, 지형지물(건물, 수목 등)에 의한 그늘이 발생하지 않아야 함	낙하 높이, 목표 전력량을 반영하여 경제성이 확보되어야 하며, 이용 가능한 에너지를 전기에너지로 변환하는 과정이 쉬워야 할 것	바람이 특정 방향에서 높은 비율로 발생하는 것이 유리하며(주풍향), 바람의 변동이 크지 않아 꾸준한 발전이 이루어질 것
발전 가능 시간	낮 시간대	전일 출력 가능 (양수발전의 경우, 주로 낮 시간대 발전)	전일 출력이 가능하나 지역에 따라, 밤 시간대에 출력량이 높은 곳 존재
공급 변동성	구름과 비 등 환경적인 요인에 따라 변동성 존재	일정하게 유지 가능	바람의 변화가 큰 지역의 경우 변동성이 높음
제어 능력	컨버터 제어에 의존하며, 임의로 높은 전력을 출력하는 것은 어려움(일반적으로 불가능)	계통운영자에 의해 제어 가능	기계적인 제어에 의존하나, 전력변환설비를 포함하여 컨버터 제어를 수행하기도 함. 임의로 높은 전력을 출력하는 것은 어려움

1.4 재생에너지 분류

신재생에너지의 정의는 일반화되었으나, 국가별로 신재생에너지를 분류하는 기준은 다양화되었다. 우리나라의 경우 '신에너지 및 재생에너지 개발 · 이용 · 보급 촉진법 제2조'에 따라 '기존의 화석연료를 변환시켜 이용하거나 햇빛, 물, 지열, 강수, 생물유기체 등을 포함하는 재생 가능한 에너지를 변환시켜 이용하는 에너지'로 정의하여 에너지를 그림 1.6과 같이 분류하였다. 이처럼, 국내에서는 신재생에너지라는 용어를 활용하여

포괄적으로 사용하고 있으나, 국제에너지기구(IEA: International Energy Agency)를 포함하여, 미국, 유럽연합(EU)은 일반적으로 재생에너지(Renewable Energy)라는 용어를 단독적으로 사용 및 분류하고 있다. 그림 1.7은 IEA의 재생에너지 분류체계를 나타낸다. 국내 분류체계와 비교하여, 바이오매스와 폐기물에너지를 상세하게 분류하였으며, 태양열에너지와 태양광에너지를 함께 태양에너지로 분류하고 있다.

재생에너지를 국제적으로 분류하고 있다면, '에너지'로서의 기여도는 각각 어떠할까?

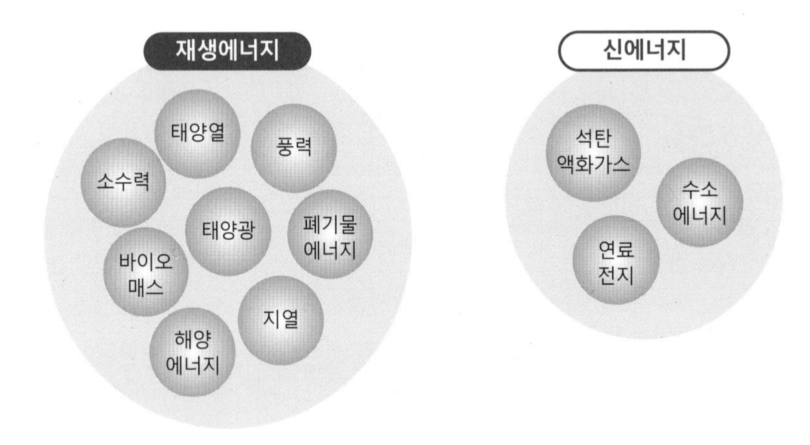

그림 1.6 국내 신재생에너지 분류체계

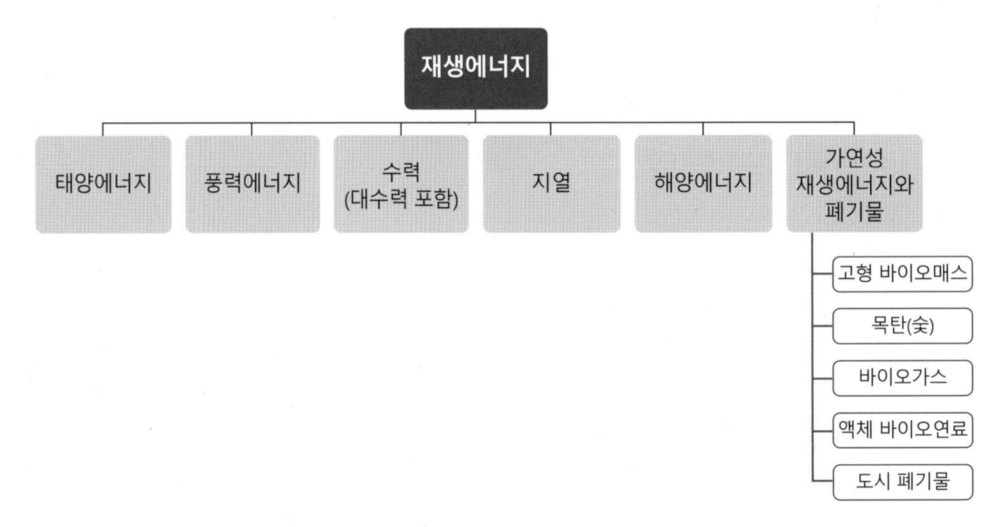

그림 1.7 IEA 재생에너지 분류체계

2019년 전 세계 1차 에너지 소모량을 기준으로, 10.8% 정도의 기여도가 추산되고 있다(표 1.2). IEA 기준에 따라 수력을 제외하면 4% 기여도를 보여주며, 증가율은 다른 에너지원에 비해 가장 크지만, 여전히 높지 않은 것으로 평가되고 있다. '기타 재생에너지'로 분류된 태양에너지, 풍력에너지를 포함해 재생에너지 기여도를 추정하면, 바이오매스 에너지가 50% 이상을 차지하고 있다.

표 1.2 전 세계 1차 에너지 소모량 (2018년 기준)

		석유	천연가스	석탄	원자력	수력	재생에너지	총계
소비		4,662.1	3,309.4	3,772.1	611.3	948.8	561.3	13,864.9
비율(%)		33.6	23.9	27.2	4.4	6.8	4.0	100
전년 대비	증가율	1.2	5.3	1.4	2.4	3.1	14.5	2.9
	증가폭	55.0	167.5	53.7	14.1	28.9	71.0	390.3

현재 낮은 수준으로 보이는 재생에너지 기여도를 현실적으로 들여다보면, 더욱 미미한 수준이다. 현재 개발도상국에서 주로 활용되는 '전통적인 바이오매스(장작, 풀, 배설물 등)'에 의한 기여도가 가장 높으며, 이들은 실제 소비량을 추측하기 어렵고, 환경

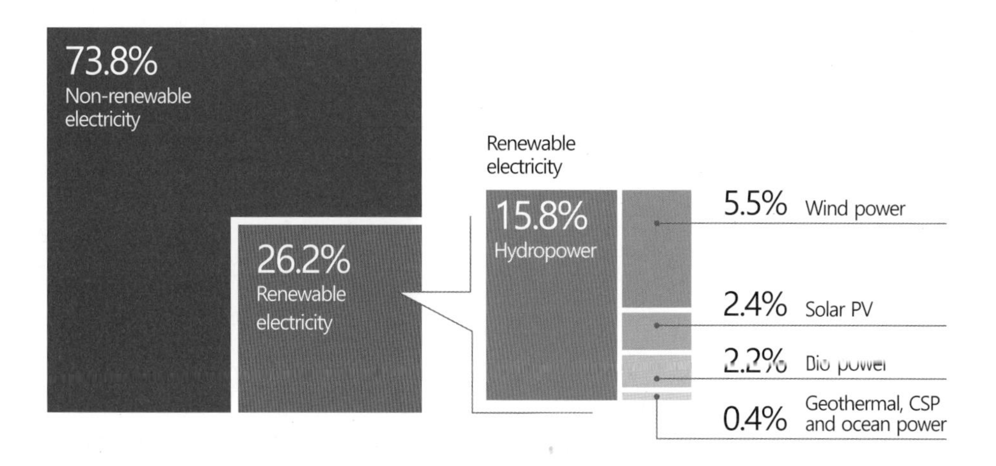

그림 1.8 전기에너지의 신재생에너지 비율 (2018년 기준)

적인 기여도도 불분명하다. 실질적으로 우리에게 익숙한 태양에너지, 풍력, 조력 등은 각각 1%대의 기여도를 형성하여 낮은 수준으로 평가되고 있다.

1차 에너지 소모량(난방 등 포함)을 기준으로 매우 낮은 재생에너지의 기여도는 전기 공급원 측면에서 보면 상대적으로 높을 수 있다. 그림 1.8에 나타난 바와 같이, 전 세계적으로 공급되고 있는 전기에너지의 1/4 규모가 신재생에너지로 분류되고 있다. 주요 1차 에너지 소모량으로 평가되는 '난방'과 '수송'에는 재생에너지 기여도가 낮을 수 있으나, 전기 공급 측면에서는 재생에너지의 기여도가 상당한 것으로 평가된다.

전기 공급에 있어서는 수력발전 시스템의 기여도가 가장 높고(2018년 기준), 풍력발전 시스템, 태양광발전 시스템이 뒤를 잇고 있음이 확인된다. 기술한 바와 같이, 수력발전의 경우, 입지적인 요건에 영향을 가장 많이 받기 때문에, 확장 가능성 측면에서, 풍력발전 시스템, 태양광발전 시스템의 확대 보급이 예상되며, 미래 전력공급의 주요 부분을 차지하게 될 것으로 전망된다. 전력공급 측면에서 세 가지 재생에너지의 비중과 전력계통의 변화에 관해 확인해 보도록 하자.

1.5 전력계통과 신재생에너지

전력시스템에서의 신재생에너지 비중은 비약적으로 증가하였다(그림 1.9). 전기에너지가 실용화된 19세기 이후, 전기 공급이 인류 생활의 필수요소로 변환되면서, 각국은 안보 · 경제 · 효율화 측면에서 다양한 전력공급 방안을 연구해 왔다.

전력생산 과정에서의 주요 고려사항인 연료 공급을 위해, 초기 전력시스템의 구성은 대형 발전소를 위주로 설계되었다. 석탄의 원활한 공급과 냉각수 활용을 위해 해안가 중심의 발전 시스템 구성이 진행되었고, 송전선과 같은 설비의 효율적 구성을 위해 대형화가 기본적인 방향이었다.

전력의 수요와 공급을 관리하는 운영자로서도, 대규모 발전설비가 효율성에 장점이 있었으며, 수요의 변동성은 수력발전 시스템과 타 발전 시스템(석유 및 가스발전)을 이용하여 관리할 수 있었다.

이후 원자력발전의 전력시스템 투입으로, 온실가스의 최소화와 전력 생산의 경제성 극대화를 달성할 수 있을 것으로 전망하였다. 원자력의 경우, 대용량 발전 시스템 구성에 적합하고, 기존 석탄발전 시스템과 유사한 형태로 전력계통에 순차적으로 도입될

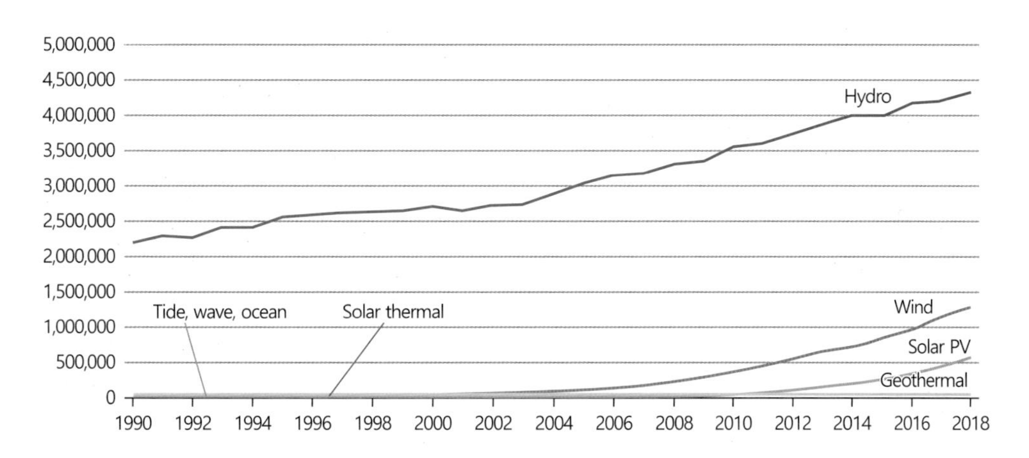

그림 1.9 전 세계 신재생에너지 기반 전기에너지 공급량 변화 (IEA 기준)

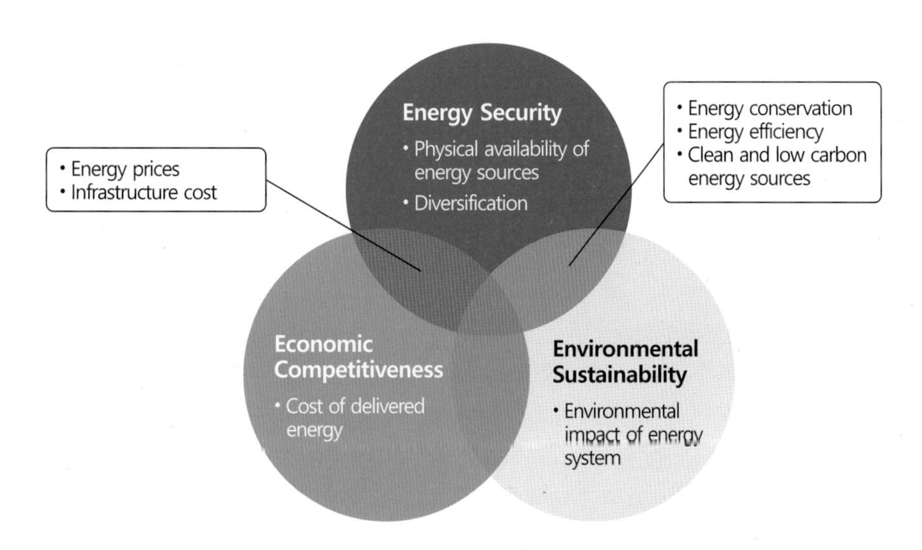

그림 1.10 에너지안보 측면에서의 전력 수급 요소

전망이었으나, 지속적인 사고 발생과 사후처리, 안정성 문제로 인해 전력시스템 도입 전망이 급격하게 축소되었다.

2014년 이후 본격적으로 온실가스 문제에 대한 대안이 요구되면서, 석탄을 포함한 화석연료 기반 발전 시스템의 축소를 정책화하였다. 그러나 사회적 수용성 문제, 안정성 문제로 인해 원자력발전의 확대가 어려워지고, 대체에너지의 공급이 시급해짐에 따라, 신재생에너지의 전력계통 확대 연계가 불가피해졌다. 기존 대규모 발전 시스템과 비교하면 발전단가는 여전히 높은 것으로 평가되고 있으나, 기술의 발전으로 상당한 경제성 개선을 도출하였으며, 이를 배경으로 전력공급 체계의 변화는 그림 1.11과 같이 측정 · 전망되고 있다.

그렇다면 신재생에너지의 확대가 전기시스템, 특히 전력계통에 유도할 변화는 무엇이고, 무엇을 준비해야 하는가. 전기는 항상 수요와 공급이 일치해야 하는 시스템으로, 하루 24시간 동안 관리자의 주관하에 감시 · 예측 · 평가 · 조정이 이루어져야 한다. 이전의 전력공급 체계에서는 화석연료를 기반으로 발전량 수급이 진행되었기 때문에, 인풋 대비 아웃풋 관계를 비교적 쉽게 산출할 수 있었다. 이러한 시스템은 수요 · 공급을 관리하는 전력계통 관리자 측면에서 편리하였으며, 실시간 대응이 상대적으로 용이하였

생각해 보자! **원자력의 확대가 어려운 점은 무엇일까?**

원자력발전의 경우, 우라늄의 핵분열을 이용해 터빈을 회전시켜 전기를 생산시키므로, CO_2의 발생량이 'LNG 발전 시스템'보다 낮고, 원료가 저렴한 장점이 있다. 이러한 장점으로 인해, 1970년대 이후, 원자력발전 시스템의 급진적인 도입이 이루어졌으나, 1986년 러시아의 체르노빌 원전 사고, 2011년 일본의 후쿠시마 원전 폭발 등의 인류 재앙적인 사고로 안정성 문제가 대두되어 전력계통 도입에 어려움이 파생되었다. 또한, 저렴한 원료 비용보다, 사용 후 핵연료를 포함한 폐기물을 처리하는 비용이 심각한 문제로 대두되면서, 경제적 발전비용의 적정한 산정이 요구되고 있다. 따라서, 대부분의 미래 전력공급 체계에서는 원자력의 전력시스템 도입 및 성장을 비관적으로 보고 있으며, 비율을 최소화하여 전망하고 있다.

다. 하지만 신재생에너지를 생각해 보면, 비록 친환경적일지는 모르나, 실시간으로 발전량 수급을 전력수요에 일치시키는 것이 단순하지 않다는 점을 쉽게 예상할 수 있다.

미래 전력공급 체계의 큰 부분을 차지하는 태양광발전 시스템, 풍력발전 시스템의 경우, 날씨에 민감하며, 예측과 조정이 상대적으로 어렵다. 비가 오면 태양광발전 시스템의 전력공급을 기대할 수 없으며, 날씨가 개어 있을 때도, 빈번한 구름이 있다면, 관리자 관점에서 전력 수급이 어려운 문제로 전환될 수 있다.

우리는 미래전력계통의 주요한 재생에너지원으로 평가되면서도, 관리가 어려울 수 있는 '변동성 에너지원', 태양광발전 시스템과 풍력발전 시스템에 주목하여 전력계통 응용을 고민할 필요가 있다. 전력계통에서의 두 발전 시스템의 단점을 파악하고, 이를 억제하기 위한 규정을 이해, 개선하려는 방법과 기술에 주목하여 학습을 진행해야 한다.

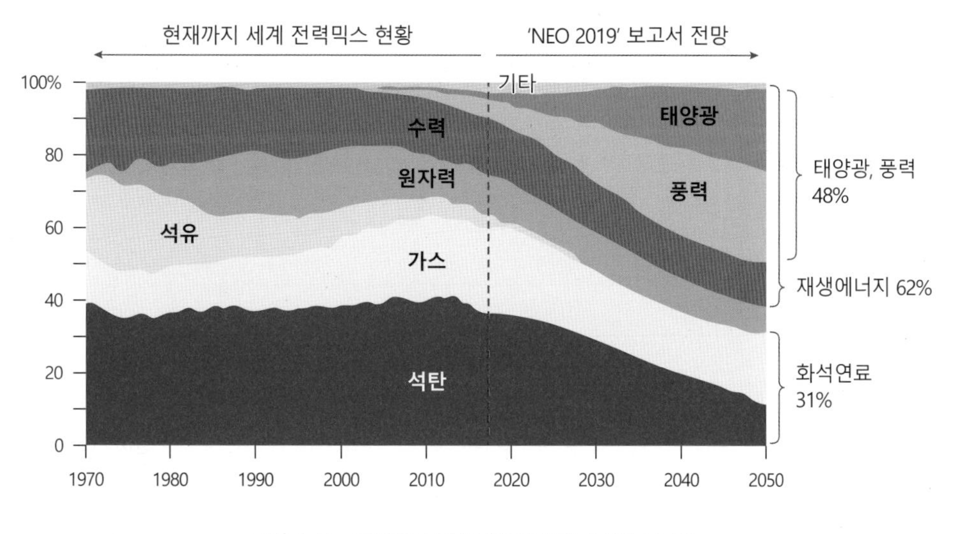

그림 1.11 전력공급 체계 변화 및 전망 (NEO 2019)

1.6 신재생에너지 확대 전망

언급한 바와 같이, 신재생에너지는 전기에너지 측면에서, 세계적으로 상당한 기여를 하고 있다. 현재와 같은 추세로는 50년 이내에 신재생에너지가 더 많은 전기 공급을 수행할 것이라는 전망이 다수 나오고 있다.

전력계통에서의 신재생에너지 공급량 중, 태양광발전 시스템과 풍력발전 시스템에 주목하면, 성장세가 더욱 뚜렷하다. 그림 1.12는 전 세계 풍력발전 시스템의 전기에너지 공급량 변화를 나타낸다. 풍력에너지가 풍부한 유럽, 미국 텍사스, 중국을 중심으로 빠르게 확대된 결과로 평가되며, 현재에도 해상풍력과 같이 해양의 풍력에너지를 활용하기 위한 설계를 지속하고 있다. 그림 1.13은 전 세계 태양광발전 시스템의 전기에너지 공급량 변화를 나타낸다. 전체 전력량 측면에서는 풍력발전 시스템에 미치지 못하나, 성장 속도가 더 가파른 것을 확인할 수 있다. 이는 기술개발에 따른 태양전지의 비용 감소와 입지적 요건의 영향이 풍력발전 시스템에 비해 낮으므로, 전 세계적으로 확대되고 있는 영향으로 판단되고 있다. 이러한 성장곡선이 유지되어 전력계통에 큰 변화가 초래될 것인지는 정책적인 상황을 확인함으로써 예상할 수 있다.

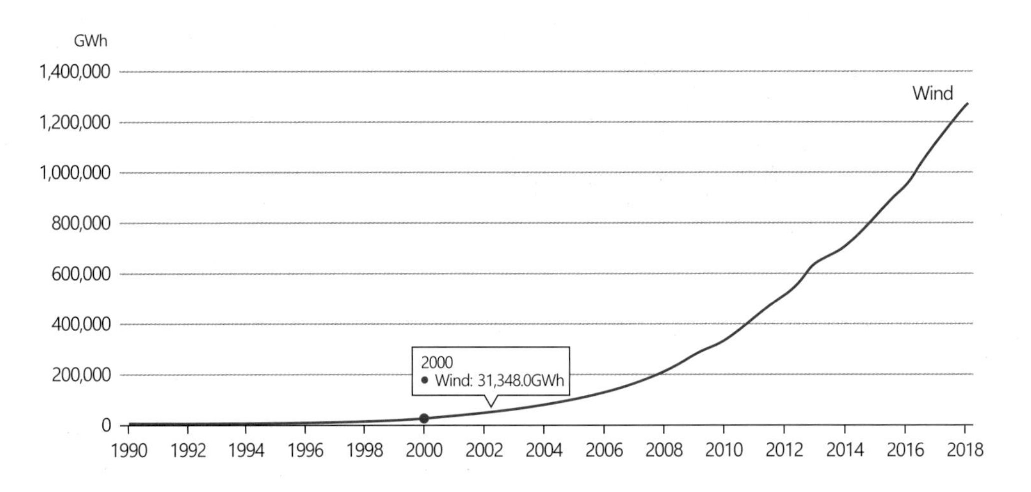

그림 1.12 전 세계 풍력발전 시스템의 전기에너지 공급량 변화 (IEA 기준)

2008년 12월, 유럽연합에서 채택한 '20:20:20' 계획은 2020년까지 온실가스를 20% 감축하고, 에너지효율은 20% 개선하며, 신재생에너지를 20% 확대하겠다는 목표를 천명한 계획이다. 2020년 1월 기준으로, 온실가스 감축과 신재생에너지 확대 목표는 초과 달성되었으며, 에너지효율 개선은 비록 목표를 달성하지 못하였으나, 범국가적 차원에서 환경적인 개선을 이뤄냈다는 점에서 높이 평가되고 있다. 20:20:20 계획을 달성하기 위해 수립하였던 에너지 분야별 계획을 요약하면 아래와 같다.

- 전기 수요의 30%를 재생에너지로 공급함
- 난방 수요의 12%를 재생에너지로 공급함
- 수송 수요의 10%를 재생에너지로 공급함

1차 에너지 소비의 각 부분의 재생에너지 공급 목표를 설정함으로써, 영역별 담당 범위를 명확히 하고, 각 에너지 소비 부분에 대한 최적 재생에너지 활용계획을 도출한 것으로 평가된다. 태양광발전 시스템과 풍력발전 시스템의 보급계획도 이러한 공급 목표에 근거하여 설정되었으며, 전기 수요(전력) 공급 목표를 초과 달성함으로써, 20:20:20

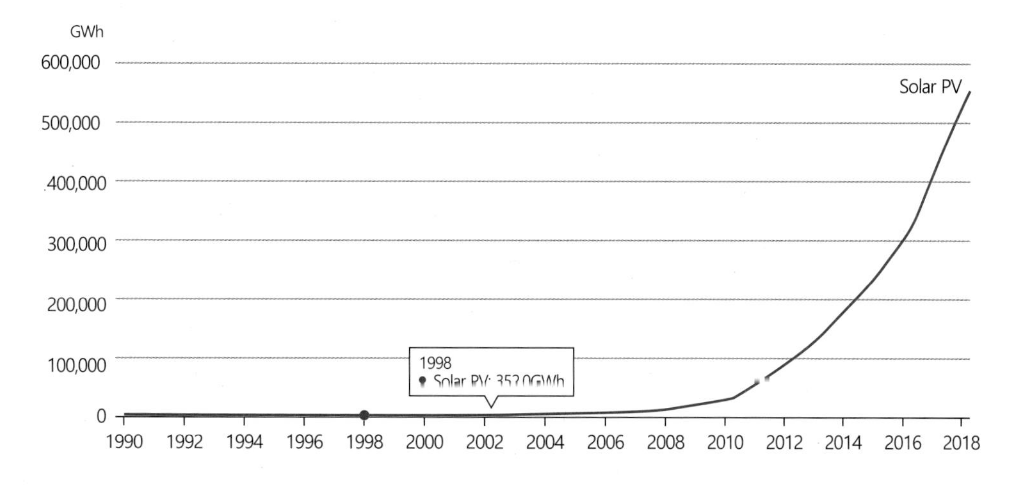

그림 1.13 전 세계 태양광발전 시스템의 전기에너지 공급량 변화 (IEA 기준)

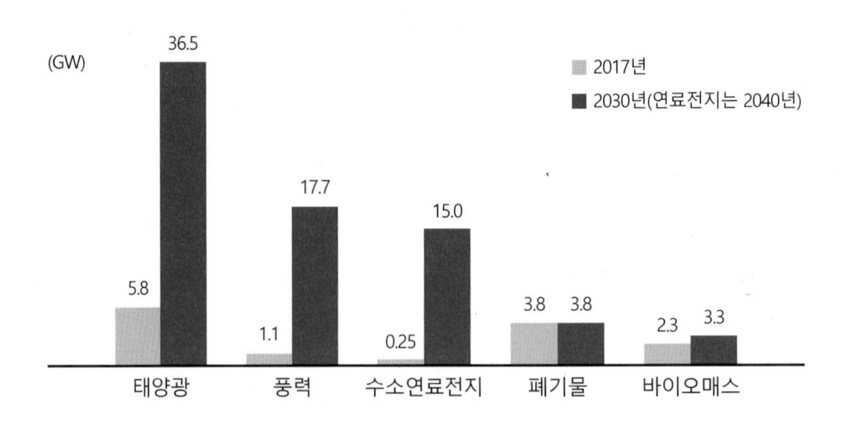

그림 1.14 국내 신재생에너지 보급 계획

의 효율적 목표 달성을 견인하였다. 유럽연합은 기존 항공세를 비롯한 새로운 에너지세 도입을 시도하고 있으며, 2030년까지 1990년 대비 온실가스 40% 감축을 목표로 한 새로운 계획을 2020년 1월에 발표하였다.

국내에서도 2017년 12월에 발효된 3020 정책을 중심으로 재생에너지 보급이 가파르게 진행되고 있다. 2030년까지 신재생에너지 공급비율을 20%로 끌어올리기 위해, 전 분야에서의 보급 확대를 추진하고 있다. 2030년 이후에도 재생에너지 경제로 전환하여 산업과 경제의 경쟁력 강화를 목표하고 있으며, 추세의 확산이 예상된다.

1.7 요약

신재생에너지의 정의와 분류를 이해하고, 재생에너지의 확대가 전기시스템, 특히 전력계통에 미치는 영향을 파악할 수 있도록 설명하였다. 재생에너지의 확대가 공동의 목표가 되어야 함을 온실가스 문제를 통해 이해하고, 범국가적인 협력과 정책적 확산 추세로 미래 전력계통에서 재생에너지의 확대는 피할 수 없음을 받아들여야 한다. 이러한 확대과정에서, 기존의 에너지원과 달리, 전력공급의 변동성 문제가 존재할 수 있음과 해당 문제에 대처하기 위한 규제 및 관리를 이해하고 준비해야 함을 암시하였다.

향후 수십 년 동안 확대될 재생에너지의 전망은 가히 도전적이라고 볼 수 있다. 이러한 확대전망을 전력 분야에서는 면밀하게 분석해야 한다.

다음 장부터는 전력공급 현황 및 계획에 있어 주요한 부분을 차지하는 신재생에너지인 태양광발전, 풍력발전에 주목하여 전력계통에 미칠 수 있는 영향을 학습하고, 이러한 영향을 완화하기 위한 접근, 이러한 신재생에너지가 계통에 미치는 영향을 고려한 연계기준을 학습하게 된다. 이러한 선행학습을 토대로 전력계통 관점에서의 실습을 논의하고자 한다.

신재생에너지 생각

1. 신재생에너지 관련 정책은 지속적으로 바뀌고 있다. 최근 개정된 주요 정책 3가지를 찾아보고 동향을 확인해 보자.

2. 최근 3년 국내외 원자력발전 증가 동향을 찾아보고, 신재생에너지 확산과 연관 지어보자.

3. 신재생에너지의 장점과 단점을 3가지씩 정리하고, 전력계통과 연관 지어 마인드맵을 구성해 보자.

4. 신재생에너지의 전력계통 영향을 확인하려면 어떠한 방법이 있을지 조사해 보고, 직접적인 영향 분석이 어려운 이유를 정리해 보자.

참고문헌

- Allen, M., Frame, D., Frieler, K., Hare, W., Huntingford, C., Jones, C., Knutti, R., Lowe, J., Meinshausen, M., Meinshausen, N. and Raper, S. (2009)'The exit strategy', Nature Reports Climate Change, Issue 5 [online], doi:10.1038/climate.2009.28 http://www.nature.com/climate/2009/0905/full/climate.2009.38.html (accessed 3 October 2011).
- BP (2021) BP Statistical Review of World Energy 2021, London, The British Petroleum Company; available at http://www.bp.com (accessed 2 August 2021).
- CCC (2011) The Renewable Energy Review, London, The Committee on Climate Change, available at http://theccc.org.uk (accessed 3 October 2011).
- CEC (2015) Directive 2009/28/EC on the promotion of energy from renewable sources, Commission of the European Communities, available at https://eur-lex.europa.eu/legal-content/EN/ALL/?uri=CELEX%3A32009L0028 (accessed 2 August 2021).
- DECC (2021a) Digest of United Kingdom Energy Statistics 2021 (DUKES), Department of Energy and Climate Change; available at http://www.decc.gov.uk/en/content/cms/statistics/publications/dukes/dukes.aspx (accessed 2 August 2021).
- DECC (2021b) Energy in Brief 2021, Department of Energy and Climate Change; available at http://www.decc.gov.uk/en/content/cms/statistics/publications/brief/brief.aspx (accessed 2 August 2021).
- DECC (2010) National Renewable Energy Action Plan for the United Kingdom, Department of Energy and Climate Change; available at http://www.decc.gov.uk/en/content/cms/meeting_energy/renewable_ener/uk_action_plan/uk_action_plan.aspx (accessed 3 October 2011).
- Everett, B., Boyle G. A., Peake S. and Ramage J. (eds) (2012) Energy Systems and Sustainability: Power for a Sustainable Future (2nd edn), Oxford, Oxford University Press/Milton Keynes, The Open University.
- IEA (2020a) World Energy Outlook 2020, Paris, International Energy Agency.

- IEA (2020b) CO_2 emissions from Fuel Combustion (2020 edition): Highlights [online]: Paris, International Energy Agency; https://www.iea.org/reports/co2-emissions-from-fuel-combustion-overview (accessed 2 August 2021).
- IPCC (2021) Climate Change 2021: The Physical Scientific Basis, Cambridge University Press. http://www.ipcc.ch/publications_and_data/publications_and_data_reports.shtml (accessed 2 August 2021).
- IPCC (2022) Climate Change 2022: Synthesis Report. Contribution of Working Groups Ⅰ, Ⅱ and Ⅲ to the Fourth Assessment Report of the Intergovernmental Panel on Climate Change, Geneva, IPCC.
- Sorensen, B. (2000) Renewable energy (2nd edn), London, Academic Press.
- Sorrell, S., Speirs, J., Bentley, R., Brandt, A. and Miller, R. (2009) Global Oil Depletion: An assessment of the evidence for a near-term peak in global oil production, Report for United Kingdom Energy Research Centre; available at https://ukerc.ac.uk/publications/global-oil-depletion-an-assessment-of-the-evidence-for-a-near-term-peak-in-global-oil-production/.
- Twidell, J. and Weir, A. (1986) Renewable Energy Resources, London, E. and F. N. spon.
- WWEA (2014) World Wind Energy Report 2014, WWEA, http://www.wwindea.org (accessed 2 August 2021).

CHAPTER

2

태양에너지 발전

ENERGY

서론에서 제시한 바와 같이, 지구의 재생에너지의 대부분은 태양복사에 기인한다. 이러한 태양복사에너지를 전기적으로 활용하고자 하는 노력은 비교적 이른 시기에 추진되었다. 오늘날 우리가 쉽게 접할 수 있는 태양을 이용한 전기에너지 공급 형태인 태양광 발전 시스템은 그중 일부이며, 무수한 연구를 통해 경제성 · 안정성 · 효율성 개선이 이루어졌다. 태양광발전의 핵심인 태양전지(Photovoltaic)는 이상적인 에너지변환 장치로 평가된다. 발전 시스템의 주요 부분을 차지하는 화석발전 시스템과 원자력발전의 약 8,000배의 에너지가 이론적으로 추출될 수 있다. 이러한 태양광발전을 전력계통 측면에서 분석하기 위해, 먼저 태양에너지의 활용 역사를 간단하게 짚어보고, 태양광발전 이전에 활용되었던 태양열 발전의 구조와 현황, 태양전지의 기본원리 및 셀(Cell)과 모듈(Module)의 전기적 특성에 대해 알아보고자 한다. 독립전원으로서의 태양광 발전 시스템을 확인하고 대규모 전력 생산 형태와 특성을 분석하고자 한다.

Logical approach

■ 에너지의 원천

태양은 태양계 전체 질량의 99.8% 이상을 차지하고 있다(직경은 지구의 109배에 해당하며, 부피는 1,300,000배에 달함). 지구에서 태양까지의 거리는 약 15,000만km, 빛의 속도로 약 8.5분이 소요된다. 그런데도 지구의 모든 에너지의 원천은 태양의 중심에서 발생한다고 볼 수 있다.

태양의 코어는 약 1,500만 도, 압력은 지구 해수면 대기압의 약 2,500억 배에 달하는 고온, 고압이다. 해당 조건에서 주 구성원인 수소원자가 서로 충돌하고 녹아 헬륨원자

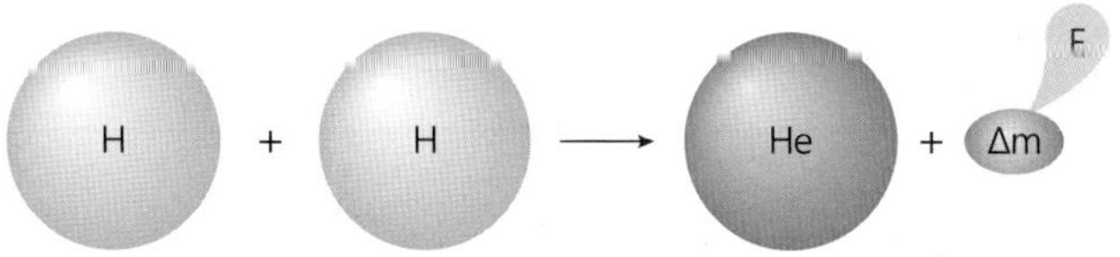

H + H → He + Δm (E)

$H_1^2 + H_1^2 = He_2^4$

$E = \Delta mC^2$

로 변환되는, 핵융합 과정이 꾸준히 진행되고 있다. 태양은 수소가 헬륨으로 변환되는 대규모의 핵융합 원자로와 같다.

핵융합 과정으로 인해 방출되는 에너지의 양은 아인슈타인의 $E=mc^2$에 근거해 추산해 볼 수 있다. 초당 약 500만 톤(M)에 초당 30만km/sec인 빛의 속도의 제곱(c^2)을 곱한다면, 태양 표면 $1cm^2$당 방출되는 에너지양이 약 $6200watt/cm^2$에 달하는 것으로 계산된다. 태양은 지난 45억 년 동안 이 정도 에너지를 꾸준히 방출해 왔으며, 앞으로도 약 50억 년에 달하는 시간 동안 에너지 방출이 가능한 것으로 평가된다.

한편, 지구에 전달되는 형태인 복사에너지는 전자기파의 일종이다. 전자기파의 복사는 기본적으로 물체가 가지고 있는 열에 기인한다. 전구의 필라멘트, 난로와 같이 뜨거운 물체는 전자기파를 복사하게 된다. 물체를 구성하는 입자들은 매우 빠른 자유운동을 하는데, 이로 인해 연속적인 파장과 스펙트럼을 가진 전자기파가 발생하는 것이다. 태양복사도 일종의 열복사로서, 한 장소에서 다른 장소로 에너지를 전달하는 전자기파의 형태이다.

복사에 대한 파장영역을 온도와 비교하면, 그림과 같이 5,800K의 태양복사에너지는 중심파장대가 매우 짧은 좌측에 배치된다. 할로겐전구의 필라멘트 온도가 약 3,000K

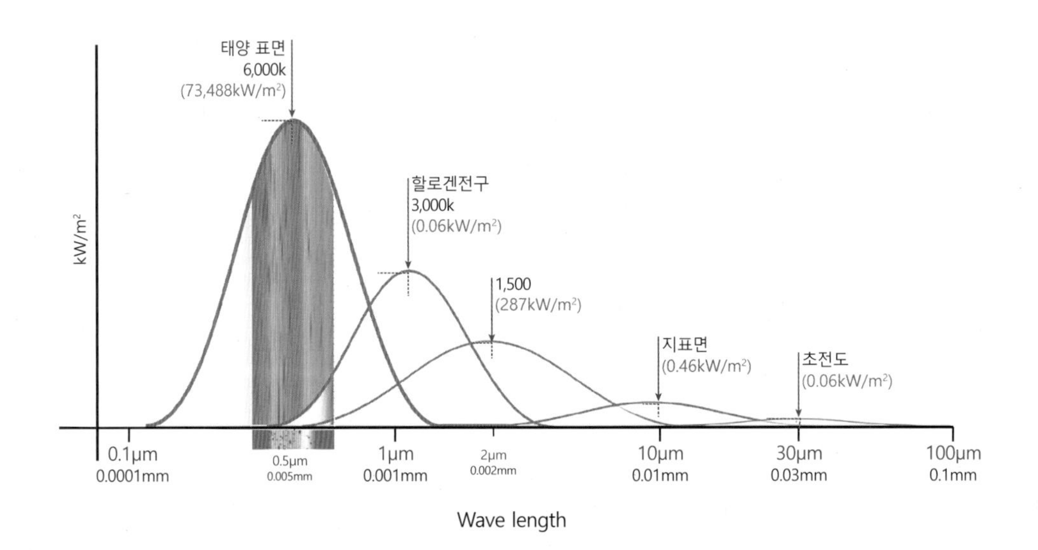

로 우리가 접할 수 있는 물건 중 태양복사에너지에 근접한 스펙트럼을 보여주고 있다. 그러나 방출 복사강도를 비교하면, 태양 표면의 복사강도가 73,488kW/m^2임에 반해, 할로겐전구의 필라멘트는 1/10 수준으로 나타난다. 태양복사의 스펙트럼이 가시광선의 모든 영역을 방출하는 것이 우리의 눈에 백색광으로 보이는 이유이다.

2.1 태양에너지 활용의 역사

매 순간 태양은 엄청난 양의 복사에너지를 태양계에 방출하고 있다. 이 중 지구에 도달하는 태양복사에너지는 극히 일부지만, 분 단위로 측정되는 해당 에너지의 양이 인류가 매년 소비하는 전체 에너지보다 많은 것으로 계산되고 있다.

지구의 태양복사에너지는 고대에서부터 건축과 난방에 응용·활용되어 왔지만, 이는 간접적인 활용으로 분류되며, 동력과 전기가 핵심이었던 산업혁명 이후에서야, 직접적인 활용에 관한 연구가 주목받게 되었다. 태양에너지를 운동에너지 또는 전기에너지로 바꾸기 위한 노력이 태양열 발전과 태양광발전으로 파생되게 되었다.

두 발전 시스템은 태양에너지를 직접적으로 활용하려는 방법이라는 측면에서 유사

태양열 발전은 태양열로 물을 끓여 증기를 발생시키고, 터빈을 이용해 전기를 생성함(태양열 - 기계에너지 - 전기에너지)

태양광발전은 광전효과, 즉 물질이 빛을 흡수하면 물질의 표면에서 전자가 생겨 전기를 발생하는 효과를 이용하여 직접적으로 전기를 생성함(태양빛 - 전기에너지)

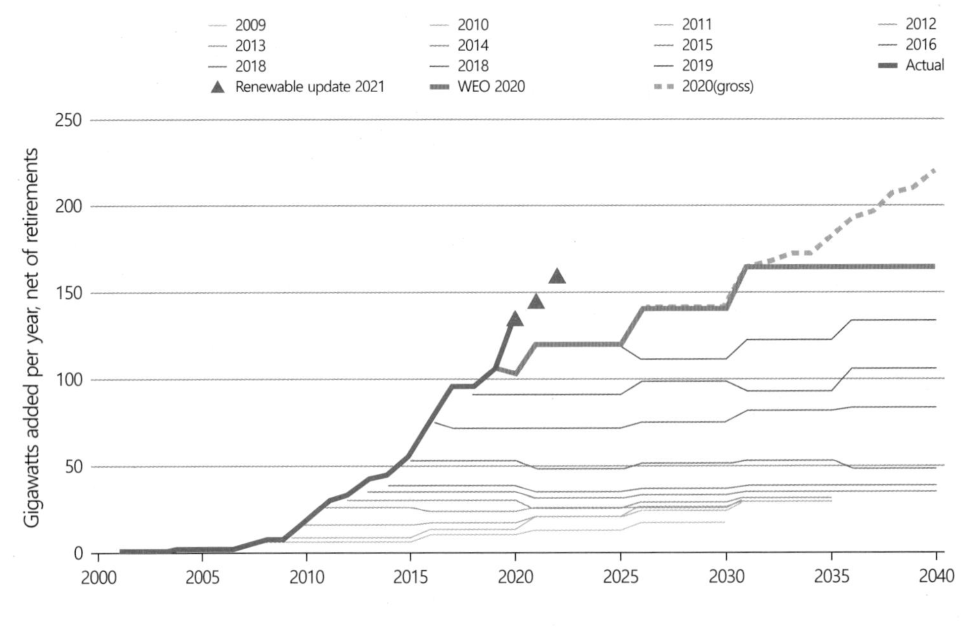

그림 2.1 태양에너지 활용량 예측 곡선의 변화 (IEA 2020)

하나, 에너지변환 과정에 차이가 있다. 동력과 전기를 근간으로 하고 있어, 산업혁명 이래에 고도화되었으므로, 역사적으로 유사한 측면이 있다.

태양광발전 시스템 기본 구성요소인 태양전지의 재료와 장치는 Edmond Becquerel에 의해 최초로 발견되었지만, 이를 태양광발전의 역사로 인정하긴 어렵다. 잘 알려진 독일의 Heinrich Hertz는 1870년 셀레늄 고체를 연구하였고, 이를 이용한 태양전지는 2% 미만의 효율을 가졌으므로, 상용화된 발전 시스템 구성에 어려움이 있었다. 효율 향상이 가능하도록 높은 순도의 결정실리콘(Crystaline silicon)이 생산될 수 있는 결정 성장 방법인 Czochralski 과정이 개발되고 나서야 상용화의 발판을 얻을 수 있었다. 1954년에 Bell 연구소에서 개발된 최초의 결정실리콘 태양전지는 효율이 2배 이상 향상된 4%였으며, 지구에서의 상용화 이전에 우주 프로그램의 응용에 주목받을 수 있었다. 반도체 공정이 기반이 된 태양전지의 개발 및 확산은 비용 측면에서 상용화에 어려움이 있었다. 1970년대 석유 파동이 발생해서야, 태양전지의 가능성이 인정받았고,

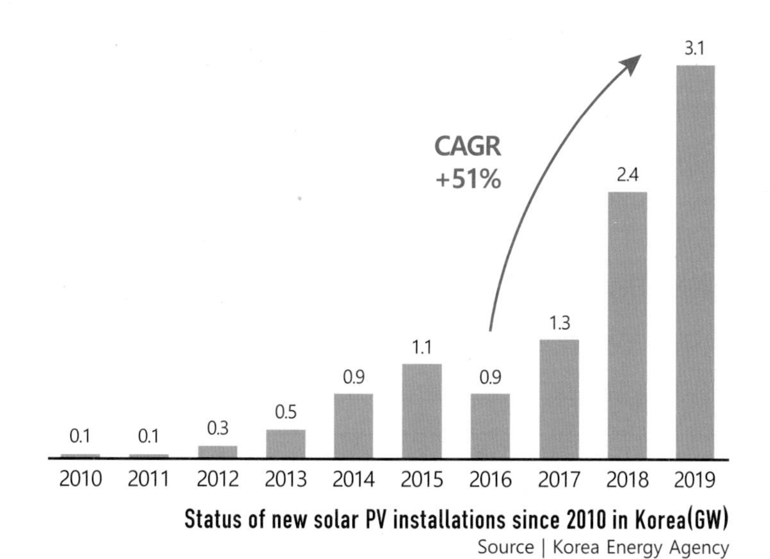

그림 2.2 국내 태양광에너지 보급량 증가량 도표
출처: 한국에너지공단

엄청난 규모의 투자와 연구개발이 이루어질 수 있었다. 현재는 초기 태양전지보다, 효율 · 수명 · 단가 측면에서 비약적인 개선이 이루어졌고 대형화 · 상업화 측면에서 가장 가능성이 큰 재생에너지로 분류되게 되었다.

2.2 태양열 발전

2.2.1 태양열에너지 개요

오늘날 태양열 발전은 '일사된 태양복사에너지를 고비율로 집광하여 회수된 고온(250~1,200℃)의 열에너지를 이용, 발전설비를 구동하여 전기에너지를 얻는 방법'으로 정의한다.

태양에너지를 이용해 증기를 만들고 이를 동력으로 활용하기 위한 태양열 발전 시스템은 초기 구성 형태 측면에서 빠르게 이루어진 것으로 평가된다. 화석연료의 공급이 원활하지 못한 1860년대에, 프랑스의 Augustin Mouchot는 태양열을 이용한 증기동력 엔진을 개발하였다. 초기 태양열 집열 시스템은 Augustin Moucho와 그의 조수 Abel Pifre에 의해 직접적인 응용이 시도되었으며, 태양열 증기엔진의 시초가 되었다. 0.5마력을 위한 초기 태양열 증기엔진은 1913년 55마력을 생산하는 시스템까지 확대되었으나(Frank Shuman), 석유 가격의 급락으로 태양열 증기엔진의 개발에 무관심해지면서, 1980년대 상업화 시도가 되기 전까지 확산이 중단되었다.

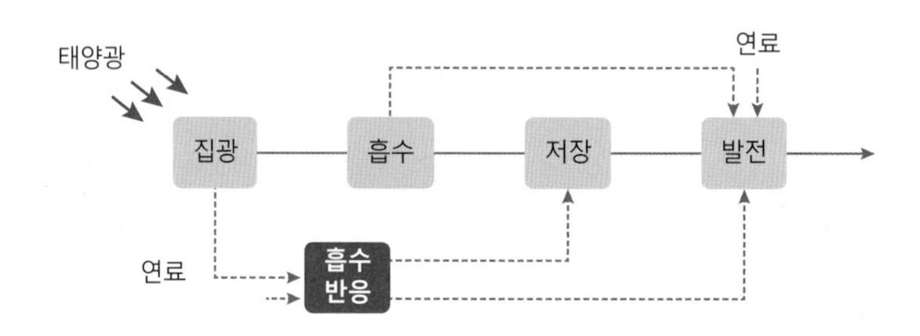

그림 2.3 태양열 발전 시스템 개략도

그림 2.4 초기 태양열 집열 증기엔진 (Augustin Mouchot)

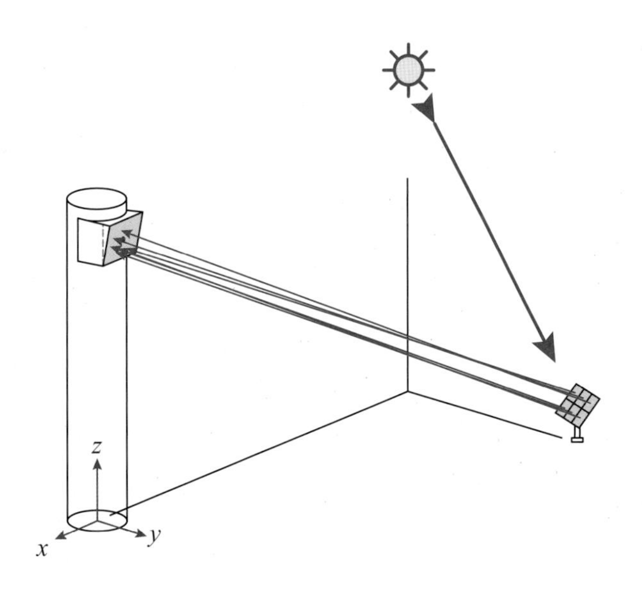

그림 2.5 헬리오스탯 거울에 의해 가열되는 '파워 타워' 형태의 태양열 발전 시스템의 원리. 실제로는 수십, 수백 개의 거울이 타워를 중심으로 배치됨

1980년대 초, 대용량의 발전 시스템 설계는 집중형 태양열 발전 시스템인 CSP(Concentrated Solar Power) 설계로 가능해졌다. 중앙 타워의 상단 수신기에 태양 광선을 집중시키는 '파워 타워' 형태로서, 지상에 다수의 자연광 반사를 위한 헬리오스탯 거울을 배치하여 구성한다. 파워 타워는 증기를 발생시키도록 설계하고, 생성된 증기는 터빈을 구동하여 발전을 수행하도록 한다.

이러한 형태의 발전 시스템은 전력계통에서 관리가 필요한 규모인 10MW급으로 건설되어왔다. California Barstow의 10MW급 'Solar One'은 낮 시간 동안 40,000가구에 전력을 공급할 수 있는 전기를 생산하며, kWh/10센트 정도의 단가로 2007년 가동 당시 높은 주목을 받았다. 약 184,000개의 거울에 의해 빛을 수집하며, 거울은 포물선 형태로 배치되어 있다. 또한, 열을 관리하기 위해 총 19,300개의 유리 진공관 수신기를 공급하였다. 리시버는 300도로 가열되어 75MW급 증기 터빈을 구동하게 된다.

그림 2.6 세계 최대 규모의 타워형 태양열 발전 시스템인 Solar One

2.2.2 태양열에너지 구성

태양열을 활용하는 시스템의 기본구성도는 그림 2.7과 같다. 기본적으로 태양열 시스템은 집열기, 축열조, 열교환기, 펌프, 팽창탱크, 밸브, 제어장치, 보조열원으로 구성된다. 집열기 및 축열부의 구성은 난방, 온수, 냉방과 같은 용도와 관계없이 유사한 형태를 갖춘다. 구성하고자 하는 시스템의 용도에 따라서 축열조와 연결되는 이용부만 달라진다. 본 교재에서는 태양열 시스템의 집열부와 축열부를 구성하고 있는 핵심 구성품에 대해 에너지 전환 순서에 따라 간단히 설명하고자 한다.

■ 집열기

지표면에 도달하는 복사에너지는 에너지 밀도가 낮으므로 집열기의 역할이 가장 중요하다. 집열기는 집광 장치 유무에 따라 집광형과 비집광형으로 구분된다. 건물에 주로

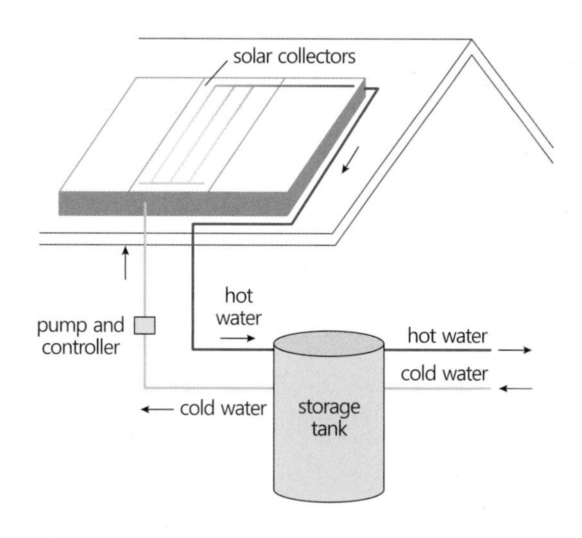

그림 2.7 태양열 시스템 구성도

사용되는 집열기는 비집광형으로 평판형 집열기와 진공관형 집열기가 사용된다. 집열기에서의 에너지 전환은 복사에너지가 흡수판에 흡수되어 온도가 올라가면 연결된 매체로 열이 전달되고, 열교환기를 통해 축열부 또는 이용부로 전달되게 된다.

■ 축열조

집열기에서의 열은 펌프에 의해서 축열조에 저장된다. 축열조는 열에너지의 수요와 공급 사이에 발생하는 시간 차이를 극복하는 데 필요하다. 특히 환경적인 변화에 영향을 받는 태양열에너지는 변동성과 간헐성이 불가피하고, 축열조에서의 에너지관리가 주요한 역할을 하게 된다. 축열조는 열을 저장하는 데 목적이 있으므로, 충분한 단열이 요구되며, 활용도가 높은 고온의 열에너지를 사용할 수 있도록 온도 성층화 장치(높은 온도의 열이 상단부에 저장되고 낮은 온도의 열은 하단부에 놓이게 하는 장치)가 요구되기도 한다.

■ 열교환기

집열기의 주요 매체로는 부동액이 사용된다. 이는 겨울철에 발생할 수 있는 동파를 방지하기 위함이다. 그러나 부동액을 많은 양이 필요한 축열 매체로 이용하는 것은 경제적 · 환경적으로 바람직하지 않으므로, 물을 이용하는 것이 일반적이다.

■ 순환펌프

집열매체 · 축열매체 간 열전달을 위해, 매체가 열교환기를 통해 순환되어야 하며, 이를 순환펌프가 담당한다. 집열펌프는 집열기와 열교환기 사이에 집열매체인 부동액을 순환시키고 축열펌프는 축열조와 열교환기 사이에 축열매체인 물을 순환시킨다.

■ 팽창탱크

집열매체의 온도가 상승하면 부피가 팽창하게 되며, 밀폐형 시스템에서는 허용압력 이상으로 압력이 상승할 수 있다. 팽창된 집열매체의 유출을 방지하고 배관 내 압력을 허용압력 이하로 유지할 목적으로 팽창탱크를 설치해야 한다. 팽창탱크는 펌프 동작 시 음압이 발생하는 것을 방지하기 위하여 펌프의 입구 측에 가깝게 설치하게 된다.

■ 안전밸브

안전밸브는 밀폐형 시스템에서 팽창탱크가 적절한 역할을 하지 못하거나 작동범위를 초과하는 경우를 대비하여 구성한다. 배관 내 압력이 허용압력 이상이면 밸브가 동작하고 집열매체를 유출하여 시스템 내 압력을 낮춘다. 시스템 내 압력이 가장 높을 것으로 예상되는 위치에 설치한다.

■ 제어장치

경제적인 운용을 위해 순환펌프의 효율적인 동작이 요구된다. 충분히 태양열이 얻어졌다고 판단되는 경우에만 순환펌프가 동작하도록 제어장치가 필요하며, 순환펌프의 동작 여부를 제어하도록 구성된다.

■ 보조열원

태양열 시스템은 태양 일사에 의존하여 온수를 생산하기 때문에 기후조건에 직접적인 영향을 받으며, 안정적인 운영을 위해서는 보조열원과 연계가 필요하다. 보조열원으로는 전기히터나 가스, 유류 보일러, 히트펌프 등이 있다.

2.3 태양광에너지

태양광을 이용하는 태양전지(Solar Cell) 역사는 기술한 바와 같이, 1839년 프랑스 실험물리학자 Edmond Becquerel이 광기전력효과를 발견하면서 시작되어 이론적 연구가 진행되었다. 태양열보다 늦은 시기에 발전 시스템의 형태로 운영되기 시작하였으며, 실제 태양전지를 가장 먼저 전원 장치로 이용한 곳 또한 우주선에서인 것으로 기록되어 있다.

태양광발전은 태양광을 직접 전기에너지로 변환시키는 기술로, 광전효과에 의해 전

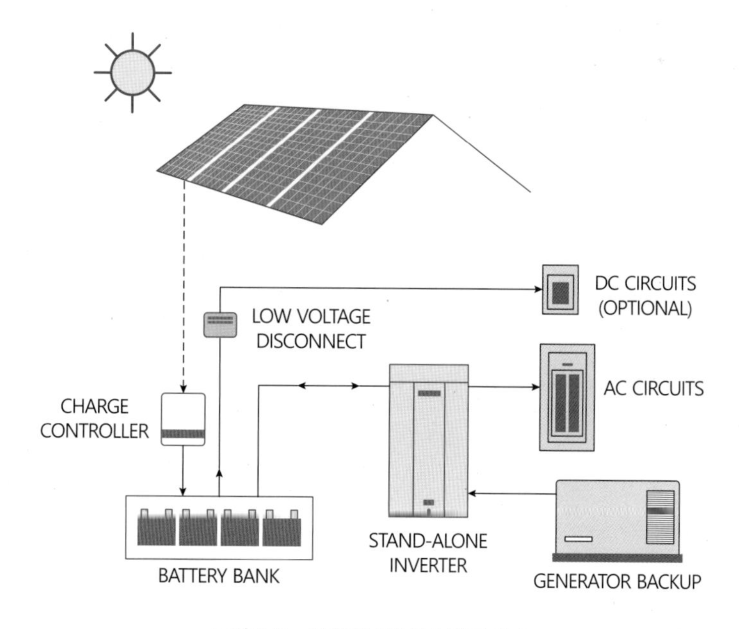

그림 2.8 태양광발전 시스템 구성도

기를 발생하는 태양전지를 이용한 발전 방식이다. 태양열과는 다른 형태의 구성이 이루어지며, 태양전지(solar cell)로 구성된 모듈(module)과 축전지 및 전력변환장치가 대표적인 구성요소로 분류된다.

태양전지(결정질 실리콘)는 실리콘에 붕소(boron)를 첨가한 P형 실리콘반도체를 기본으로, 표면에 인(phosphorous)을 확산시켜 N형 반도체층을 형성함으로써 만들어진다. 해당 PN 접합으로 전계가 발생하며, 이렇게 만들어진 태양전지에 빛이 입사되면, 반도체 내 전자(−)와 정공(+)이 야기되어, 반도체 내부를 자유로이 이동하는 상태가 된다. 이동 중 PN 접합으로 발생한 전계에 들어오면 전자(−)는 N형 반도체에, 정공(+)은 P형 반도체에 이르게 되고, 각 반도체 표면에 전극을 형성하여 전자를 외부 회로로 흐르게 하는 원리로 전류를 발생시킬 수 있다.

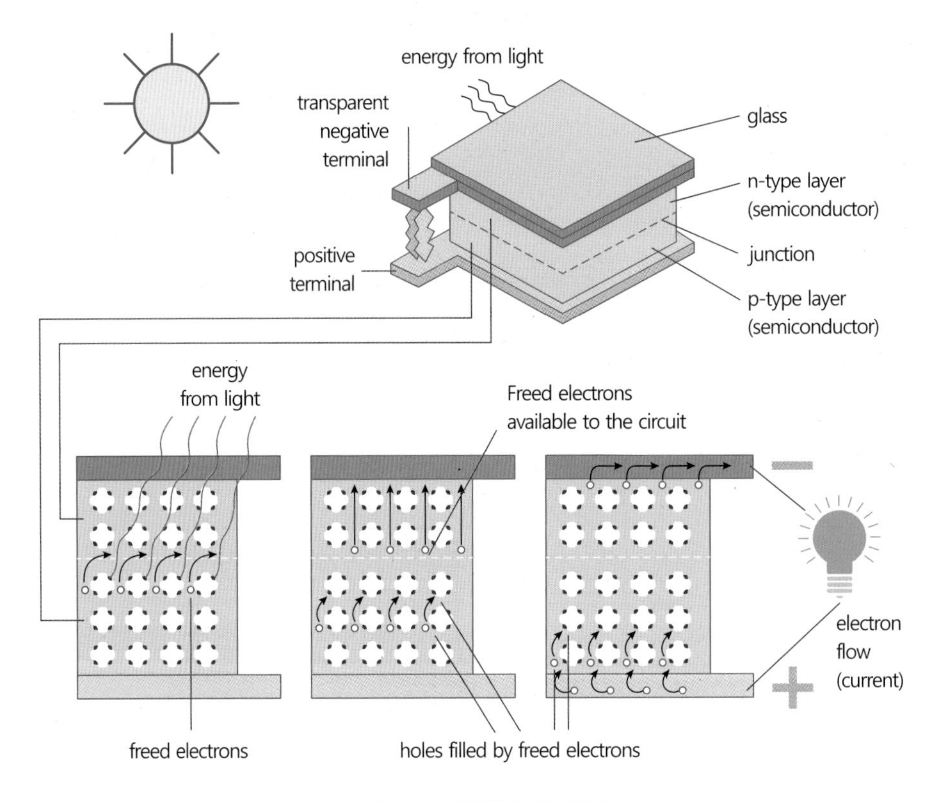

그림 2.9 태양전지 동작 원리

2.3.1 계통연계형 태양광발전 시스템 구조

그림 2.8에 나타난 바와 같이, 태양광발전 시스템은 직류 전력을 발전하는 태양전지와 발전된 전력을 변환 공급하기 위한 시스템으로 구성된다. 태양전지를 포함한 태양전지 어레이(PV array), 직류 전력 조절장치(DC Power Conditioner), 축전지(battery storage), 인버터(Inverter), 계통연계제어기를 기본으로 계통연계형 구조가 형성된다.

직류로 생성되는 태양광 발전 시스템은 인버터를 통해 교류 전력으로 변환시켜 수용가에 전력을 공급해야 한다. 소규모 가정용 태양광 또한 계통연계형으로 분류되며, 해당 구조에서는 야간과 같이 태양광발전이 부족한 때에는 계통으로부터 유입된 전력을 사용하고, 주간에 태양광발전이 소비보다 많아 잉여 전력이 발생할 때는 계통으로 역전송하도록 하는 방식이 된다.

태양광발전 시스템의 일반적인 구성방안은 표 2.1에 나열되어 있다. 태양광발전 시스템은 다른 인버터를 포함하며 일반화된 토폴로지(중앙, 스트링, 멀티스트링 및 모듈 통합)를 기반으로 된다.

태양광발전 시스템이 규모가 커지기 위해서는 태양전지를 직렬/병렬로 구성하여 전압의 크기와 공급량을 크게 해야 한다. 대규모 계통연계형 발전 시스템에서는 직렬로 상승한 전압을 효과적으로 분담하기 위해, 그림 2.10의 a와 같이 멀티스트링을 사용하는 방법이 사용됐으나, 최근 컨버터 용량의 효율적인 개선으로 인해 b와 같은 MW급 태양광

표 2.1 태양광 인버터 토폴로지의 정격 범위

토폴로지	유효전력(kW)	전압범위(DC)(V)	전압범위(AC)(V)	주파수(Hz)
중앙형	100-1500	400-1000	270-400	50, 60
스트링형	0.5-5	200-500	110-230	50, 60
멀티스트링형	2-30	200-800	270-400	50, 60
모듈 통합형	0.06-0.5	20-100	110-230	50, 60

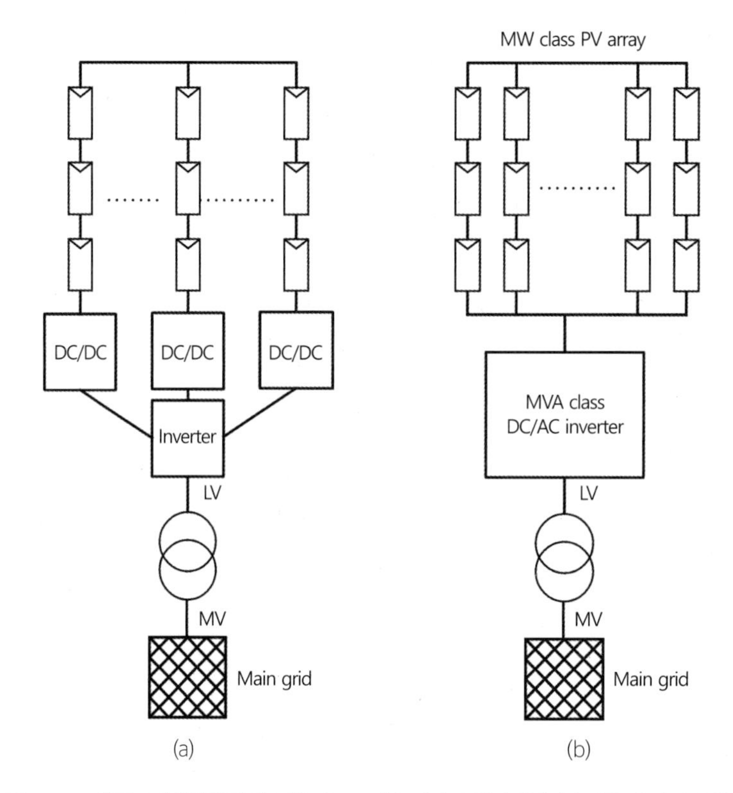

그림 2.10 대규모 태양광발전 시스템 구조도. (a) 컨버터 병렬 연계 (b) 대용량 컨버터 활용

발전단지 구성이 활용되고 있다. DC-DC 컨버터는 스트링의 각 연결 지점을 측정할 수 있으며, 해당 토폴로지를 통해 MVA급 인버터는 수많은 태양광패널을 수용할 수 있다.

2.3.2 계통해석용 태양광 전지 모델과 특성

보통의 태양광 발전 시스템에서 태양전지는 어레이 단위로 사용된다. 태양전지 어레이는 태양전지의 모듈들이 직병렬로 구성되고, 태양전지의 모듈은 태양전지의 셀들이 직병렬 구성된다. 태양전지 셀과 모듈의 직병렬 수는 태양전지 어레이의 단락전류와 개방전압을 결정하고 최대 순시전력 용량을 결정한다.

기준 일사량(1,000[W/m^2])과 기준 온도(25℃)에서 태양전지 단일 모듈의 V-I 특성

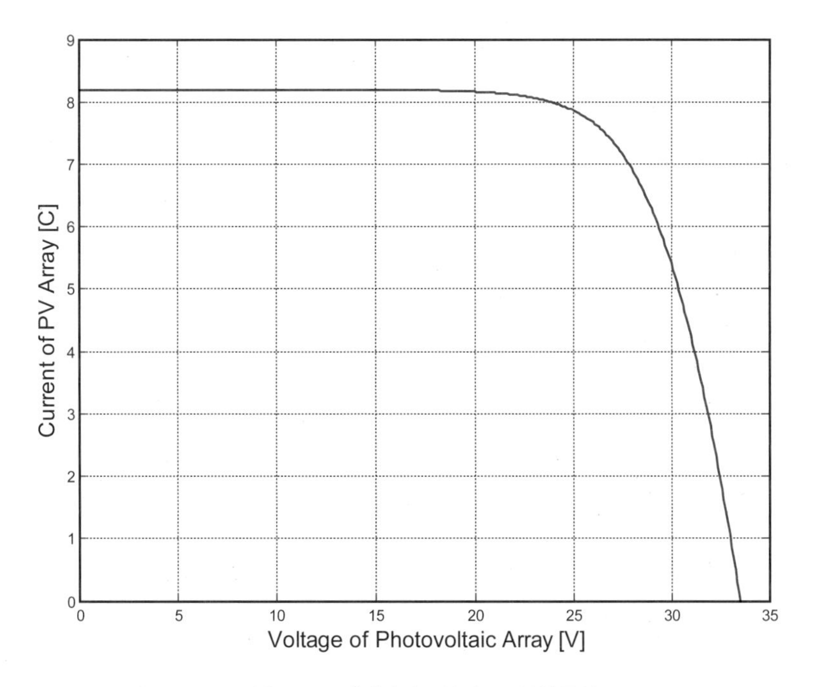

그림 2.11 태양전지 모듈의 V-I 특성 곡선

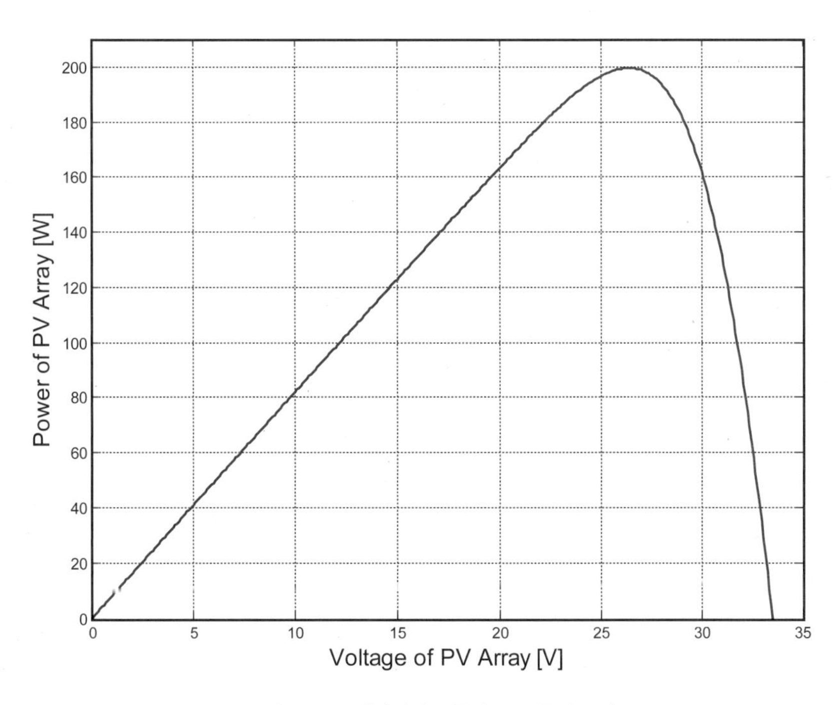

그림 2.12 태양전지 모듈의 V-P 특성 곡선

과 V–P 특성은 각각 그림 2.11, 2.12와 같다. 태양의 일사량과 주변 온도에 따라 해당 특성은 증가 또는 감소될 수 있다. 보통, 일사량이 증가할수록 전류가 증가하고, 주변 온도가 낮을수록 전압이 높아진다.

2.4 최대 출력점 추적 제어

태양전지의 순시전력 특성을 나타낸 그림 2.13의 V–P 특성 곡선에서, 태양전지의 전압 크기에 따라 순시전력이 달라지는 것을 알 수 있다. 대략 27[V] 운전점 부근에서 최대 순시전력이 출력된다는 것을 확인할 수 있다. 같은 방법으로 I–P 특성 곡선에 따라 특정 전류에서 최대 출력점이 결정된다. 이와 같이, 일사량과 주변 온도에 따라 태양전지의 출력이 변동하게 되면 같은 운전점에서 출력이 줄어들 수도 늘어날 수도 있다. 따라

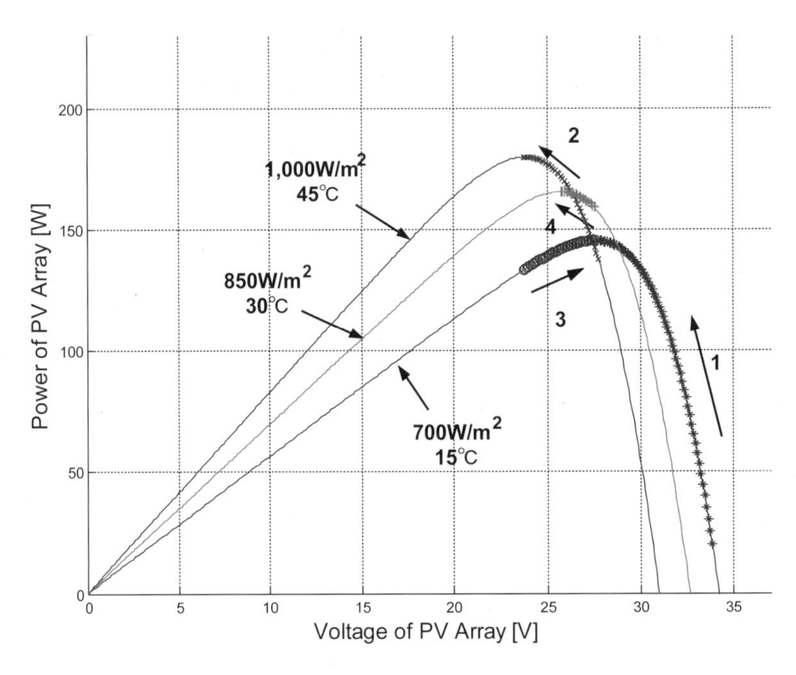

그림 2.13 MPPT 시뮬레이션 결과

서, 태양전지의 출력을 결정하는 주변 환경 변화에 따라 새로운 최대 전력을 출력할 수 있는 운전점을 찾아야 한다. 그림 2.13은 4가지 급변하는 기후 조건을 가정하고 태양전지의 특성에 대한 MPPT를 시뮬레이션한 결과이다. 특정 기후 조건에서 최대 출력점 운전을 하다가, 태양의 일사량과 주변 온도가 달라지면서 새로운 최대 출력 운전점을 찾아가는 것을 보여 준다.

태양전지의 최대 출력점 추적 제어(MPPT: maximum power point tracking)에 관한 여러 가지 방법이 있다. MPPT 제어는 반복을 기본으로 하여 최대 출력점에 도달하는 방식으로, 제어 결과는 반복 샘플링 시간 간격과 증분 전압에 따라 응답이 달라질 수 있다. 그중 대표적으로 P&O(perturbation and observation, 섭동 후 관측) 방법과 incremental conductance 방법이 주로 사용되고 있다. P&O 방법은 이전 스텝에서 순시전력과 현재 스텝에서 순시전력 차이를 관찰하고, 이전 스텝에서 전압과 현재 스텝에서 전압 차이를 관찰하여 다음 스텝에서의 증분 전압을 더할 것인지 뺄 것인지를 결정한다. incremental conductance 방법은 컨덕턴스와 증분 컨덕턴스의 차이가 양수인지, 0인지, 음수인지에 따라 증분전압을 더할 것인지, 그대로 둘 것인지, 뺄 것인지를 결정한다. P&O 방법은 최대 출력점이 정상상태임에도 불구하고 계속해서 최대 출력점을 찾는 방식으로부터 정상상태 진동이 발생되며, incremental conductance 방법은 정상상태에서 진동이 적은 장점이 있다.

2.4.1 전력변환장치의 구성

태양전지에서 생산된 전력을 소비자에게 공급하기 위한 전력변환장치는 다음의 조건을 갖추어야 한다.

- 태양전지에서 발전된 DC 전압을 AC 전압으로 변환
- MPPT 제어를 위해 태양전지의 전압 또는 전류를 제어
- 전압원 인버터와 전압원 전력계통 사이 연결을 위한 등가 전류원

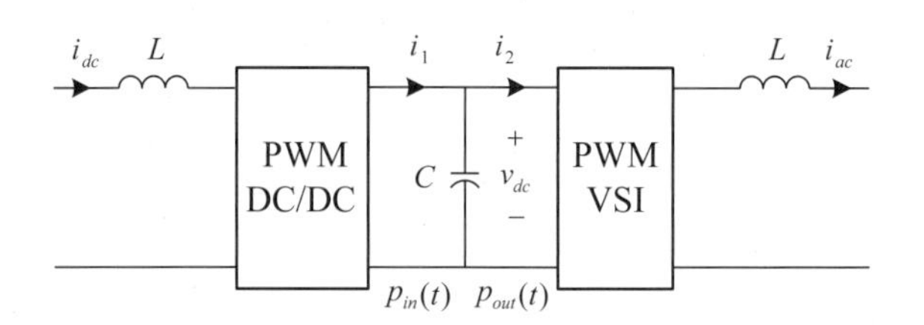

그림 2.14 태양광 발전 시스템의 전력변환장치 구성

전압원 인버터(VSI: voltage source inverter)는 SPDT(single pole double throw) 스위치가 결합되어 구성된다. throw 측은 전압이 일정하기 위해 커패시터로 구성되고 pole 측은 전류가 일정하기 위해 인덕터로 구성된다. throw 측에 태양전지를 연결하고 pole 측에 전압원으로 보이는 전력계통을 연계하면 전압원 인버터만으로 DC 전압을 AC 전압으로 변환하여 전력을 공급할 수 있다. 전력계통의 AC 전압 크기에 따른 전압원 인버터의 throw, 즉 DC-link 전압의 선형제어 범위가 결정된다. 선형제어 범위 내에서 태양전지의 단자전압 허용 범위를 결정하고, 태양전지 어레이를 구성하는 태양전지 모듈의 적절한 직렬 수를 설계한다.

태양전지의 주변 기후 변화에 따른 전압 변동 폭은 비교적 넓다. 태양전지의 모든 전압 범위에서 전압원 인버터의 운전은 불가능하다. 이 경우 DC/DC 컨버터를 활용하면 더 넓은 태양전지의 전압 범위에서 전압원 인버터의 선형제어 범위를 보장할 수 있다. 태양광 발전 시스템이 DC/DC 컨버터를 포함하면 태양전지의 이용률을 더 높여줄 수 있고, 태양전지의 단자전압 제어를 통한 MPPT 외에도 태양전지의 전류를 제어하는 MPPT가 가능하다. 그림 2.14는 DC/DC 컨버터와 전압원 인버터로 구성된 전력변환장치를 나타낸 것이다. DC/DC 컨버터는 boost 컨버터 또는 고주파 변압기를 포함하는 풀브릿지 DC/DC 컨버터가 사용될 수 있다.

2.4.2 제어기 모델

태양광 발전 시스템의 전력변환장치의 구성에 따라 제어 구조가 달라질 수 있다. 계통 연계형 태양광 발전 시스템만을 고려했을 때, 태양전지에서 발전된 순시전력만을 전력 계통에 공급하면 된다. 따라서, 태양전지는 자유롭게 MPPT 운전하는 것이 가능하다. 태양전지에서 발전된 전력은 태양전지 단자의 커패시터(DC-link)의 전압을 상승시킨다. 전압원 인버터가 DC 측에서 AC 측으로 전력을 전송하면 DC-link의 전압은 낮아지게 된다.

SPDT로 구현되는 전력변환장치는 인덕터 pole 전류 제어를 내부제어(inner loop control)로 하여 빠른 대역폭 및 시정수로 제어하고, 커패시터 throw 전압 또는 pole의 인덕터 건너 커패시터 전압 제어를 외부제어(outer loop control)로 하여 비교적 느린 대역폭 및 시정수로 제어하는 것이 일반적이다. 모든 전압을 외부제어로 구현할 수 없고, 한 가지만이 제어 가능하다.

전력변환장치의 구성에 따라 태양광 발전 시스템의 제어기 구성도 달라질 수 있다. 전압원 인버터만으로 구성되는 경우, 즉, 모든 pole이 AC 전력계통에 연결되고 모든 throw가 DC-link를 공유하는 경우이다. 전압원 인버터의 제어기는 MPPT 하기 위해서 throw의 커패시터(DC-link) 전압을 제어한다. 태양전지의 발전에 따라 커패시터(DC-link) 전압은 상승되고, 전압원 인버터는 커패시터 전압을 일정한 MPPT 전압으로 유지하기 위해서 pole의 인덕터 전류를 제어한다. 전압원 인버터와 DC/DC 컨버터

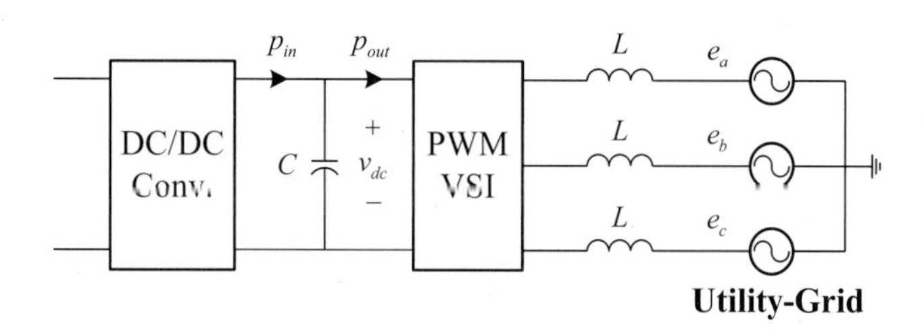

그림 2.15 전력계통에 연계된 전압원 인버터의 등가회로

가 함께 구성되는 경우, 즉, DC/DC 컨버터에 의해 하나의 pole이 태양전지에 연결되는 경우이다. DC/DC 컨버터는 태양전지 단자의 커패시터 전압을 MPPT로 제어하고, 태양전지의 발전에 따라 커패시터 전압은 상승된다. DC/DC 컨버터는 커패시터 전압을 일정한 MPPT 전압으로 유지하기 위해서 pole의 인덕터 전류를 제어하면, DC-link 커패시터 전압을 상승시키게 된다. 전압원 인버터는 상승된 DC-link 커패시터 전압을 일정하게 유지하기 위해 pole의 인덕터 전류를 제어한다.

전력계통에 연계된 전압원 인버터와 계통연계 인덕터를 포함하는 등가회로는 그림 2.15와 같다.

전압원 인버터 출력 상전압의 KVL 전압방정식을 세우고, de-qe 축 회전 좌표변환한 후 전압원 인버터의 모델은 식 (2.1), (2.2)와 같이 표현할 수 있다.

$$\frac{i_d}{(v_d + w_e L i_q - e_d)} = \frac{1}{Ls + R} \tag{2.1}$$

$$\frac{i_q}{(v_q + w_e L i_d^r - e_q)} = \frac{1}{Ls + R} \tag{2.2}$$

식 (2.1), (2.2)로부터 그림 2.16과 같은 블록 다이어그램을 구할 수 있다.

전압원 인버터의 제어기는 pole 전류를 내부제어로 하고 throw의 전압을 외부제어로 하여 구성된다. 그림 2.9에서 전압원 인버터의 전압과 전류를 제외한 계통 전압(e_d,

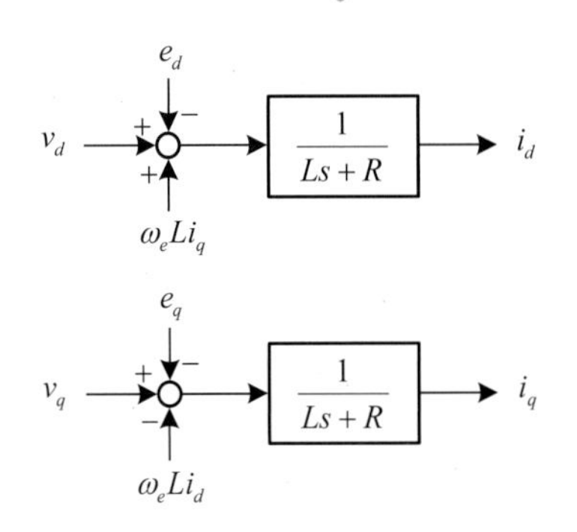

그림 2.16 전력계통에 연계된 전압원 인버터의 블록 다이어그램

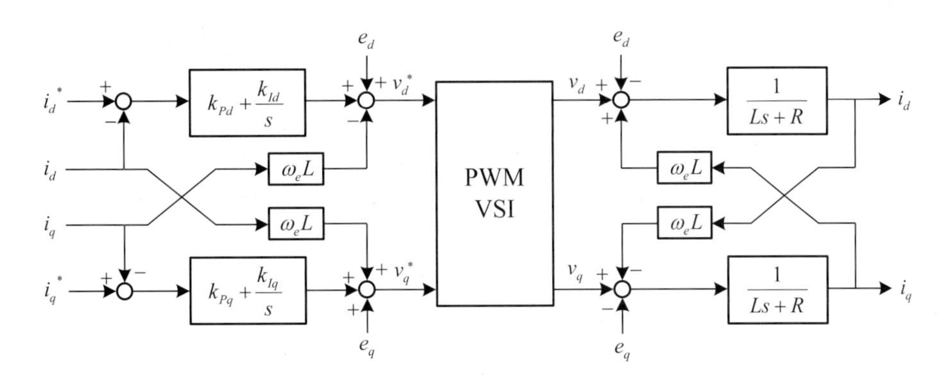

그림 2.17 전력계통에 연계된 전류제어 전압원 인버터의 블록다이어그램

e_q)과 스피드전압(w_eLi_q, w_eLi_d)을 상쇄시키기 위한 feedforward 항을 가진 PI 제어기와 전력계통에 연계된 전압원 인버터의 블록 다이어그램은 그림 2.17과 같이 구성된다. 그림 2.17의 제어기는 전류 제어 전압원 인버터(current-controlled voltage source inverter)의 비간섭 전류제어기라고 불린다.

그림 2.17의 전류 제어루프의 전달함수는 식 (2.3), (2.4)와 같이 표현된다.

$$\frac{i_d}{i_d^*} = \frac{\frac{k_{Pd}}{L}s + \frac{k_{Id}}{L}}{s^2 + \frac{k_{Pd}}{L}s + \frac{k_{Id}}{L}} \tag{2.3}$$

$$\frac{i_d}{i_d^*} = \frac{\frac{k_{Pq}}{L}s + \frac{k_{Iq}}{L}}{s^2 + \frac{k_{Pq}}{L}s + \frac{k_{Iq}}{L}} \tag{2.4}$$

그림 2.15의 DC-link에서 순시 전력 평형 방정식으로부터 DC-link 운전점(V_{dc})에 대한 근사화된 모델은 식 (2.5)와 같다.

$$2V_{dc}sv_{dc} = p_{in} - \frac{3}{2}v_d i_d \tag{2.5}$$

그림 2.18과 같이 피드포워드 항을 가지는 PI 제어기와 근사화된 DC-link 식을 결합하면 식 (2.6)과 같은 DC-link 전압 제어루프의 전달함수를 구할 수 있다.

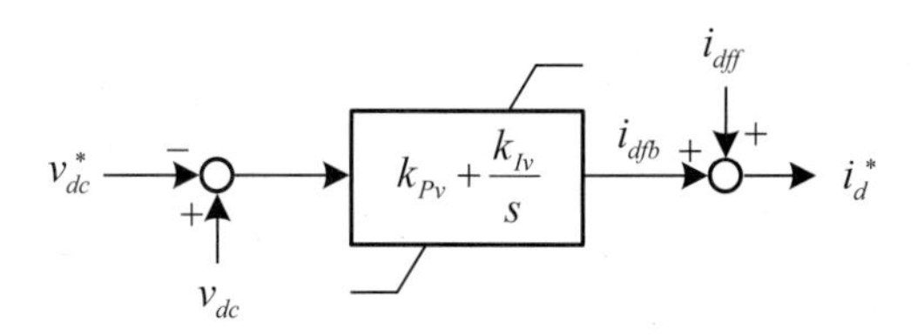

그림 2.18 DC-link 전압 제어기

$$\frac{v_{dc}}{v_{dc}^*}=\frac{\frac{k_{Pv}}{k_v}s+\frac{k_{Iv}}{k_v}}{s^2+\frac{k_{Pv}}{k_v}s+\frac{k_{Iv}}{k_v}} \tag{2.6}$$

여기서, $k_v=\frac{2CV_dc}{3v_d}$

DC/DC 컨버터를 이용하여 태양전지 측 전압을 MPPT 제어하는 경우, DC/DC 컨버터의 등가회로는 그림 2.19와 같다.

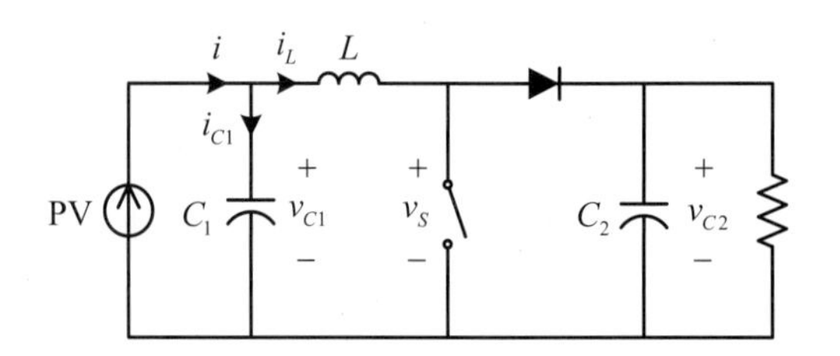

그림 2.19 DC/DC 컨버터의 등가회로

그림 2.19에서 인덕터 L과 커패시터 C_1의 전압 및 전류 방정식으로부터 DC/DC 컨버터의 모델을 식 (2.7), (2.8)과 같이 표현할 수 있다.

$$i_L=\frac{1}{Ls}(v_{C1}-v_S) \tag{2.7}$$

$$v_{C1}=\frac{1}{C_1s}(i-i_L) \tag{2.8}$$

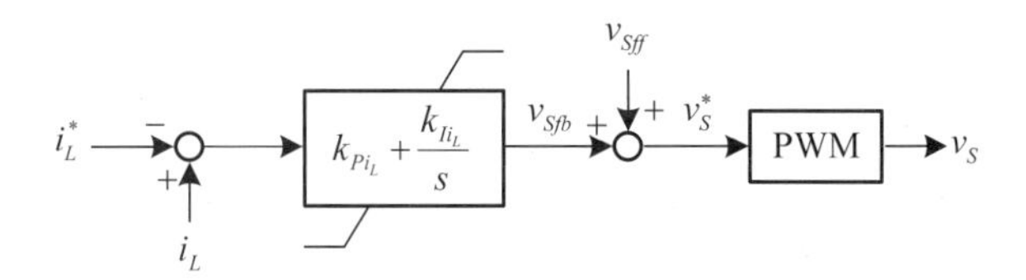

그림 2.20 내부 전류 제어기

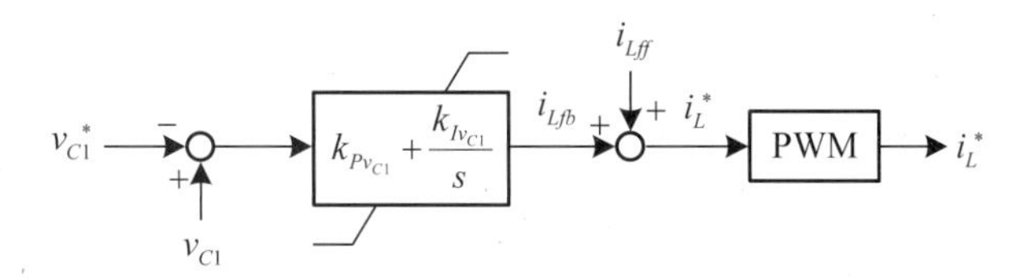

그림 2.21 외부 전압 제어기

전압원 인버터와 유사한 방법으로 DC/DC 컨버터의 제어기는 pole 전류를 내부제어로 하고 pole의 인덕터 건너 커패시터 전압을 외부제어로 한다. 여기서 커패시터는 태양전지에 연결되고 MPPT를 위한 전압으로 제어된다. 그림 2.20, 2.21과 같은 내부 전류 제어기와 외부 전압 제어기를 각각 식 (2.7), (2.8)과 결합하면 내부 전류 제어루프와 외부 전압 제어루프의 전달함수를 각각 식 (2.9), (2.10)과 같이 구할 수 있다.

$$\frac{i_L}{i_L^*} = \frac{\frac{k_{Pi_L}}{L}s + \frac{k_{Ii_L}}{L}}{s^2 + \frac{k_{Pi_L}}{L}s + \frac{k_{Ii_L}}{L}} \tag{2.9}$$

$$\frac{v_{C1}}{v_{C1}^*} = \frac{\frac{k_{Pv_{C1}}}{C_1}s + \frac{k_{Iv_{C1}}}{C_1}}{s^2 + \frac{k_{Pv_{C1}}}{C_1}s + \frac{k_{Iv_{C1}}}{C_1}} \tag{2.10}$$

해당 컴포넌트들이 모두 합쳐진 전체적인 제어 구조도를 그림 2.22와 같이 나타낼 수 있다.

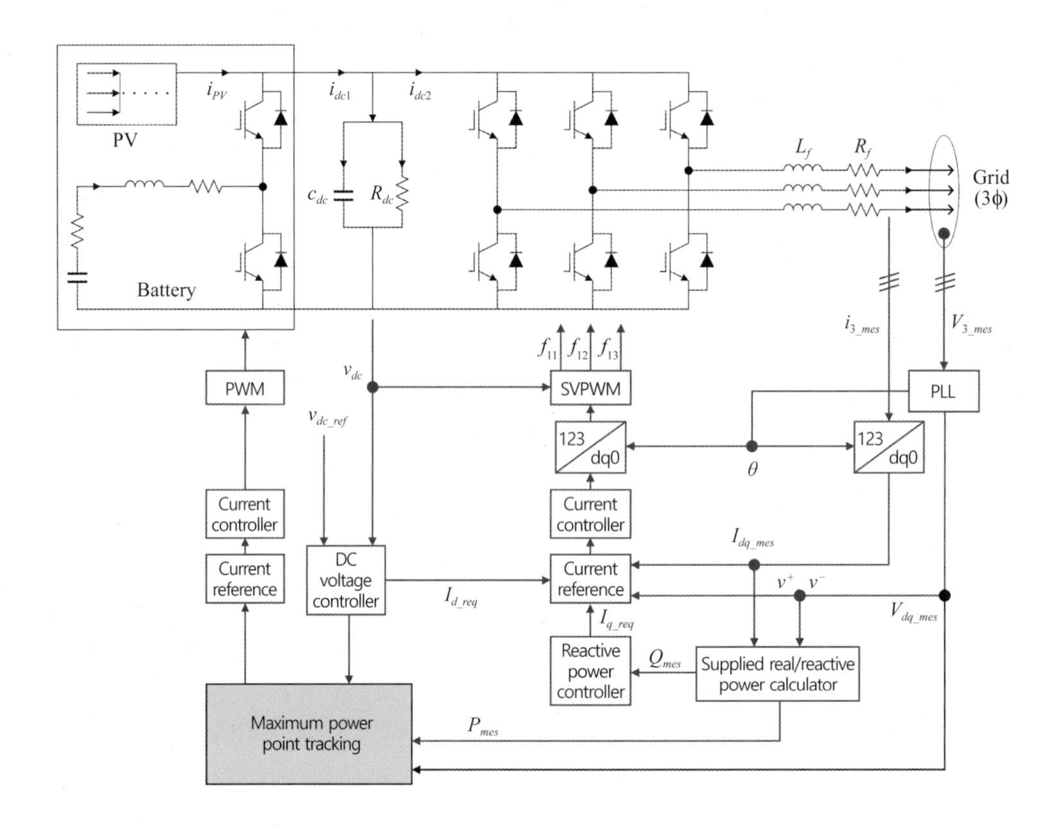

그림 2.22 계통연계형 태양광 발전 시스템 제어 구조도

2.5 국내 일사량 자원분석

The World Bank group은 인공위성 기반 일사량 자원 데이터베이스를 이용해 세계 각국의 일사량 정보를 구체적으로 제공하고 있다. 2016년부터 시작된 해당 서비스는 정밀도 향상 업그레이드를 거쳐 현재 Global Solar Atilas 2.0의 형태로 실시간 운영되고 있다. 제공하는 정보는 수평면 전일사량, 수평면 확산일사량, 법선면 직달일사량과 같은 정보와 함께, 태양광 발전 시스템에 주목하여, 특정 지역의 최적설치각도, 최적경사각, 전일사량을 포함하여 설치되는 태양광 발전 시스템에 대한 예상 발전량 정보를 제공한다.

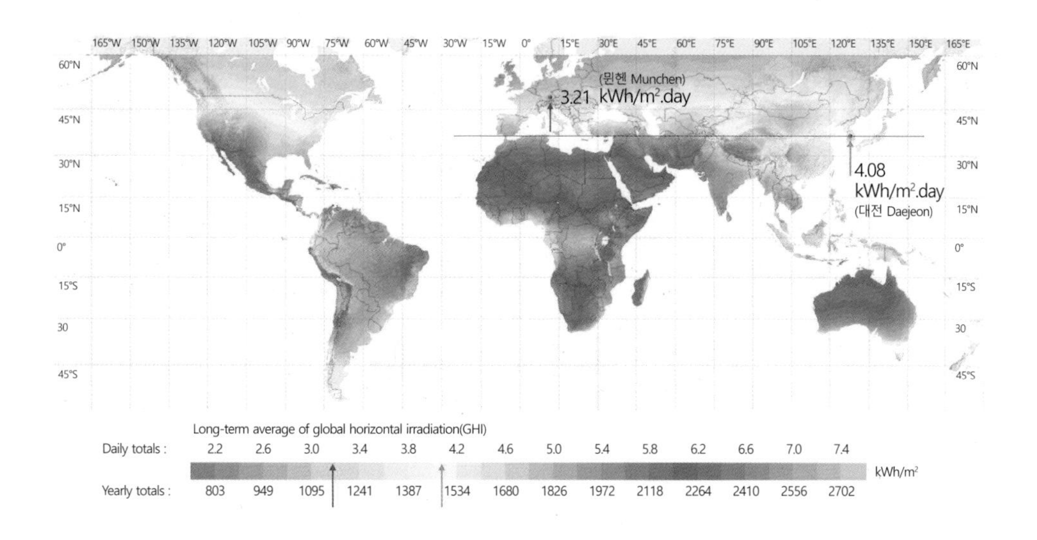

그림 2.23 전일사량 자원분포 비교 (Global Solar Atilas 2)

그림 2.23은 세계 전일사량 지도를 해당 사이트를 통해 생성하여 도시한 것으로, 한국의 대전과 독일의 뮌헨 지역에 대한 일사량 정보를 비교하고 있다. 대전의 경우 연평균 일일 수평면 전일사량이 4.08kWh/m^2/day로 나타나며, 대표적 신재생에너지 선진국으로 분류되는 독일은 뮌헨을 기준으로 3.21kWh/m^2/day를 보여, 국내 자원과 비교해 약 20% 낮은 것으로 평가된다. 위도상으로도 우리나라 대부분 지역이 남단에 해당하여, 태양자원이 양호한 조건으로 평가되고 있다.

우리나라도 신재생에너지의 적극적인 활용과 주도적인 자원평가를 위해 1980년 초부터 에너지기술연구원의 주관하에 전국 주요 지점을 대상으로 일사량 측정사업을 시작하였다. 현재는 에너지기술연구원 내에 신재생에너지데이터센터를 구축하여 "신재생에너지자원지도"와 국가참조표준, 표준기상 데이터 등의 서비스를 제공하고 있다.

국내에서 활용되는 신재생에너지자원지도에서는, 태양에너지에 활용할 수 있는 일사량데이터(그림 2.24는 전국을 대상으로 연평균 수평면 전일사량 지역별 분포를 나타내는 자원지도를 도시한 것)를 비롯하여 풍력, 수력, 바이오매스 및 지열에 관한 데이터가 지속해서 업데이트되고 있다. 물론 오픈소스로 제공되는 데이터를 용도에 맞는 데

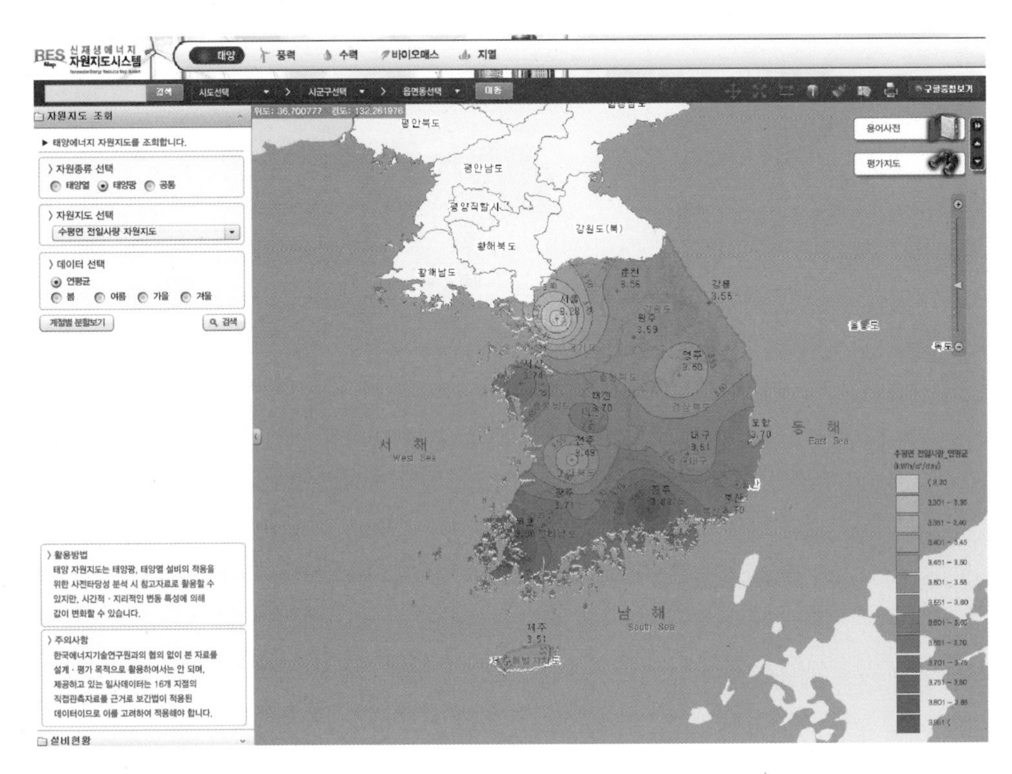

그림 2.24 신재생에너지 자원지도시스템
출처: 한국에너지기술연구원

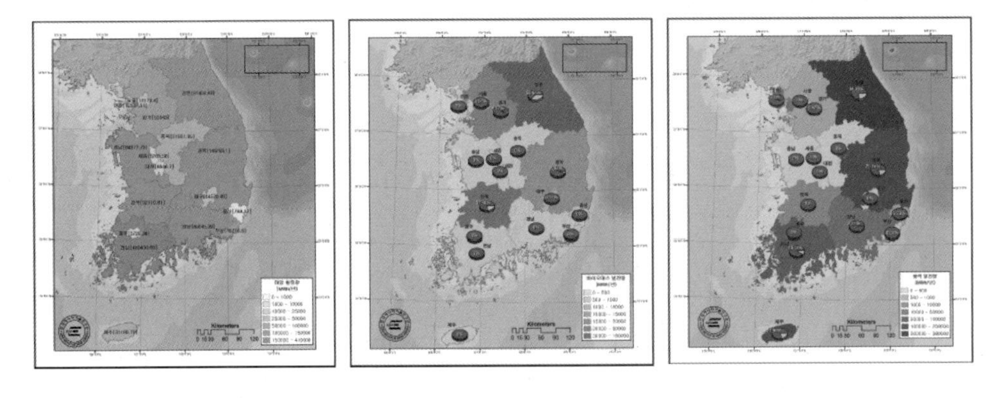

그림 2.25 전력생산량 자원지도 구조도 (태양광, 바이오매스, 풍력 순)

이터로 가공하기 위해서는 추가 분석(계절별 추세 분석 등)이 요구되며, 전기시스템에 적용하기 위해서는 부하를 포함한 전력공급특성 분석이 필요한 것으로 평가된다.

국내 일사량에 대해서, 연평균 수평면 전일사량을 분석하면 3.48kWh/m^2/day이며, 이는 30년간의 전국평균 데이터를 바탕으로 분석한 결과이다. 지역별로는 목포, 진주와 같은 남해 지역의 일사 조건이 3.90kWh/m^2/day로 가장 높게 나타나며 대전을 포함한 주요 지방 광역시에도 3.70kWh/m^2/day의 일사량이 측정되고 있다.

2.6 국내 태양에너지 발전 현황

2.6.1 태양열 발전 시스템

국내 신재생에너지원 중 가장 먼저 도입 ⇒ 신재생에너지 분야를 선도

온수 · 급탕 및 난방에 가장 많은 기술개발 진행, 상용화, 시장 형성

- 국내 최초의 태양열 발전소 : 2011. 6. 29 준공
- 위치 : 대구 서변동
- 타워 높이(50m), 태양열을 흡수하는 흡수기

- 반사경(heliostat) : 직경 2m(450개)
- 면적 : 2만 300m^2
- 사업비 : 116억 5000만원, 주관기업(대성에너지)
- 발전 규모 : 200kW급(하루 60~70가구 사용량)

2.6.2 태양광 발전 시스템

■ 남해 태양광발전소(2018년 가동)

- OCI-삼성이 경남 남해군 남면 평산리 설치
- 설비용량 : 4MW, 연간 5,200MWh

- 태양광발전소를 추가로 지어 발전능력 올해 100MW 목표
- 130kw 규모 태양광 발전소 시설을 무상으로 증여해 지역주민들의 참여 기회 보장

■ 해남 태양광 발전소

- JW솔라파크, JW에너지, 금오에너지 등 여러 회사가 합심해서 57MW 태양광발전소를 전라남도 해남읍 변전소와 계통 연계 진행
- 석탄화력발전소 대신 태양광 발전소로 단지 설립

■ 경남 고성군 영농형 태양광 발전설비

- 한국 남동발전, 2017년 6월 벼농사를 지으며 태양광 발전이 가능한 계통연계형 영농형 태양광 발전 개시, 100kw급 태양광 설비

2018년 지역별 신·재생에너지 발전량

지역별 발전량에서 태양광 지역별 순위는 1위 전남, 2위 전북, 3위는 경북, 4위는 충남, 5위는 경남이다.
풍력 지역별 순위는 1위 경북, 2위는 강원, 3위는 제주, 4위는 전남, 5위는 경남이다.

(단위: MWh)

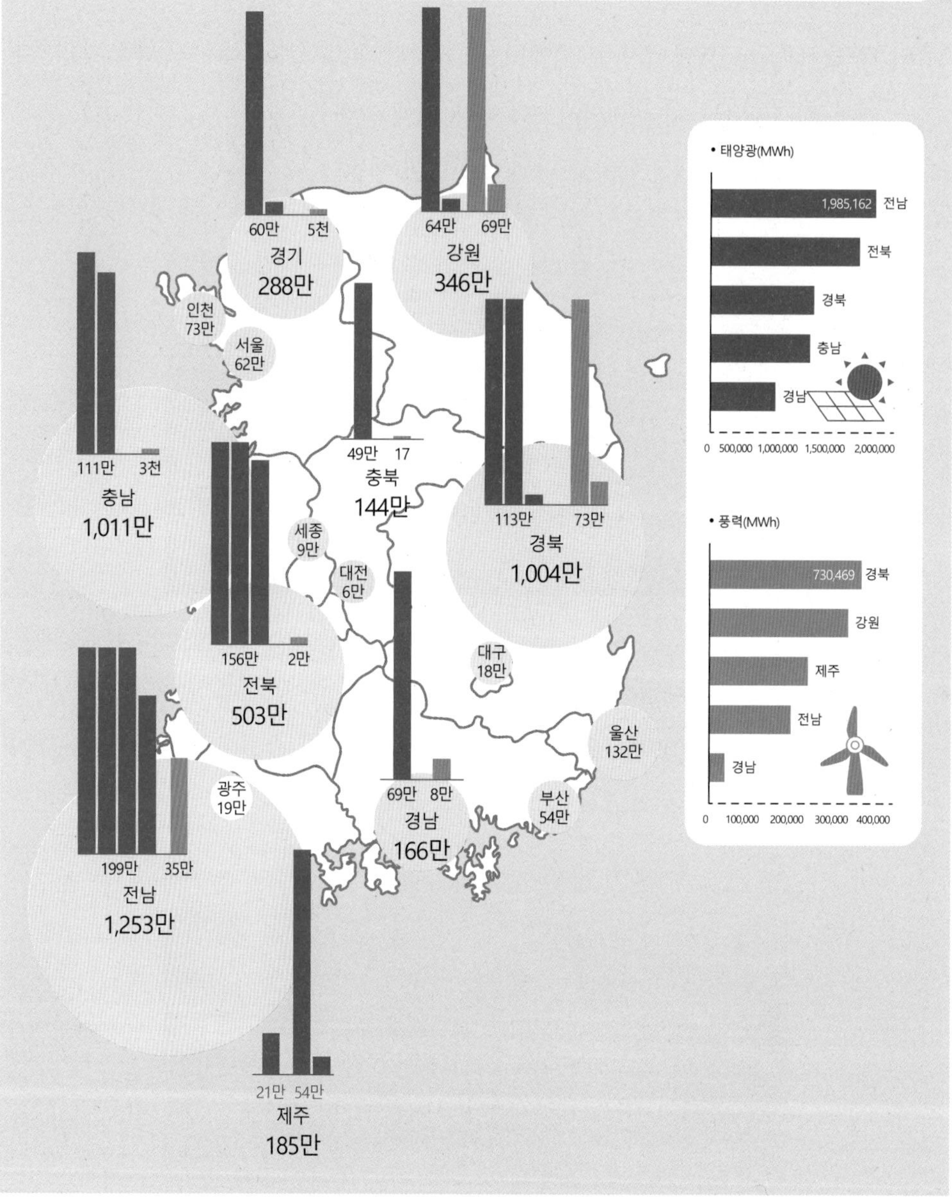

60만 5천
경기
288만

64만 69만
강원
346만

인천
73만

서울
62만

111만 3천
충남
1,011만

49만 17
충북
144만

113만 73만
경북
1,004만

세종
9만

대전
6만

156만 2만
전북
503만

대구
18만

울산
132만

광주
19만

69만 8만
경남
166만

부산
54만

199만 35만
전남
1,253만

21만 54만
제주
185만

• 태양광(MWh)

1,985,162 전남
전북
경북
충남
경남

0 500,000 1,000,000 1,500,000 2,000,000

• 풍력(MWh)

730,469 경북
강원
제주
전남
경남

0 100,000 200,000 300,000 400,000

2018년 지역별 신·재생에너지 누적 발전설비 용량

지역별 누적발전설비 용량에서 태양광 지역별 순위는 1위 전남, 2위 전북, 3위는 경북, 4위는 충남, 5위는 강원이다. 풍력 지역별 순위는 1위 강원, 2위는 전남, 3위는 제주, 4위는 경북, 5위는 경남이다.

(단위: kW)

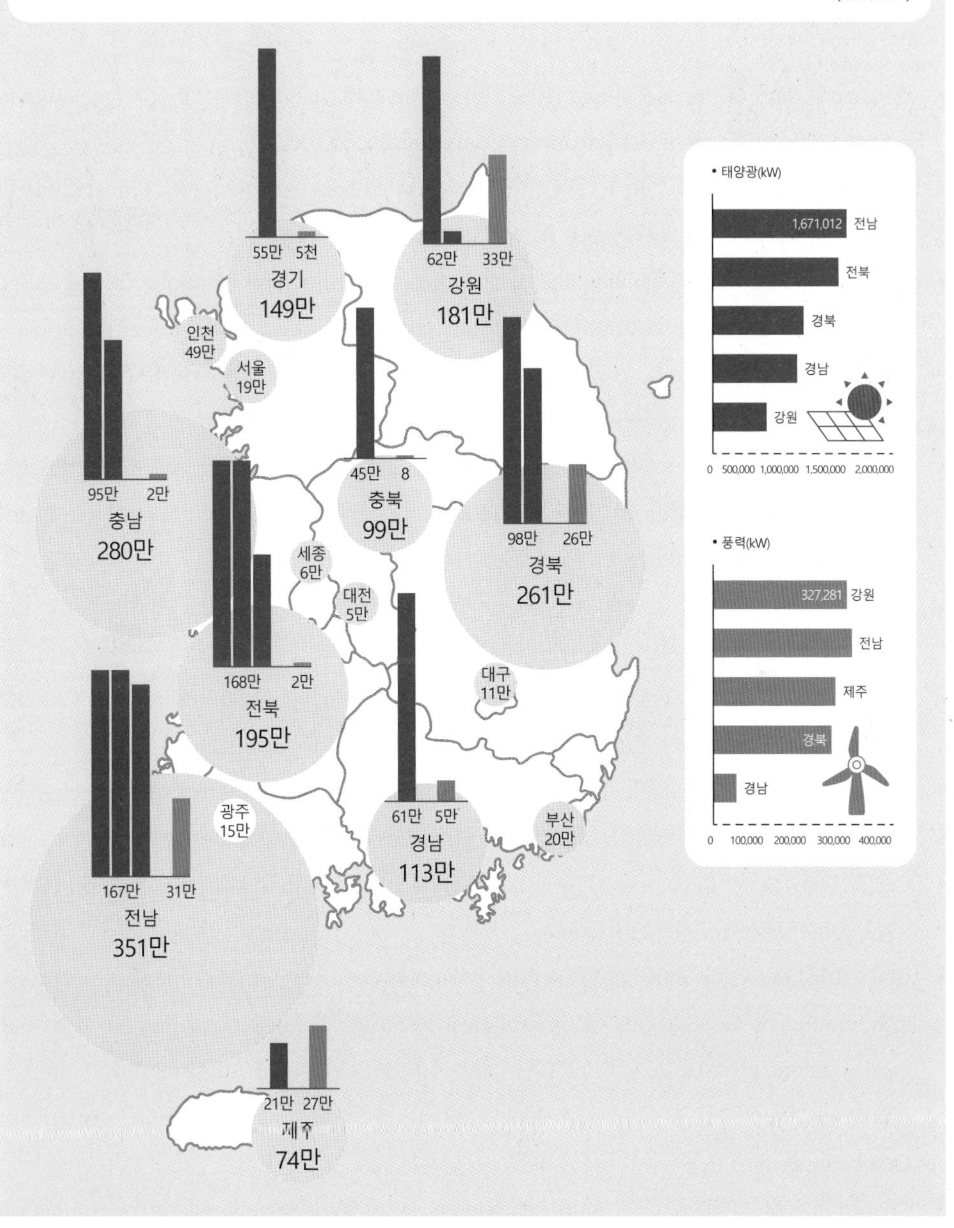

출처 : 한국에너지공단 2018년 신재생에너지 보급통계(2019.11.29)

참고문헌

- Achard, P. and Gicquel, R. (eds) (1986) European Passive Solar Handbook (preliminary edition), Commission of the European Communities, DG XII.
- Adams, W. G. and Day, R. E. (1877) 'The action of light on selenium', Proceedings of the Royal Society, London, Series A, vol. 25, p. 113.
- Becquerel, A. E. (1839) 'Recherches sur les effets de la radiation chimique de la lumière solaire au moyen des courants électriques' and 'Mémoire sur les effets électriques produits sous 1'influence des rayons solaires', Comptes Rendus de l'Académie des Sciences, vol. 9, pp. 145–9 and pp. 561–7.
- BRE (2012) SAP 2012 – The Government's Standard Assessment Procedure for Energy Rating of Dwellings, Watford: Building Research Establishment, [online] available from: http://www.projects.bre.co.uk (accessed 3 August 2021).
- Butti, K. and Perlin, J. (1980) A golden Thread: 2500 Years of Solar Architecture and Technology, London: Marion Boyars.
- CCC (2011) The Renewable Energy Review, London, The Committee on Climate Change, available at http://theccc.org.uk (accessed 3 October 2011).
- CCC (2011) The Renewable Energy Review, London: Committee on Climate change, [online] available from: http://theccc.org.uk (accessed 23 September 2011).
- CEC (1994) 'Solar Radiation', European Solar Radiation Atlas Volume 1: Report EUR 9344, Directorate for General Science.
- CEC (2015) Directive 2009/28/EC on the promotion of energy from renewable sources, Commission of the European Communities, available at https://eur–lex.eu–ropa.eu/legal–content/EN/ALL/?uri=CELEX%3A32009L0028 (accessed 3 August 2021).
- Chalmers, R. (1976) 'The photovoltaic generation of electricity', Scientific American, October, pp. 34–43.
- Chapin, D. M., Fuller, C. S. and Pearson, G. L. (1954) 'A new silicon p–n junction photocell for converting solar radiation into electrical power', Journal of Applied

Physics, vol. 25, pp. 676–7.

- Chapman, J., Lowe, R. and Everett, R. (1985). The Pennyland Project, Energy Research Group, Milton Keynes, UK: Open University, [online] available from: http://oro.open.ac.uk/19860/ (accessed 20 September 2011).
- DECC (2021a) Energy Consumption in the United Kingdom: data tables, Department of Energy and Climate Change, [online] available from: http://www.decc.gov.uk (accessed 3 August 2021).
- DECC (2021b) Digest of UK Energy Statistics (DUKES): Chapter 7 – Renewable Energy Sources, [online] available from: http://www.decc.gov.uk (accessed 3 August 2021).
- DTI (1999) New and Renewable Energy: Prospects in the UK for the 21st Century–Supporting Analysis, ETSU–R122, Department of Trade and Industry.
- Edwards, L. (2009) '$21 billion orbiting solar array beam electricity to Earth', Physorg.com [online], 15 September http://www.physorg.com/news172224356.html (accessed 13 September 2011).
- EPIA/Greenpeace (2011) Solar Generation 6: Solar Photovoltaic Electricity Empowering the World, Brussels, European Photovoltaic Industry Association and Amsterdam, Greenpeace International; available at https://www.greenpeace.org/static/planet4–nether–lands–stateless/2018/06/Final–SolarGeneration–VI–full–report–lr.pdf (accessed 4 October 2011).
- EST (2003) The Hockerton Housing Project, Energy Efficiency Best Practice in Housing New Practice Profile 119, Energy Saving Trust, [online] available from: http://www.energysavingtrust.org.uk (accessed 13 September 2011).
- EST (2010) Getting Warmer: a Field Trial of Heat Pumps, Energy Saving Trust, [online] available from: http://www.energysavingtrust.org.uk (accessed 13 September 2011).
- EST (2011) Here Comes the Sun: a Field Trial of Solar Water Heating Systems, Energy Saving Trust, [online] available from: http://www.energysavingtrust.org.uk (accessed 13 September 2011).
- EST (2020) Solar Water Heating, Energy Saving Trust website, [online] available from: http://www.energysavingtrust.org.uk (accessed 3 August 2021).
- ESTIF (2018) Solar Thermal Ma+rkets in Europe, European Solar Thermal Industry Federation, [online] available from: http://www.estif.org (accessed 3 August 2021).

- Everett, B., Boyle, G. A., Peake, S. and Ramage, J. (eds) (2012) Energy Systems and Sustainability: Power for a Sustainable Future (2nd edn), Oxford, Oxford University Press/Milton Keynes, The open University.
- Fthenakis V. M., Kim H. C., Raugei M. and Kroner J. (2009) 'Update of PV energy payback times and life-cycle greenhouse gas emissions', 24th European Photovoltaic Solar Energy Conference and Exhibition, Hamburg, September 21-5, 2009.
- Glaser, P. (1972) 'The case for solar energy', Proceedings of the Annual Meeting of the Society for Social Responsibility in Science, Conference on Energy and Humanity, Queen Mary College, London, September 3, 1972.
- Glaser, P. (1992) 'An overview of thw solar power satellite option', IEEE Transaction on Microwave Theory and Techniques, vol. 40, no. 6, pp. 1230-8.
- Graham-Rowe, D. (2007) 'Focusing light on silicon beads.' Technology Review, 13 November [online], http://www.technologyreview.com/2007/11/13/223101/focusing-light-on-silicon-beads (accessed 15 Jun 2011).
- Green, M. (1982) Solar Cells, New York, Prentice-Hall.
- Green, M. A., Emery, K., Hishikawa, Y., Warta, W. and Dunlop, E. (2011) 'Solar cell efficiency tables (Version 38)', Progress in Photovoltaics: Research and Applications, vol. 19, no. 5, pp. 565-72.
- Greenpeace/ESTELA/Solarpaces (2009) Concentrating Solar Power: Global Outlook 2009, Greenpeace/European Solar Thermal Electricity Association/IEA Solarpaces, [online] available from: http://www.greenpeace.org (accessed 23 September 2011).
- Grätzel, M. (1991) "The Artificial Leaf: Molecular Photovoltaics Achieve Efficient Generation of Electricity from Sunlight",Research Report, Coordination Chemistry Reviews, Vol 111, 6 December, pp. 167-174.
- Grätzel, M. (2001) 'Photoelectrochemical Cells' Nature, vol. 414, pp. 338-344.
- IEA (2010) Energy Technology. Perspectives, 2010, Pairs, International Energy Agency.
- IEA (2011) World-wide Overview of Design and Simulation Tools for Hybrid PV systems, International Energy Agency, Report IEA-PVPS T11-01:2011.
- IEA (2020) CO2 emissions from fuel combustion: highlights: data tables, International Energy Agency, Paris, [online] available from: http://www.iea.org (accessed 4 August 2021).

- IEA (2020) Trends in Photovoltaic Applications, International Energy Agency, Report IEA PVPS T1–38:2020; available at http://iea–pvps.org/trends_reports/trends (accessed 5 August 2021).
- IPCC (2011) Special Report on Renewable Energy, Intergovernmental Panel on Climate Change, [online] available from: http://www.ipcc.ch (accessed 24 September 2011).
- Jayaweera, P. V. V., Perera, A. G. U. and Tennakone, K. (2008) 'Why Grätzel's cell works so Well' Inorganica Chimica Acta, vol. 361, no. 3, pp. 707–11.
- Jeon. I (2008) (A) study on the simulation model of PV generation system for its application to real power system, Dongeui University
- L. M. Wedepohl, (2002) "The Theory of Natural Modes in Multiconductor Transmission Systems," Course Notes, University of Manitoba
- Lee, K. B., Son, K. M., & Jeon, I. S. (2008) A Study on the Simulation Model of PV Generation System for its Application to Real Power System. Journal of the Korean Institute of Illuminating and Electrical Installation Engineers, 22(6), 70–78.
- Ohl, R. S. (1941) Light Sensitive Device, US Patent No. 2402622; and Light Sensitive Device Including Silicon, US Patent No. 2443542: both filed 27 May.
- O'Regan, B., Nazeeruddin, M. K. and Grätzel, M. (1993) 'A very low cost, 10% efficient solar cell based on the sensitisation of colloidal titanium dioxide films', Proceedings of 11th European Photovoltaic Solar Energy Conference, Montreux, 1992, Gordon and Breach.
- O'Regan, B. and Grätzel, M. (1991) 'A low cost, high efficiency solar cell based on dye–sensitised colloidal TiO2 films', Nature, vol. 235, pp. 737–40.
- Poupee, K. (2009) 'Japan eyes solar station in space as new energy source', Physorg.com, 8 September [online] http://www.physorg.com/news176879161.html (accessed 13 September 2011).
- Ramirez, A., Semlyen, A., & Iravani, R. (2004) Order reduction of the dynamic model of a linear weakly periodic system–Part I: General methodology. IEEE Transactions on Power Systems, 19(2), 857–865
- REN21 (2021) Renewables 2021 Global Status Report, Renewable Energy policy Network for the 21st Century, Paris, [online] available from: http://www.ren21.net (accessed 4 August 2021).

- Schlaich, J. (1996) The Solar Chimney – Electricity from the sun, Edition Axel Menges, Stuttgart.
- Sharp Solar (2009) http://sharp-world.com/corporate/news/091029.html (accessed 5 November 2011).
- Solar Impulse (2011) From Payerne to Brussels (video) [online], http://www.solar-impulse.com/sitv/index.php?lang=en (accessed 13 September 2011).
- Solar Impulse (2016) Solar Impulse: around the world in a solar airplane [online], http://www.solarimpulse.com (accessed 5 August 2021).
- Solarpaces (2010) Annual Report, IEA Solar Power and Chemical Energy Systems, [online] available from: http://www.solarpaces.org (accessed 22 September 2011).
- Speirs, J., Gross, R., Contestabile, M., Houari, Y. and Gross, B. (2011) Material Availability: Potential constraints to the future low-carbon economy, UK Energy Research centre, UKERC/WP/TPA/2013/002 [online], https://ukerc.ac.uk/publications/mat-erials-availability-potential-constraints-to-the-future-lowcarbon-economy-working-paper-ii-batteries-magnets-and-materials (accessed 13 September 2011).
- TERI (2020) Lighting a Billion Lives [online], http://labl.teriin.org/ (accessed 5 August 2021).
- Treble, F. C. (1999) Solar Electricity: a layman's guide to the generation of electricity by the direct conversion of solar energy (2nd edn), Oxford, The Solar Energy Society.
- Weiss, W. and Mauthner, F. (2011) Solar Heat Worldwide, IEA Solar Heating and Cooling Programme, AEE INTEC, Austria, [online] available from: http://www.iea-shc.org (accessed 24 September 2011).
- Wenham, S., Green, M., Watt, M. and Corkish, R. (2007) Applied Photovoltaics (2nd edn), London, Earthscan.
- 인제대 출판부 (2018), PSCAD를 활용한 전력전자 기반 신재생에너지 설비.
- 자원지도시스템, 신재생에너지 데이터센터 – 한국에너지기술연구원, available: https://kredc.kier.re.kr/kier/04_gisSystem/gis_on.aspx.
- 한국에너지기술연구원, 신재생에너지 자원지도 3.0 – 표준화 및 예보기술 개발, 국가과학기술연구회.

CHAPTER

3

풍력발전

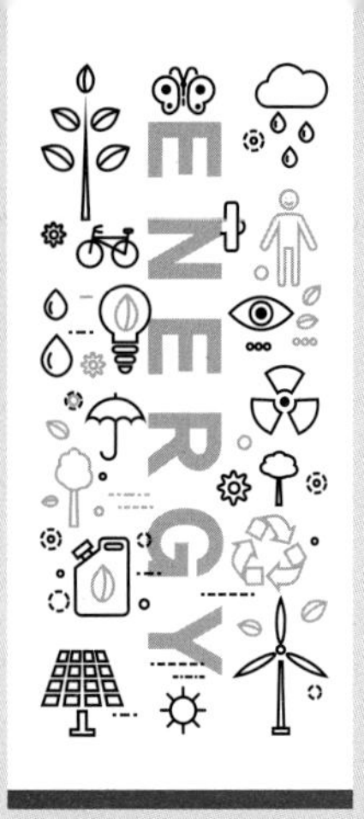
ENERGY

바람을 이용한 산업은 사실 수천 년 이상 사용되어 왔다. 상대적으로 평균 풍속이 낮은 국내에서는 익숙하지 않을 수 있으나, 곡식의 가공에 활용되어 온 네덜란드의 풍차를 떠올리면 쉽게 그 역사를 가늠할 수 있다. 오늘날도 전 세계적으로 풍차가 활용되고 있으며, 그중 상당수가 운동에너지(1차에너지)의 형태 변환(물을 끌어 올리는 용도)에 사용되고 있다. 현재의 에너지 활용 형태는 '풍력발전'을 대표로 한 전기에너지(2차에너지) 생산에 초점이 맞춰져 있으며, 친환경적인 생산 과정에 의해 확산이 가속화되고 있다.

바람의 운동에너지를 다른 형태의 운동에너지로 변형해 왔던 과거 활용에 비해, 풍력발전은 인류가 가장 쉽게 에너지를 활용할 수 있는 전기의 형태로 변형한다는 점에서, 그 이용 방법이 무궁무진하다는 장점이 있으며, 특히 1장에서 기술한 바와 같이, 친환경적이라는 이유로 높은 관심과 가파른 성장을 달성하였다.

풍력발전은 풍차의 형태로 발전기를 설계한 풍력터빈을 중심으로 시스템 구성이 가능하다. 이 풍력터빈은 수 세기 동안 학계와 산업계의 연구와 실증을 통해 정형화가 진행되었으며, 형태 · 구조 · 건설 각 영역에 맞춘 시스템이 설계가 제시되어 있다. 자연스럽게 환경 · 기계 · 전기 · 건설 등 각 분야에서 필요 기술이 도출되어 있으며, 종합적인 고려를 바탕으로 설계 및 시공이 요구되고 있다.

본 교재에서는 풍력발전의 기본적인 원리와 역사를 바탕으로, 전기적인 시스템 구성 요소를 분석하고, 전력계통 관점에서의 풍력발전 시스템 접근 방식과 시뮬레이션 설계 시 고려해야 하는 요소를 도출하여 학습을 진행하고자 하였다. 기계적 동특성 및 설계 요소는 참고자료를 통해 제시하였다.

 **Logical approach**

■ 바람의 원리

일반적인 기체는 가열되면 팽창하고 냉각되면 수축하게 된다. 기체로 이루어진 대기에서도, 더운 공기는 차가운 공기보다 가볍고 밀도가 낮아 지표면에서 더 높은 곳까지 올

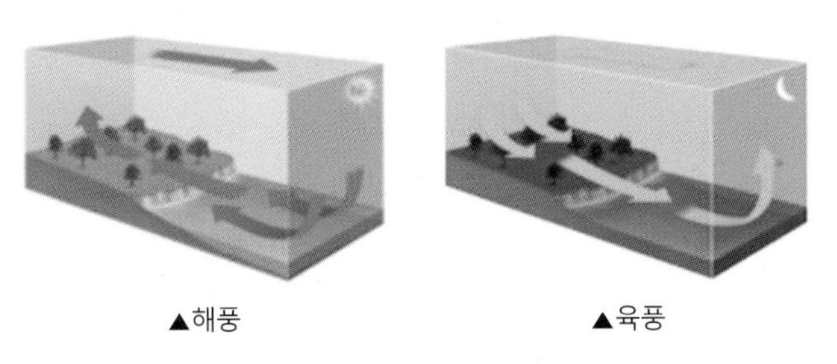

그림 3.1 해풍과 육풍의 원리

라가게 된다. 해당 관점에서 보면 해풍의 원리와 지구의 바람 순환에 대해 이해할 수 있다. 육지 근처의 공기는 해수면 근처의 공기에 비해서 기온 변화가 빨라 낮에는 해풍을 유도하고, 밤에는 육풍을 유도하게 된다. 낮에는 가열된 육지의 공기가 위로 상승하고 빈자리를 채우기 위해 바람이 해변에서 불어오게 되며, 밤에는 상대적으로 냉각이 늦은 육지의 공기에 비해, 해수면의 공기가 위로 상승하고 빈자리를 채우기 위해 바람이 육지에서 불어오는 원리이다.

지구는 이러한 공기의 흐름이 일련의 형태를 보이고 있으며, 이는 1장에서 언급한 태양복사에너지에 기인한다. 위도 30도 지역의 지표면에서는 공기 일부가 적도로 흘러가

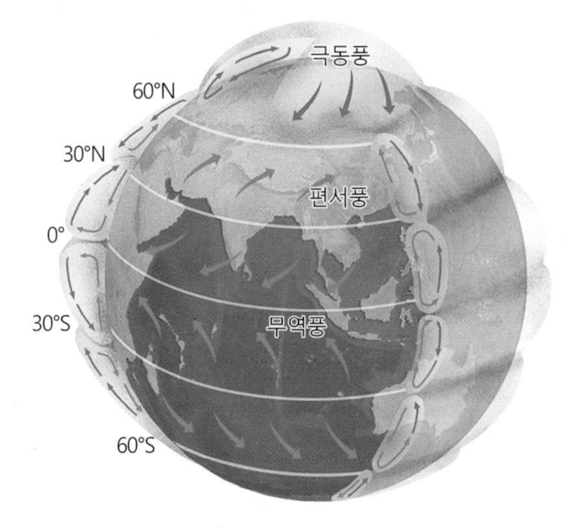

그림 3.2 무역풍과 편서풍

고, 일부는 극지방의 해수면으로 흘러가고 있다. 적도로 흘러가는 바람은 무역풍, 극지방으로 흘러가는 바람을 편서풍이라고 한다. 우리나라는 위도 30도 윗부분에 위치하여 편서풍의 영향을 받고 있다.

위도를 중심으로 위아래로 흐르는 공기는 지구 자전의 영향으로 방향성을 가지게 된다. 이는 코리올리 효과(Coriolis effect) 또는 전향력이라고 명명되어 있는데, 이 효과에 의해 북반구에서는 바람의 방향이 오른쪽으로, 남반구에서는 바람의 방향이 왼쪽으로 변형된다. 한편 고위도 지역에서 편서풍은 극지방까지 이동해 '한대전선 또는 극전선'이라 명칭된 차가운 공기와 만나게 된다.

지구 표면에 도달하는 태양복사에너지의 차이는 지구 바람 자원의 주원인이며, 이는 공기 덩어리의 움직임을 유발하는 기압의 변화를 일으킨다. 기상예보에서 다루는 일기

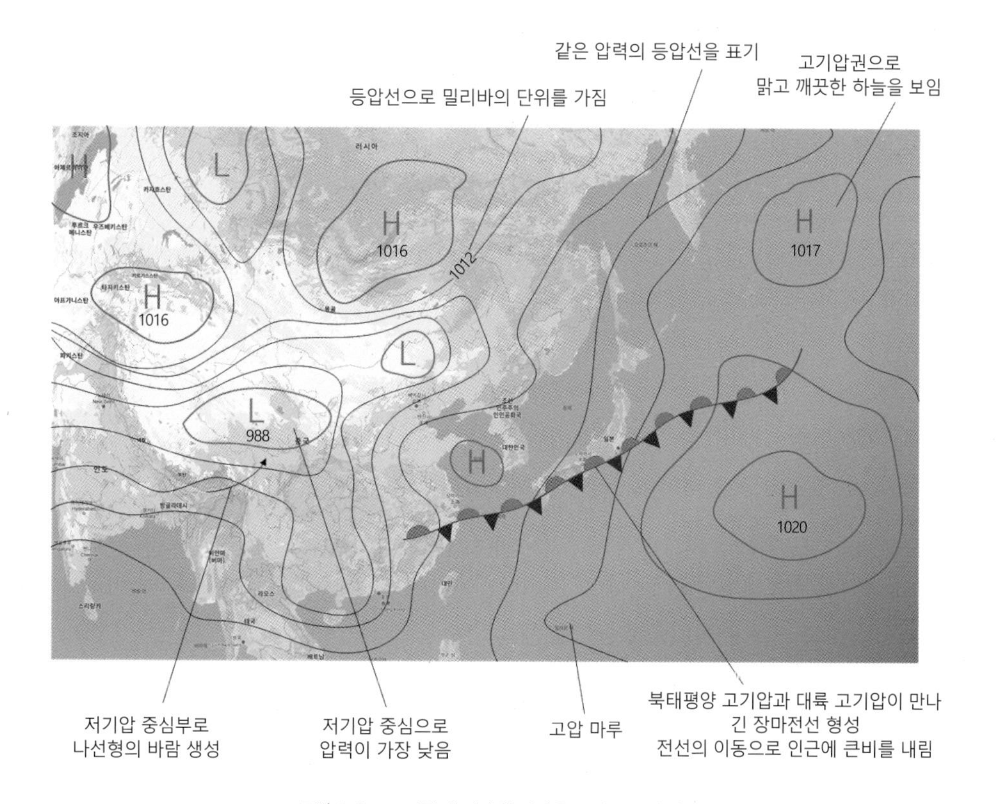

그림 3.3 고기압과 저기압 지역을 보여주는 일기도

도에서 윤곽선으로 나타낸 고기압과 저기압 표시는 이러한 일련의 현상으로 바람의 흐름을 예측할 수 있게 한다. 등압선이라 불리는 압력이 동일한 선을 이용하여 고기압과 저기압을 표시할 수 있고, 그림 3.3과 같이 바람 이동을 포함한 기후 변화를 도출할 수 있다.

3.1 바람에너지

풍력발전이 바람에서 추출하고자 하는 에너지는 운동에너지이다. 운동에너지는 물리학에서 다루는 바와 같이 질량의 1/2, 속도의 제곱에 비례한다.

$$\text{운동 } E = \frac{1}{2}mv^2$$

여기서 m의 단위는 kg, v의 단위는 m/s이다.

풍력발전기 블레이드의 원형 단면적을 고려하여 특정 영역의 운동에너지를 계산해 보자. 단면적 A는 $100m^2$, 속도 v는 10m/s라고 가정해 보면, 10m/s 속도의 공기가 10m 길이의 원통을 매초 통과하게 된다. 이는 하나의 체적으로 표현할 수 있고, 해당 체적에 공기의 밀도(일반적 해수면에서 $1.2256kg/m^3$)를 고려하면 매초 원형 단면적을 통과하는 공기의 질량 유량(kg/s)을 구할 수 있다.

$$\begin{aligned}\text{공기질량}(m) &= \text{공기밀도}\times\text{풍력발전기 원형 단면적}\times\text{초당 흐르는 공기 길이}\\ &= \text{공기밀도}\times\text{풍력발전기 원형 단면적}\times\text{풍속}\end{aligned}$$

즉,

$$m = \rho A v$$

로 질량을 표현할 수 있고, 해당 식을 (3.1)에 대입하면, 풍력발전기의 출력 가능한 운동에너지를 다음과 같이 표현할 수 있다.

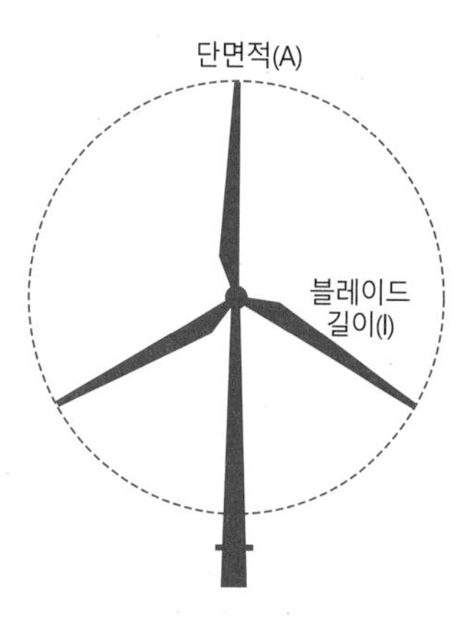

그림 3.4 풍력발전기 단면적

$$초당\ 운동\ E = \frac{1}{2}\rho A v^3$$

여기서 ρ는 (kg/m^3), A는 (m^2), v는 (m/s) 단위를 갖는다.

해당 식에서 나타난 바와 같이, 풍력발전기가 추출할 수 있는 에너지는 절대적으로 바람의 속도, 즉 풍속에 영향을 받는다는 것을 알 수 있다. 공기의 밀도는 지역별 편차가 있을 수 있으나, 일반적으로 고지대에서 낮게 나타나며, 낮은 온도의 극지방에서 높게 나타난다. 그러나 전형적인 기후를 중심으로 10% 내외의 차이를 갖게 된다. 단면적(A)의 경우, 풍력터빈의 설계과정에서 설치, 내구성 및 경제성을 고려하여 결정할 수 있으나, 환경적인 요인을 대표하는 풍속(v)은 '세제곱의 법칙(cube law)'을 따르며 출력 가능량에 매우 큰 영향을 미친다. 예를 들어 평균 풍속이 5m/s에서 8m/s로 증가하면 출력 가능량은 4배 이상 증가하게 된다.

본 절에서 도출된 바람에너지는 풍력발전기 즉 풍력터빈에 의해 추출될 수 있는 에너지를 다루고 있지 않음을 받아들여야 한다. 단면적(A)에서 출력이 '가능한' 에너지를 계산하였으나, 해당 에너지를 전부 전기로 변환할 수는 없으며(만약 그런 변환이 가능하다면 바람이 풍력발전기 뒤로는 흐르지 못할 것이다), 변환 손실, 변환비 등을 고려한 현실적인 풍력발전기를 생각할 수 있어야 한다. 이는 공기역학, 전력변환기술 등에 기인하며, 풍력발전기의 설계에 중요한 요소로 고려되고 있다.

생각해 보자! **풍력발전기도 태양광발전소처럼 고르게 배치할 수 없을까?**

여행하다 보면, 태양광발전소는 평지, 산 중턱에서 흔하게 발견할 수 있지만, 풍력발전소는 특정 지역을 제외하고는 찾기 어렵다. 태양광의 경우 일사량에 의존하기 때문에, 구름이 빈번한 지역을 제외하고 입지 조건에 큰 제약이 없다. 하지만 풍력발전기는 전기를 생산하기 위해 바람에 절대적으로 의존하기 때문에, 평균적으로 바람이 많은 지역에 설치할 수밖에 없다. 여기저기 설치하면 틈틈이 전기를 생산할 수 있을지 몰라도 설치비용 대비 경제적인 효과를 기대할 수 없다. 국내에서 평균풍속이 높은 지역은 강원도 산간지역, 제주도가 있으며, 해당 지역을 중심으로 풍력발전의 보급이 확산된 것을 확인할 수 있다. 제주도와 강원도를 여행할 때 풍력발전기를 쉽게 발견할 수 있는 이유가 이것이다.

한편, 바다는 육지보다 지형지물이 없고 평균풍속이 높아 풍력발전기를 효과적으로 운영할 수 있는 조건이 된다. 이른바 '해상풍력'은 육지에 부족한 풍력발전소 설치 위치를 확대할 수 있어, 최근 설치량이 크게 증가하고 있다. 국내에서는 해상풍력 설치가 적정한 곳으로 서남해가 있으며, 제주 지역보다 평균풍속은 높지 않지만, 육지로 직접적인 전력공급이 가능하다는 점에서 확대 보급이 예상된다.

3.2 풍력터빈

3.2.1 바람에너지 이용 역사

바람을 이용한 에너지는 초기 문명에서부터 확인된다. 배의 이동에 활용되기 이전, 약 4000년 전부터 풍차 형태로 사용된 것으로 확인된다(Golding, 1955). 기원전 200년경에는 페르시아 일대에서 갈대를 이용한 수직축 풍차를 구축하여 곡식 제분에 활용한 것으로 나타난다. 이후 11세기에 중동에서는 풍차를 이용하여 식량 제조를 진행하였다. 물을 급수하는 데 필요한 동력으로도 활용되었다. 중국에서는 기원전 200년경부터 물 급수에 풍차를 활용한 것으로 나타나며, 독일에서는 11세기에 풍차를 개량하여 라인강 삼각주의 배수에 적용한 것으로 기록된다. 비교적 최신인 19세기 후반에는 미국 개척과정에서 신대륙의 급수 동력으로 활용하였다.

바람을 전기에너지로 변경하는 풍력발전기는 1891년에 덴마크에서 개발되었다(Poul La Cour). 소규모 전기 공급에 활용된 Poul La Cour의 풍력발전기는 가능성을 인정받았으나, 산업혁명 동안 효율적인 전기 공급이 증기기관에 의해 진행되었기에 풍차를 이용한 활용(전기생산, 급수)의 저하를 가져왔고, 1970년 원유 가격의 급등이 있고 나서야 풍력터빈의 개발이 관심을 받을 수 있었다.

1970년대부터 원유의 공급 제한이 진행되었고, 대체에너지 중 하나였던 풍력발전 시스템에 관한 관심은 풍력터빈의 기술개발을 유도하였다. 미국과 유럽을 중심으로 과거 풍력발전기(그림 3.5의 전기에너지 생산 모델 및 급수 동력으로 활용된 풍력터빈)에 대한 초기 지식을 확대하여, 전력계통에 전기를 공급하는 풍력터빈 중심의 발전소를 풍력발전단지로 명명하고 효과적으로 전력 변환을 이룰 수 있도록 연구를 진행하였다. 오늘날의 풍력발전소의 기본적인 개념이 정립되기까지 수많은 시행착오가 있었으며, 현재도 적극적인 R&D가 진행되고 있다. 풍력발전 시스템은 가장 급속도로 성장하

(a)

(b)

(c)

그림 3.5 초기 바람에너지 활용 모델. (a)-Poul La Cour 풍력발전기 (b) Vermont주 Grandpa's knob 풍력발전기 (c) Great Plains 급수용 풍차

는 에너지원으로 평가되며, 전력계통을 중심으로 친환경적으로 전기에너지를 보급할 수 있는 발전 가능한 청정에너지원으로 평가되고 있다.

생각해 보자! 풍력발전기 역사와 세계 상황을 덴마크를 중심으로 확인해 보자

북유럽에 있는 덴마크는 풍력에너지, 풍력발전기술 및 풍력발전단지 운영기술의 선진국으로 알려져 있다. 덴마크는 타 국가와의 전기 시스템 연계가 활발하게 진행되어 국내의 풍력발전을 타 국가에 판매하거나, 부족한 전력을 타 국가에서 구매하는 방법을 활성화하고 있다. 2019년도에 덴마크의 풍력에너지 공급은 전체 국가 전력 소비의 50%를 차지한 것으로 나타났다. 덴마크는 2021년 기준으로, 세계에서 가장 많은 1인당 풍력에너지 생산을 하는 것으로 나타나며 일자리의 2% 이상이 해당 분야에서 도출되고 있음이 집계되었다.

덴마크는 자연적으로 평균풍속이 높은 것으로 유명하다. 덴마크인의 경우 수 세기에 걸쳐 바람에너지를 활용해 왔으며, 현재의 풍력산업의 주요 기술이 덴마크 역사를 통해 도출되었다. 따라서 덴마크를 중심으로 풍력 기술의 개발 단계를 간단하게 이해하고 역사적인 사건, 정치적인 방향성을 확인하면, 풍력발전 산업의 성장 단계를 가늠할 수 있다.

기술한 Poul La Cour는 덴마크의 계몽 운동가로서 농촌 지역의 인구가 농업을 효과적으로 달성하고 전기를 사용할 수 있도록 풍력발전기를 설계하고 구상한 것으로 알려져 있다. 1891년에 제작한 최초의 풍력발전기는 덴마크 풍력발전기 초기 역사를 대변하고 있다. 해당 기술을 중심으로 Poul La Cour는 1903년에 덴마크 풍력발전 회사를 설립하고 농촌 지역에 풍력발전기를 설치 및 구동하는 방법에 대해 전기 교육을 하여 덴마크의 전기화에 기여한 것으로 평가된다. 1918년에는 120개의 풍력발전소가 전체 국가 전력의 3%가량을 공급하였으며, 20,000여 호 이상의 농장에서 전기를 사용하는 데 이바지하였다.

현재의 풍력발전기는 사실 비행기의 날개와 흡사한 형태로 제작되는데, 초기 공기역학적인 모델 설계를 진행한 국가도 덴마크로 평가된다. 비행기의 프로펠러에서 영감을 받은 J. Jensen과 P. Vinding은 1919년에 공기역학적 풍력발전기 블레이드를 설계하였다. 이와 더불어 해당 연도부터 덴마크는 풍력발전기 사용에 대해 국가적인 지원을 하였고, 효율성 평가 또한 수행하였다. 취득 가능한 바람에너지 중 43%에 달하는 취득 효율을 달성하였고 실용적이고 이론적인 연구를 국가에서 장려하기도 하였다.

제2차 세계대전 중에 풍력발전기는 부족한 에너지 공급을 담당하여 덴마크에 큰 공을 세웠으나, 전쟁이 종료된 후 석유 비용이 급락하면서 풍력발전기에 관한 관심이 급격하게 감소하였다. 전쟁 과정에서 연료의 중요성을 경험한 덴마크는 분산적인 에너지 생산을 담당했던 풍력발전기보다 중앙집중형 전력시스템 구성에 주목하였으며 석탄 수입을 우선시하고, 노르웨이의 수력발전 수입을 승인하였다.

그러나 정치적인 마찰로 인해 석탄 수입이 여의치 않고, 석탄 비용이 점차 증가함에 따라 풍력발전기에 관한 관심이 차츰 회복되었다. 또한 OECD의 경제학자들이 전후 유럽의 재건과정에서 에너지자원이 부족할 것으로 예측하고 풍력발전을 하나의 대안으로 논의함에 따라, 덴마크는 풍력발전 위원회 설립을 추진하고 1952년에 구체적 지원 계획을 확립하였다(the Marshall Plan). 해당 계획의 주요 목표는 풍력발전 관련 기술의 확대로 평가되었다.

한편 해당 기간에 원자력을 에너지의 주요 대안으로 평가하는 여론이 있었고, 덴마크도 1958년에 원자력 연구소(Risø)를 설립하였다. 이는 1962년 이후, 덴마크의 풍력발전기 산업의 정체를 유발하였는데, 풍력발전기의 생산성이 타 에너지원보다 두 배 이상으로 평가되었기 때문이다. 1957년에 초기 풍력발전기 모델을 개선한 Gedser 풍력발전기가 건립되기도 하였지만 해당 발전기 가격이 석유 또는 석탄에 의해 생산한 전력비용 대비 두 배로 계산되었다. 덴마크는 1960년대에 경제 호황을 누렸고, 기름값이 낮았기 때문에, 석유를 이용한 발전이 최우선으로 고려되었다.

그러나 1970년대에 발생한 석유 파동은 이러한 에너지 수급 구조에 경종을 울렸다. 석유에 의존하던 덴마크의 경제는 석유 가격의 변동에 취약했고, 사회 전반에 걸쳐 에너지 산업의 위기에 영향을 받았다. 석유에 의존하던 기존의 정책은 풍력발전 기술의 개발로 급선회되었다. 덴마크 당국은 기존의 연료 기반 전기에너지 공급 구조에 '분산적' 에너지원 공급을 포함한 장기 에너지 정책을 구성하고, 국가적으로 에너지 절약을 장려하였다. 기본적으로 에너지 수입 의존도를 줄이고, 국가 경제를 외부 자원으로부터 독립시키기 위함이었다. 정부는 1976년에 풍력발전 전용 요금제를 도입하고, 풍력에너지 연구 지원 센터를 설립, 인증을 수행한 풍력발전기에 대해 보조금을 지원할 수 있는 정책을 마련하였다. 또한 석유 파동 전에 개발되었던 Gedser 풍력발전기에 대해 추가적인 개발을 장려하였으며, 1977년에는 8개의 풍력발전기를 연계·배치하여, 풍력발전 단지를 구성하였다. 해당 시기에 만들어진 당시 최대 규모인 Tvind 풍력발전기(900kW)는 덴마크에서 설계되었다. 이러한 노력으로 풍력발전기의 효율은 점차 개선되었고, 1979년 덴마크의 Vestas가 풍력발전기 대량생산 체제를 구축하게 되었다.

1980년대에 전력시스템 연구자들은 덴마크의 전력계통에 대한 장기 계획의 필요성을 제시하였다. 해당 계획 중 하나는 덴마크의 풍력발전소 확대와 노르웨이 지역의 수력 발전 시스템을 연계하여 전기시스템을 확대하는 것이었다. 또한 덴마크 해안선을 따라 배치한 약 200,000개의 풍력발전기를 통해 덴마크의 소비전력 절반 이상을 감당할 수 있음을 제시하였다. 1985년에 덴마크 정부는 이를 바탕으로 원자력 에너지의 자국 확대를 거부하기로 하였으며, 이듬해 1986년 소련에서 체르노빌 사고가 발생하게 되었다.

이후 덴마크 풍력발전 연구에서는 국가적인 지원이 확대되었다. 정부는 풍력 R&D 프로그램에 지속해서 참여하고, 재생에너지 생성에 대해 보조금을 지급했으며, 자국 전력 회사에 대해 1990년까지 100MW 풍력발전을 연계할 것을 지시하였다(국내의 경우 2005년 누적 설치용량이 약 66MW이었음). 1987년, 덴마크의 Vordingborg에 유럽 최대 규모의 풍력발전단지가 구성되었으며, 같은 해, 덴마크의 해상풍력발전 위원회가 발족하였다.

1991년 세계 최초의 해상풍력발전단지 Vindeby offshore wind farm(450kW 풍력발전기 11기)이 덴마크 전력시스템에 연계되었다. 이후 해상풍력발전의 효율성 및 안정성 개선 효과가 1997년 덴마크에서 제시되었으며, 750MW 규모를 목표로 해상풍력발전 설립 계획안이 제시되었다. 2000년에는 덴마크 전체 국가의 전력 소비 중 13%를 풍력발전으로 공급한 것이 확인되었다. 기존 kW 단위의 풍력발전기는 2MW급으로 상승하였으며, 블레이드의 길이는 직경 100m를 초과하였다. 이러한 현대식 풍력발전기는 점차 높이 및 크기가 증가하면서 덴마크 전역에 확대 보급되고 있다.

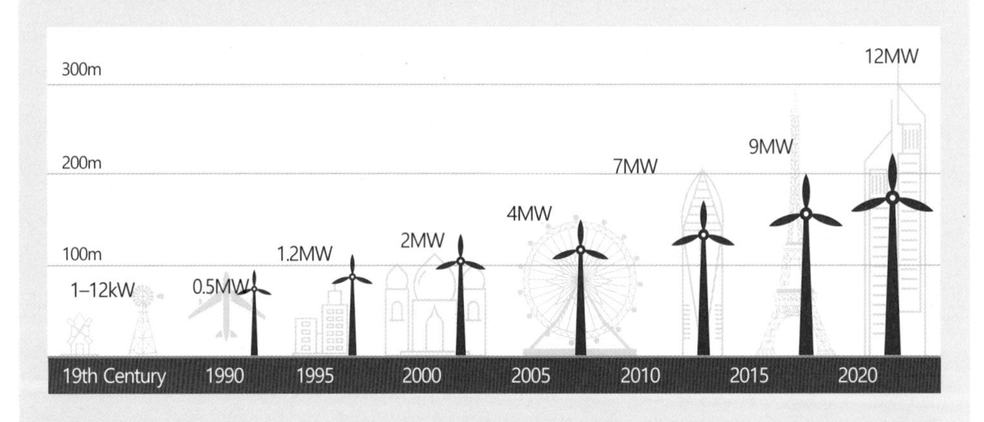

그림 3.6 풍력발전의 크기 변화

2008년부터 시작된 친환경에너지에 대한 전 세계적인 변화는 풍력발전 기술을 선진화시켜온 덴마크에 큰 기회를 가져다주었다. 세계적으로 저탄소 에너지 전환 과정을 포함하는 정치적 협정이 시작되었고, 그 중심에는 풍력발전소 확대가 포함되어 왔다. 재생에너지법(REA, Renewable Energy Act)은 재생에너지 기술과 관련된 모든 포괄적인 수용을 촉진하였으며, 풍력발전과 관련하여 세계적인 투자 확산을 가속화하였다.

표 3.1 덴마크의 풍력발전 역사

1891	Poul La Cour 풍력발전기 설계
1903	DVES(Danish Wind Electricity Company) 설립
1914	제1차 세계대전
1919	Vinding 풍력발전기 설계 (공기역학적 날개 설계)
1939	제2차 세계대전
1950	Vester Egeborg 풍력발전기 설계
1952	풍력발전 지원을 포함한 계획 수립 (the Marshall Plan)
1973	전력공급 90%의 석유 발전 시스템 구축
1973	1차 석유 파동
1976	Danish Energy Agency 설립
1978	Twind 풍력발전기 설계 (세계 최대 규모)
1979	2차 석유 파동
1979	반원자력 운동
1979	Danish Energy Polish
1985	정부의 탈원전 선포
1990	Energy 2000 계획 (초기 저탄소 에너지 정책)
1991	Vindeby Offshore Wind Farm, 세계 최초 해상풍력발전 건립
1992	기후변화협약 (United Nations Framework Convention on Climate Change)

1997	Kyoto Protocol (교토의정서)
2000	풍력에너지의 13% 전력공급 달성
2010	Anholt Offshore Wind Farm, 세계 최대 해상풍력발전단지 건립
2015	Paris Agreement (파리 협약)
2018	풍력에너지의 46.9% 전력공급 달성

그림 3.7 베스타스 3MW를 이용한 덴마크 풍력발전단지(The Rødby Fjord Wind Farm)

3.2.2 풍력터빈의 종류

바람을 이용한 에너지는 바람을 이용하는 배의 움직임 등 초기 문명에서부터 확인되나, 구조물의 형태로 남아 있는 대표적인 형태는 기원전 200여 년부터이다. 페르시아와 중동에서 갈대를 이용한 날개로, 곡식을 제분한 것으로 확인된다. 축이 수직으로 되어 있는 수직형 풍차 형태로, 바람을 모아서 내보내는 간단한 공압 기구적 건축 구조로 평가된다.

그림 3.8 고대 페르시아의 수직형 풍차

이처럼 일반적으로 알려진 풍력발전기의 형태와 다르게 축이 지면을 향하여 바람의 힘을 이용하는 발전기의 형태를 수직축 풍력발전기(VAWT, vertical axis wind turbine)로 분류한다. 국내에서 일반적으로 확인할 수 있는 중대형 풍력발전기는 수평축 풍력발전기(HAWT, horizontal axis wind turbine)로, 회전자 축이 지면에 대해 수직하여, 지평선과 평행하도록 구성된다. 대지를 기준으로 수평과 수직을 정의하면 회전축을 이해하기 쉬우며, 바람이 불어오는 방향과 프로펠러(블레이드)가 평행하면 수평축 풍력발전기로 분류할 수 있다.

■ 수직축 풍력발전기(VAWT)

수직축 풍력발전기는 국내에서도 빈번하게 찾아볼 수 있다. 소규모 전력공급이 필요한 가로등에 태양광패널과 함께 구성된 형태를 확인할 수 있다. 수직축 풍력발전기는 크게 Savonius와 Darrieus 형태가 있으며, 바람의 방향과 관계없이 운전할 수 있다는 장점이 있다. 특정 방향의 바람에 의존하지 않고 발전하기 때문에 요제어(yaw control)가 불필요하고, 증속기 및 발전기가 지상에 설치되어 그 하중이 비교적 적어 설치 시 건설

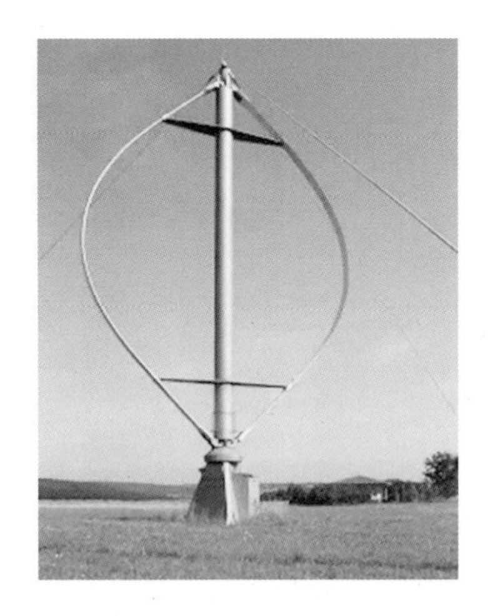

그림 3.9 직경 100m 수직축 풍력발전기

그림 3.10 수평축 풍력발전기

비용이 작다. 단점은 시스템 종합 효율이 낮고, 회전자의 진동 문제가 커 대형화에 큰 어려움이 있다는 것이다. 또한 주 베어링 분해 시, 시스템 전체를 분해해야 하며 넓은 전용면적이 필요하다.

■ 수평축 풍력발전기(HAWT)

네덜란드 풍차의 경우, 바람을 정면으로 받으며 바람의 방향과 축이 평행한 수평축 날개 형태를 갖는다. 이러한 형태를 '네덜란드형'이라고 명명하고 형태에 관한 연구가 진행되어 왔다. 세일형의 경우 날개를 삼각돛의 형태로 구성하여 날개 회전을 유도한다. 블레이드형은 긴 모양의 날개를 여러 개 모아 구성한다. 오늘날 가장 많이 사용되는 날개 형태는 프로펠러형으로, 날개 개수는 3개가 일반적이다. 1개, 2개, 4개에 대한 상용 운전을 수행해 보았으며, 가장 효과적인 구성이 도출된 결과이다.

용량의 증대와 함께 가장 안정적이고 효율적인 블레이드 구성 연구가 진행되어 왔는데, 수평축 3개의 날개를 가진 풍력터빈이 주로 채택되었다. 이러한 3-블레이드형 풍력발전기를 중심으로 대형화가 이루어져 왔다.

바람의 크기와 방향이 일정하지 않기 때문에, 풍력발전기는 바람에 대해 대처를 수행

그림 3.11 수평축 풍력발전기 날개 형태 변화

해야 한다. 풍력발전기에는 크게 2가지의 제어가 있는데, 축이 바람의 방향에 맞춰지도록 회전하는 요제어와 바람의 크기에 따라 전기적 출력을 조정하는 출력제어가 있다.

요(yaw)의 경우 지속적으로 제어하면 기계적인 하중 측면에서 부담이 될 수 있어서, 내외부의 동력을 이용하지 않고 축 방향을 회전시키는 방식이 병행되고 있다. 출력제어의 경우 후에 추가로 기술하도록 하겠다.

■ 운전 방식에 의한 분류

발전기는 기본적으로 회전으로 발생하게 되며, 이러한 회전으로 기계적인 토크(torque)가 생성된다. 풍력발전기는 토크를 생성하기 위해 블레이드의 회전을 이용하며, 초기 풍력발전기 모델은 바람의 크기와 관계없이 로터의 회전속도를 일정하게 설정하는 정속운전(fixed rotor speed) 방식을 택했다. 이는 최적의 풍속이 정해져 있음을 의미하고, 해당 풍속 이상의 바람에서도 전기적 출력이 증가하지 못하고 낭비되는, 비효율적인 발전이 파생될 수 있었음을 보여준다. 오늘날은 대부분의 풍력발전기가 풍속의 변화에 대처할 수 있도록 설계된다. 이는 가변속 운전(variable rotor speed) 방식으로,

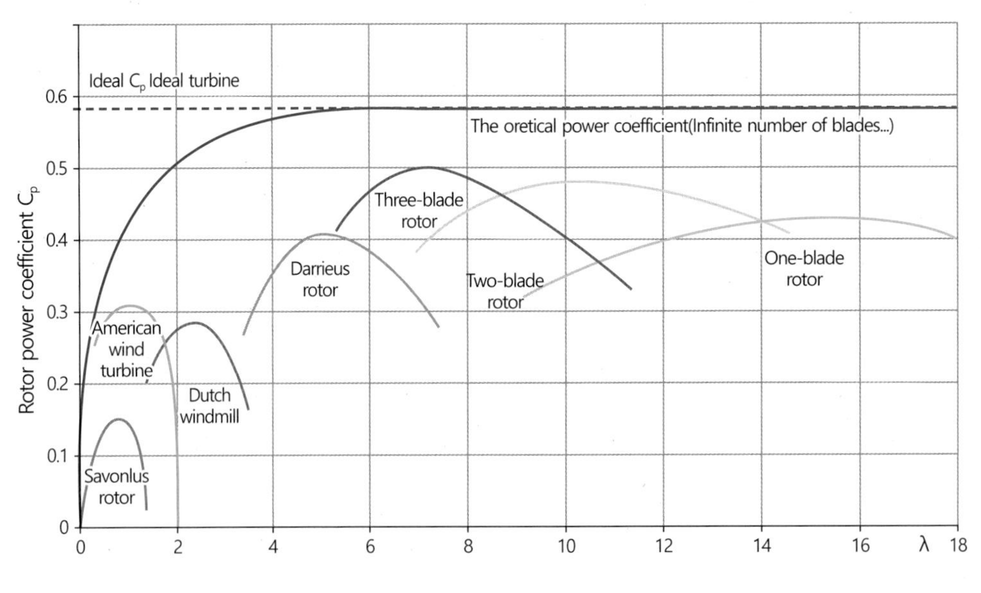

그림 3.12 풍력발전기 종류별 최적 효율 곡선 차이

로터는 풍속의 변화를 능동적으로 받아들일 수 있다. 넓은 범위의 풍속 변화에서, 풍력발전기는 자체적으로 최대의 효율을 얻을 수 있도록 설계되며, 최적의 전기 추출을 진행할 수 있도록 로터의 회전속도를 조정한다. 이러한 과정을 최대 출력 추적 제어(MPPT, maximum power point tracking)로 명명하며, 정속운전에 비해, 같은 풍황에서 높고 고품질의 전력을 추출할 수 있다.

3.3 풍력터빈 제어

■ 피치각 제어

풍력발전기의 날개가 바람과 이루는 각을 피치각(pitch angle)이라 한다. 해당 각도를 조정하는 것은 블레이드가 받는 바람의 운동에너지를 조정하는 것을 의미하고, 이를 제어함으로써 우리가 얻는 전기를 조정할 수 있다.

풍력발전기는 이러한 각도를 직접적으로 제어할 수 있도록 설계되며, 이 각도를 조정하기 위해 증속기가 사용될 수 있다.

바람이 없는 상황에서 점차 증가하는 상황을 고려해 보자. 증가하는 바람은 로터 블레이드를 회전시키고 풍속이 투입속도(cut–in)에 도달하면 이때부터 전기에너지 변환을 시작한다. 초기 풍력발전기 로터 블레이드의 낮은 회전속도는 기어박스를 통해 발전기에서 요구하는 속도로 회전자의 속도를 높이고 전력을 생산하게 된다. 점차 풍속이 정격속도에 도달하였을 때, 풍력발전기 블레이드 끝의 속도는 최대로 된다.

정격풍속을 넘어 풍속이 더욱 증가할 때, 블레이드 속도는 풍력발전기를 보호하기 위해 제한되어야만 한다(풍력발전기의 블레이드는 강화된 재료를 사용하여 구성되지만, 외부의 과도한 힘으로 부러질 수 있음). 그리고 풍속이탈속도(cut–out)에 준하는 속도까지 증가하게 되면, 터빈이나 발전기를 보호하기 위해 전력계통으로부터 분리해 발전기를 보호하도록 설계해야 한다.

풍력발전의 궁극적인 목적은 전기에너지를 얻는 데 있으며, 가능한 최대 출력을 얻는 상태로 운전되어야 한다. 특히 터빈 회전체를 중심으로 바람이 불어오는 방향과 항상 수직면으로 향하도록 해야만 최대 출력을 얻을 수 있다. 이 때문에 HAWT 경우에는 바람이 불어오는 방향으로 회전체가 향하도록 요잉(yawing) 제어 장치를 탑재하고 있

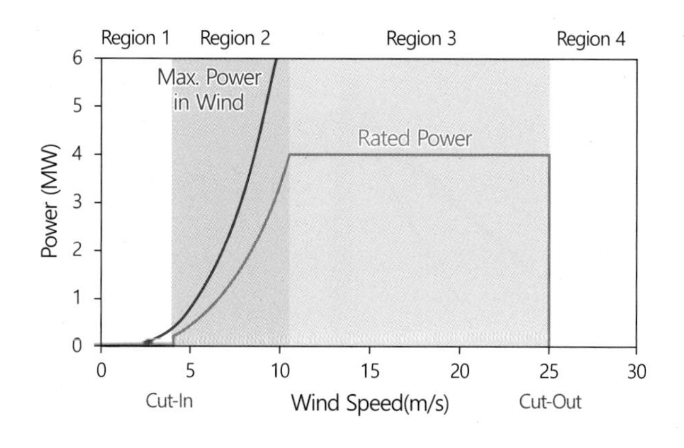

그림 3.13 구간별 풍력발전기 출력 구역

다. 또한, 강풍이 부는 경우에는 터빈 회전체를 강제로 정지시켜 터빈시스템 장치를 안전하게 보호할 수 있어야만 한다.

생각해 보자!

2016년 태풍 차바가 북상했을 때 제주도의 모든 풍력발전기는 운전 정리를 감행하였다. 태풍 차바에 의해 제주도에는 순간최대풍속이 50m/s이 기록되었고, 50m/s의 풍속에서 일반적인 풍력발전기는 cut-out 풍속을 통과하게 된다.

cut-out 풍속 이상에서는 풍력발전기는 정지해야 하고, 바람을 흘릴 수 있는 상태가 되어야 한다. 그러나, 재난급 풍속이 불어오면, 풍력발전기도 하나의 구조물로서 바람의 피해를 받을 수 있고, 실제로 해당 태풍에 의해 일부 풍력발전기는 파손되고 말았다. 기본적으로 풍력발전기 블레이드는 강화 소재로 제작되지만, 바람에 항상 안전하다고는 볼 수 없다.

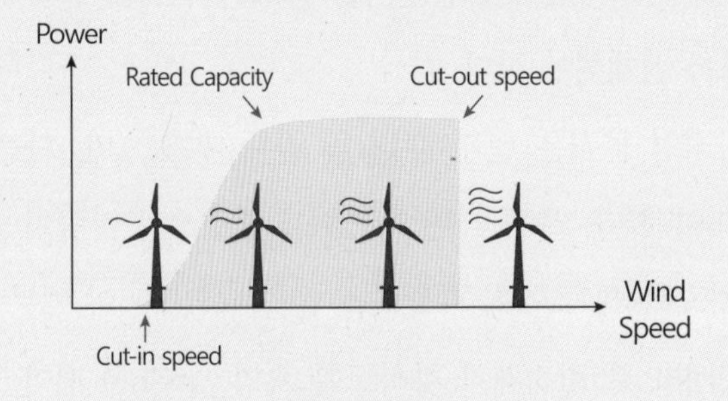

그림 3.14 바람과 풍력발전기 움직임 예시

그림 3.15 강풍으로 파손된 풍력발전기 (2016. 10. 5. 뉴스제주 제공)

풍력발전기 출력제어의 기본원리는 날개 단면에 부딪히는 바람의 유입 각도를 조절하는 데 있다. 바람이 블레이드에 부딪히는 각도에 따라 회전 토크와 속도가 변동되기 때문이다.

블레이드의 각도를 조절하는 피치 액추에이터는 유압식 또는 전기모터를 이용하여 구성되는데, 이들의 동적 특성이 하나의 수식으로 근사화된다.

$$\frac{\beta(s)}{\beta^c(s)} = \frac{1}{1+\tau_p s} \tag{3.1}$$

- β : 피치각
- β^c : 피치각 명령신호
- τ_p : 피치 액추에이터의 시정수(일반적으로 0.1초)

피치 액츄에이터 응답은 기계식으로, 발전기 응답보다 느리게 된다. 해당 모델에서 고려해야 할 요소는 피치 운동의 포화 특성으로, 일반적으로 아래 식과 같은 한도 내로 제한되어 구성된다.

$$\begin{aligned} -5^\circ \le \beta \le 90^\circ \\ -8(^\circ/s) \le \dot{\beta} \le 8(^\circ/s) \end{aligned} \tag{3.2}$$

피치 운동의 변화를 제한하는 제어기는 그림 3.15와 같이 구성되는 것이 일반적이다. 세부 풍력발전기 모델에서는 피치의 각도 제한이 구성되는 것에 더해, 가속도 한계도 고려하도록 설정된다. 일반적인MW 규모의 가속도 한계는 대략 다음과 같다.

$$-15(^\circ/s^2) \le \ddot{\beta} \le 15(^\circ/s^2) \tag{3.3}$$

■ 최대 출력 추종 제어

산업적으로 가장 많이 활용되고 있고, 미래 이용가능성 또한 높은 풍력발전기 형태를 중심으로 출력제어를 학습해 보자. 언급된 가변속 풍력발전기는 회전자 블레이드를 조정

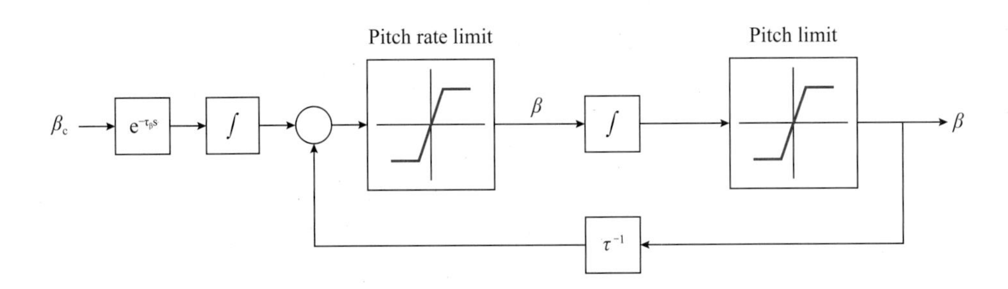

그림 3.16 피치 액추에이터 모델의 블록선도

하여 유효전력 출력을 조절한다. 통상적으로 최대 출력 추종 제어, 즉 MPPT(Maximum Power Point Tracking) 제어는 블레이드에서 생성되는 출력을 최대로 회수할 수 있도록, 속도 또는 유속에 따라 회수되는 출력 기준치를 3승 함수로 결정하여 제어하는 방식이다. 풍력발전과 조류발전 분야와 같이 기계적인 블레이드를 이용하여 자연 에너지를 추출할 때 사용된다. 풍력발전의 경우 풍속에 의해 풍력터빈의 출력이 변하게 되는데, 같은 풍속인 경우에도 풍력터빈의 회전속도에 따라 출력이 변하게 된다. 효율 향상을 위해서 풍력터빈이 최대 출력을 내도록 속도를 제어함으로써 동일한 조건에서 최대 에너지를 얻을 수 있다. 풍력발전기에서 풍속이 가지는 에너지는 식 (3.4)와 같이 나타낸다.

$$P_m = \frac{1}{2} A_\rho C_\rho(\lambda, \beta) V_\omega^3$$
$$\lambda = \frac{\omega_r R}{V_w} \tag{3.4}$$

- $A = \pi R^2$: 블레이드의 회전 단면적[m^2]
- ρ : 공기밀도
- V_ω : 풍속[m/s]
- C_p : 에너지 출력계수(Power coefficient)
- λ : 주속비(TSR)
- ω_r : 블레이드의 회전 각속도

풍력발전기로부터의 최대전력은 식 (3.5)로 나타낼 수 있다.

$$\begin{aligned} P_{\max} &= K_{opt}\omega^{3ropt} \\ K_{opt} &= \frac{1}{2}\frac{A_{\rho}C_{p\max}R^3}{\lambda_{opt}^3} \\ \omega_{ropt} &= \frac{\lambda_{opt}V_{\omega}}{R} \end{aligned} \tag{3.5}$$

- ω_{ropt} : 최적 회전 각속도
- λ_{opt} : 최적 주속비

특정 풍속에서 전력은 회전 각속도의 지정된 값에서 최대 출력점을 갖는데 이를 최적 회전 각속도라 하며, 이 속도는 최적의 주속비와 관계가 있다. 최대전력을 출력하기 위해 풍력발전 시스템은 항상 최적 주속비에서 운전해야 한다. 식 (3.6)은 가변속 풍력발전기(Type 4)의 출력 전력을 정식화한 것이다.

$$P = P_m\eta = \left\{\frac{1}{2}\frac{A_{\rho}C_{p\max}R^3\omega_{ropt}^3}{\lambda^{3opt}}\right\}\eta_g\eta_c \tag{3.6}$$

- η_g : 발전기 효율
- η_c : 컨버터 효율

고정속/가변속 풍력발전기에 따른 분류 외에도, 기술한 바와 같이 풍력발전기의 구성 형태에 따라서, 풍력발전기의 Type이 나뉘게 된다. 다음 절에서는 풍력발전기의 Type별 분류에 대해 학습하도록 하자.

생각해 보자!

풍력발전기의 단면적이 클수록, 즉 블레이드의 길이가 길수록 바람이 지나가는 면적은 증가하고, 획득 가능한 에너지의 양도 많아지게 된다. 하지만 블레이드의 무게는 상당하고 구조는 복잡하여 단순한 블레이드 길이 확장은 어렵다. 블레이드 설계는 공기역학적으로 이루어지며, 탄성과 경제성을 고려한 재료설계가 요구되는 분야이다.

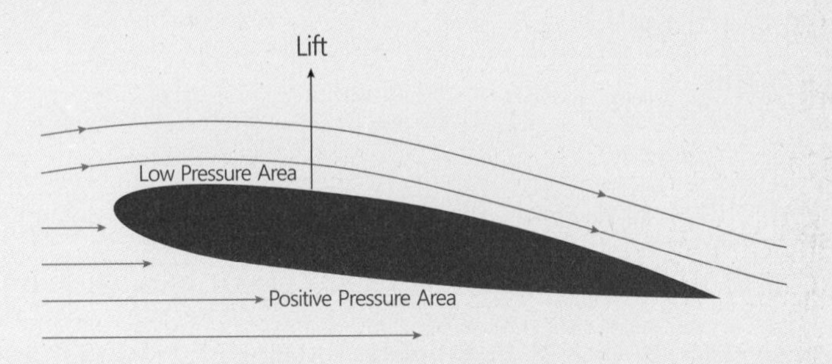

그림 3.17 공기밀도차에 의한 양력 현상

블레이드 설계 기술자들은 공기의 흐름에 의한 박리 현상이 커져 익형 블레이드의 성능이 저하되는 현상인 실속(stall) 기술에 주목한다. 풍력발전기의 공기 흐름은 익형 블레이드를 따라 흐르게 되고, 그림과 같이, 날개 위아래의 형태 차이로 인해 공기의 밀도 차이가 발생하게 된다. 해당 현상에 의해 발생하는 양력으로 풍력발전기의 회전이 가능해지지만, 지나친 박리 현상은 실속 현상을 유발하며 풍력발전기 파손의 원인이 될 수 있다. 이러한 흐름은 3차원 해석이 필요한 복잡한 연구로, 항공 산업에서 컴퓨터를 통해 분석이 이루어진다. 대표적인 예로 NACA에서 수행하는 블레이드 분석이 있으며, 상용 전산유체역학 소프트웨어를 이용하여 분석이 이루어진다.

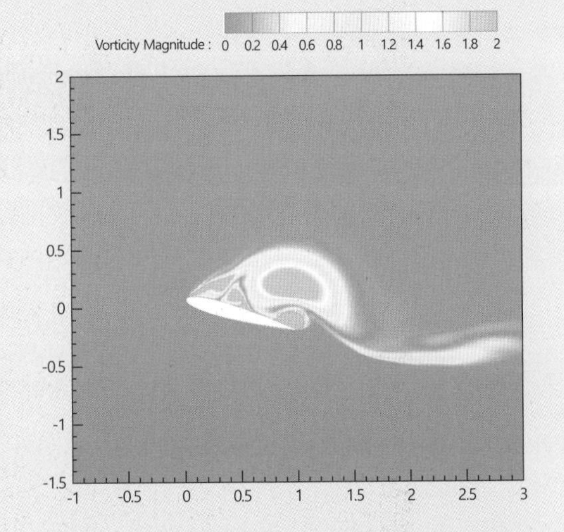

그림 3.18 CFD 해석 예시 (NACA 0012 Dynamic Stall Vorticity Magnitude Contour, Youtube)

3.4 풍력발전기 Type 분류

풍력발전기는 구성 특징에 따라 크게 4가지 Type으로 구분할 수 있다. 풍력발전기는 기본적으로 Turbine rotor와 Gear train, Generator로 구성이 되어 있으며, 발전기의 Type에 따라 회전자 저항 제어, 피치 각 제어, 컨버터 등의 모듈이 추가적으로 고려된다. 풍력발전기의 기본적인 시스템 구성과 Type에 따라 추가되는 모듈을 도시화하여 표현하면 그림 3.19와 같다. 풍력발전기의 Type별 모형을 해석할 수 있는 다이내믹 모델이 존재하며, 각 유형별 다이내믹 모델은 PSS/E, PSL, Power world simulator와 같은 소프트웨어를 통해 적용 및 해석이 가능하다.

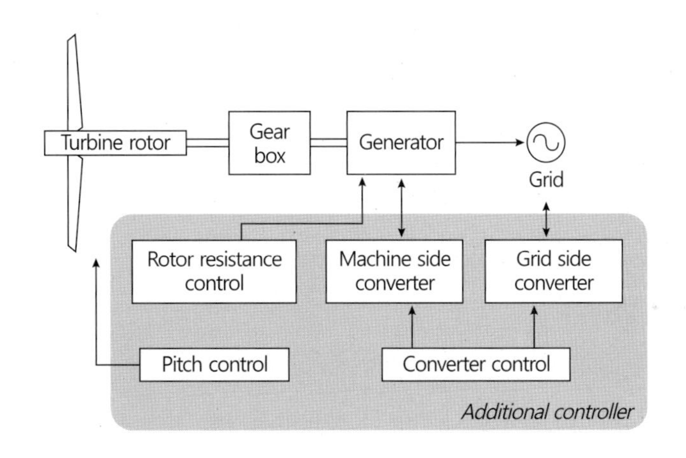

그림 3.19 풍력발전기의 기본적인 시스템 구성과 추가요소

3.4.1 Type 1: FSWT

Type 1 풍력발전기는 초창기 풍력발전기 모델로 농형 유도발전기를 사용한다. 농형 유도발전기는 농형(squirrel) 모양의 회전자(rotor)와 자계를 생성하는 고정자(stator)로 구성되어 있다. Type 1 풍력발전기는 속도 변화에 대한 제어가 불가능한 고정 속도형 풍력발전기(Fixed Speed Wind Turbines, FSWT)로, 별도 속도제어를 위한 장치가 탑

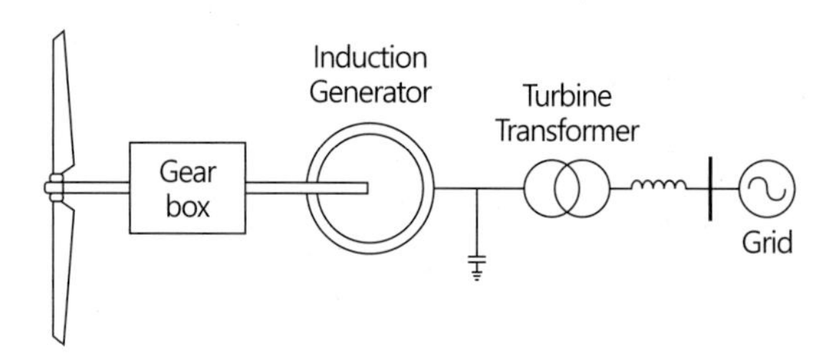

그림 3.20 Type 1 풍력발전기 주요 구성

재되어 있지 않으며, 기어박스(gear box)만 존재한다. FSWT는 별도의 전압제어가 불가능하며, 발전기의 회전자 속도가 거의 일정하다는 특징을 가지고 있다. 유도발전기가 전력계통에 직접 연계되어 있으며 무효전력을 소비하기 때문에 이에 대한 보상이 필요하다. FSWT의 가장 큰 단점은 고정 속도에 대한 출력제어에 중점을 두고 있으므로 풍력발전기를 최대전력 운전점(Maximum power point)에서 운전하기가 어렵고, 풍속의 변화에 기계적 부담감이 크다는 점이다. 그림 3.20을 통해 확인할 수 있듯이 풍력터빈, 발전기, 조속기로 구성되어 있다.

3.4.2 Type 2: VSWT

Type 2 풍력발전기는 속도 가변이 가능한 풍력발전기로 기존 Type 1이 지닌 고정 속도의 단점을 보완하기 위해 설계되었다. Type 2 풍력발전기는 가변 슬립형 풍력 발전기(Variable Slip Wind Turbines, VSWT)라고 하며, 유도발전기를 이용하며, 회전자가 다양한 속도에서 동작을 할 수 있는 모델이다. Wound 로터를 이용하여 슬립링(Slip ring)을 통해 저항을 활용한 속도제어가 가능하다. 피치각 제어를 통해 회전자 속도를 조정하며 일정한 바람에 대해 FSWT와 비교하여, 더 많은 출력을 낼 수 있는 특징을 가지고 있다. 회전자 저항 조절을 통해 정격풍속보다 높은 풍속에서 일정한 출력을 낼 수 있으나, 풍속이 높아짐에 따라 회전자 저항에 의한 열 손실이 발생할 수 있다. 그림 3.21과 같이 Type 2 풍력발전기는 발전기, 회전자 저항, 조속기, 터빈으로 구성되어 있

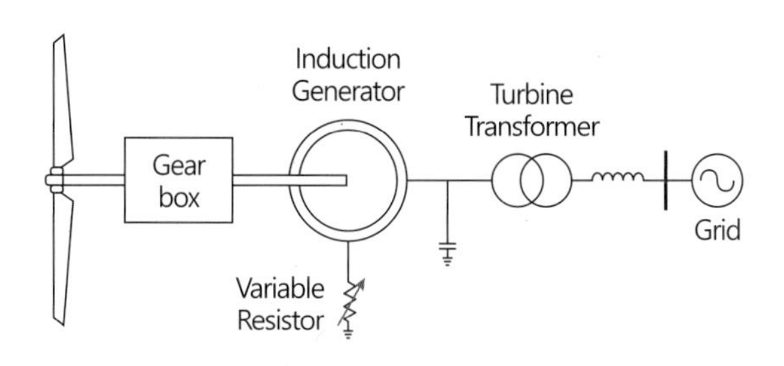

그림 3.21 Type 2 풍력발전기의 주요 구성

다. Type 2 풍력발전기는 Type 1 풍력발전기와 유사하나, 회전자 저항을 조정하는 컨트롤러 모듈이 추가되어 있다. 해당 모듈에서 회전자 저항을 조정하여 토크와 슬립을 조정하게 된다. 회전자 저항을 크게 설정하면 기동토크가 증가하지만, 정상운전 상태에서의 슬립이 커져 효율이 감소하게 된다.

3.4.3 Type 3: DFIG

Type 3 풍력발전기는 이중여자(Doubly-fed) 타입으로 작은 용량의 컨버터를 이용하여 로터에 공급되는 전압을 제어함으로써 풍력터빈의 속도를 제어한다. 이중여자라 불리는 이유는, 로터는 컨버터와, 고정자는 전력계통과 연결된 이중 연결구조이기 때문이다. 컨버터에서 로터로 슬립링을 통해 전압을 공급하고, 로터의 자계를 감쇠시키도록 하면 로터의 회전속도가 빨라져서 Super synchronous 상태가 되며 발전기 역할을 하게 된다. 반대로 로터의 자계를 증가시키면 로터의 회전속도가 더욱 늦어져 풍력발전기가 전력을 흡수하게 된다. 이중여자 유도형 풍력발전기(Double Fed Induction Generation Wind Turbine, DFIG)인 Type 3 풍력발전기는 컨버터가 추가된 발전기 모델로, Machine Side Converter(MSC)와 Grid Side Converter(GSC) 2가지 컨버터로 구성된다. Type 3 풍력발전기의 경우 MSC를 통해 발전량을 이용하여 발전기의 토크 또는 회전속도를 제어하며, 발전기에 여자전류를 공급함으로써 고정자에서 유입되는

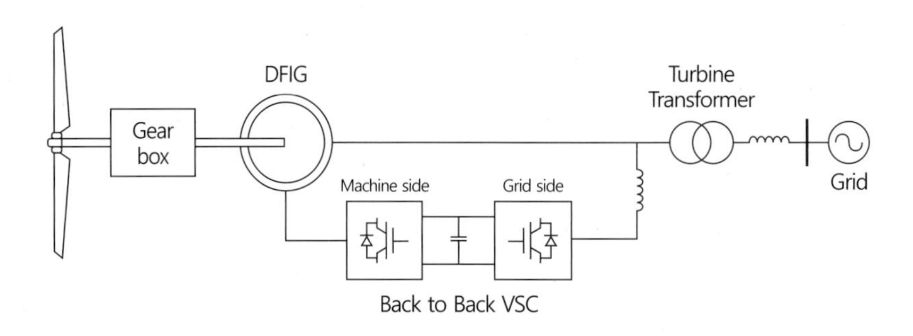

그림 3.22 Type 3 풍력발전기 주요 구성

무효전력 제어를 담당한다. GSC는 전력변환 장치의 전압을 제어하며, 컨버터와 계통 사이에서의 무효전력 제어를 수행한다. Type 3 풍력발전기는 발전기/컨버터, 터빈, 컨버터 제어, 피치각 제어모델로 구성되어 있다. Back to Back(BTB) 컨버터를 통해 발전기 출력 및 무효전력, 연계지점 전압을 제어할 수 있다. 터빈의 속도는 피치각 제어모델을 통해 능동적으로 제어할 수 있으며, 컨버터 제어모델은 회전자의 전류 벡터 제어를 통해 실질적인 풍력발전기의 동작 속도를 제어하는 구실을 한다. 그림 3.22에 Type 3 풍력발전기의 구성요소를 도시화하였다.

Type 3 풍력발전기의 피치각 제어모델은 풍력발전기의 피치각 제어를 통해 풍력발전기의 속도를 제어하는 동적 특성을 반영하기 위해 만들어진 모델이다. 피치각 제어모델은 기준속도와 터빈의 속도 지령을 비교하여 오차를 계산하고, PI 제어기를 통해 피치각 제어 신호를 생성한다. 이때, 기준 출력과 터빈의 출력 지령을 비교하여 오차를 계산하고, PI 제어를 통해 피치각 보정 신호를 전달한다.

Type 3 풍력발전기의 컨버터 제어모델은 전력계통으로 전달되는 유효 및 무효전력을 산정하는 모델로, 풍력발전기의 무효전력을 제어하기 위해 몇 가지 정류 모드를 제공한다. 일반적인 상황에서 정류기는 전압제어를 통해 무효전력 제어를 수행하도록 구성된다. 특정 조건에서는(계통 전압이 크게 변동하는 상황), 계통 안정성을 향상시키기 위해 무효전력을 미리 지정한 값으로 출력하게 만들거나, 발전기의 역률 제어를 통해 무효전력 제어를 수행할 수 있어야 한다.

3.4.4 Type 4: PMSG

Type 4 풍력발전기는 영구자석을 주로 이용하기 때문에 영구자석 동기발전기(Permanent Magnet Synchronous Generator, PMSG)라고 정의한다. Type 4 풍력발전기는 연계 전력계통과 직접적(교류를 통해)으로 연결되어 있지 않고 컨버터를 통해 연결되어 있다는 것이 Type 3과 가장 큰 차이점이다. 따라서 풀 컨버터형 풍력발전기(Full Converter Wind Turbines)라고도 하며, 고정자에 공급되는 전압을 제어함으로써 풍력터빈의 속도를 제어한다. PMSG는 고정자 권선을 통해 MSC와 GSC에 연결되며, BTB 컨버터를 활용하여 독립적인 유효전력 및 무효전력 제어가 가능하다는 것이 큰 장점이다. Type 4 풍력발전기의 경우, MSC는 풍력발전기의 유효전력과 무효전력 출력 제어를 독립적으로 수행할 수 있으며, GSC는 전압제어를 통해 계통으로 공급되는 무효전력 용량을 확보한다. Type 4 풍력발전기는 컨버터를 통해 풍력터빈과 전력계통이 연결되기 때문에, 컨버터 모델 비중이 매우 크다. 풍력터빈에서 생산된 전력은 모두 컨버터를 통해 처리되며, 컨버터의 용량은 터빈 용량과 동일 또는 이상의 용량으로 구성된다. 별도의 무효전력 보상은 필요하지 않으나, 취약계통의 경우 무효전력 보상 장치가 요구될 수 있다. 그림 3.23에 Type 4 풍력발전기의 구성요소를 도시화하였다.

Type 4 풍력발전기의 전기적 제어모델은 전력계통으로 전달될 유효 및 무효전력을

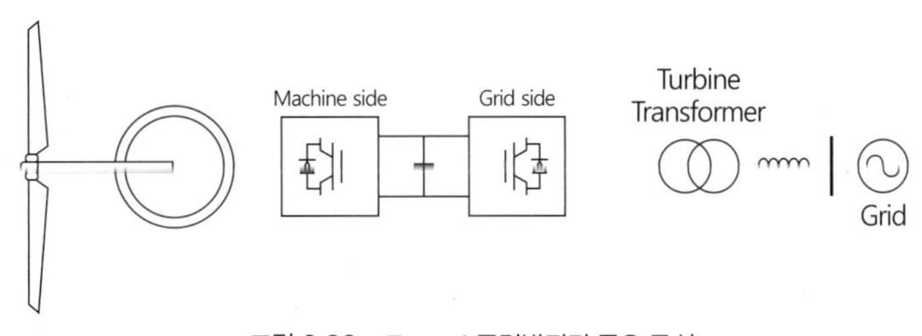

그림 3.23 Type 4 풍력발전기 주요 구성

산정하는 모델로, 풍력발전기의 무효전력을 제어하기 위해 세 가지 제어 모드를 제공한다. 전반적으로 Type 3 풍력발전기의 전기적 제어모델과 같이 구성된다.

일반적인 상황에서는 전압제어를 통해 무효전력 제어를 수행한다.

전압제어 모드에서는 기준 모선의 전압을 확인하여 PI 제어를 통해 무효전력 지령을 생성한다.

계통 전압이 크게 변동하는 상황이 발생하면, 계통의 전압 안정도를 끌어올리기 위해 무효전력을 미리 지정한 값으로 출력하도록 하거나, 역률 제어를 수행한다.

3.5 풍력발전단지와 운영

3.5.1 풍력발전단지와 계통연계 규정

규모 이상의 풍력발전 시스템이 계통에 접속되어 계통운영 상태에 따라 유기적으로 동작하기 위해서는 개별 풍력발전기 제어와 중앙 운영시스템에서의 제어가 연동되도록 구성되어야 한다. 또한 계통의 전압강하, 주파수 변화와 같은 외란(Disturbance)에 대해서도 연계 운전을 유지할 수 있는 기술적 요건을 갖추도록 해야 한다. 과거에는 대형으로 구성되는 화석연료 중심의 발전 시스템에 비교하여 풍력발전 시스템의 점유율이 낮았기에 풍력발전기를 연계 · 운영하는 요건에 크게 제한을 두지 않았다. 그러나 점차적으로 풍력발전 점유율이 높아짐에 따라 전력계통과의 연계성을 충분히 고려하여 안정성을 확보해야 함이 제시되고 있다. 대부분의 전력시스템에서는 풍력발전과 같은 신재생에너지를 대상으로 계통연계기준(Grid code)을 수립하고 적용하도록 요건을 제시하고 있다.

풍력발전 연계기준의 제정 및 적용은 풍력발전을 제한하는 것이 목적이 아니며, 풍력발전 사업을 안정적으로 확대하기 위함이다. 국내에서도 풍력발전 계통 접속 기준이

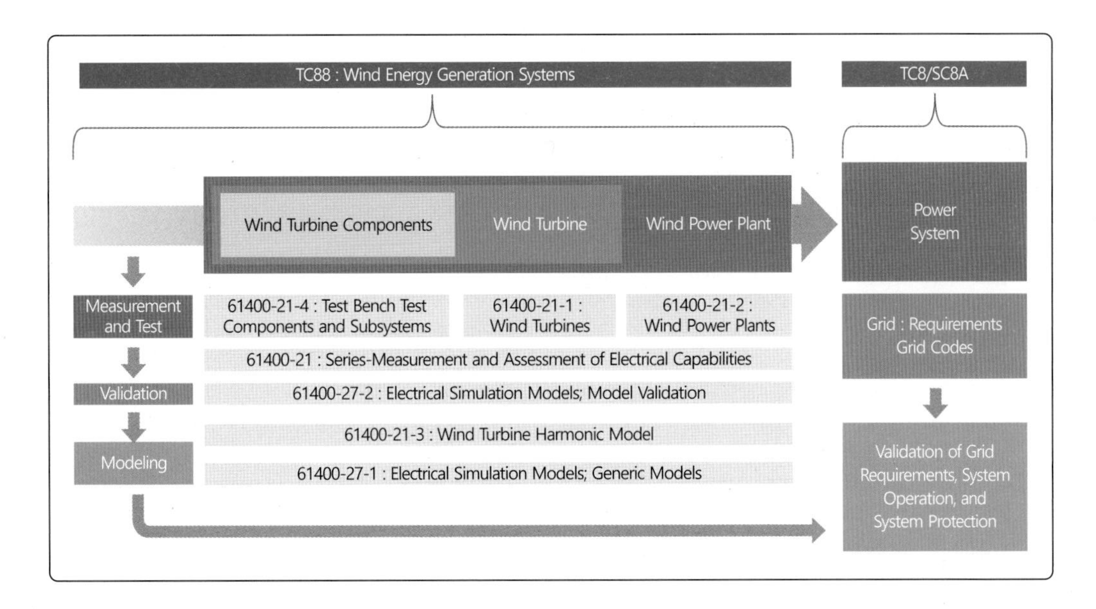

그림 3.24 풍력발전기 관련 계통연계 규정 검토 과정

세부적으로 보완, 수립 중에 있다. 국내에서 지속적인 풍력발전 사업의 확대를 위해서는, 국내외 풍력발전 연계기준의 변화와 기술 동향을 지속적으로 파악해야 하며, 관련된 대책을 즉각적으로 수립하는 것이 요구된다.

풍력발전 시스템을 대상으로 반복적으로 이루어지는 계통연계기준 정비는 풍력발전을 제한하는 것이 목적이 아니라 풍력발전 시스템의 공급을 안정적으로 확대하기 위해서임을 인지해야 한다. 지속적인 풍력발전 사업의 확대를 위해서는, 국내외 풍력발전 연계기준의 변화와 기술 동향을 파악해야 하며, 파생되는 문제와 관련된 대책을 즉각적으로 수립할 필요가 있다.

3.5.2 풍력발전단지의 중앙집중형 제어

일반적인 풍력발전기는 연계되는 계통에서의 전력수급문제에 대응하기 위해, 추가로 전력공급이 가능하도록 제어 능력을 확보해야 한다. 특정 풍력발전단지의 경우 발전 출력을 제한하여 운전되도록 설정되어 있다(Delta control).

중앙집중형 제어 장치를 이용하는 풍력발전단지는 전력계통 상태를 감시하고 운영자로부터 지령을 전달받아 전력계통에 공급하는 전력(유효 · 무효전력)량을 조정하도록 구성되어 있다. 계통운영자가 지정한 지령에 기초하여 풍력발전기를 운영하며, 일반적으로 계층적(Hierarchical) 제어구조를 활용한다.

■ 계층적 제어구조

풍력발전단지의 주제어기는 전력계통의 유효전력 생산을 중앙에서 감시 · 제어하고 각 풍력발전기에 대한 기준 명령을 결정하는 권한을 가지고 있다. 따라서 중앙의 제어관리시스템 운영자는 풍력발전단지의 전체 전력을 제어할 때 주요 역할을 담당하게 된다. 중앙 제어 장치로서의 제어는 다양한 입 · 출력 데이터에 기반한다. 입력 신호는 주로 계통운영자에 의해 설정된 지령, 계통연계지점에서의 측정 데이터와 개별 풍력발전기에서 사용할 수 있는 가용전력으로 분류된다.

그림 3.25와 같이 풍력발전기의 제어기를 도시화할 수 있다. 개별 풍력발전기 제어기에 대한 유효전력과 무효전력 지령은 중앙 제어기에서 생성한다. 우선, 풍력발전단지 제어기(Wind farm controller)는 계통운영자(System operators)로부터 입력된 지령을

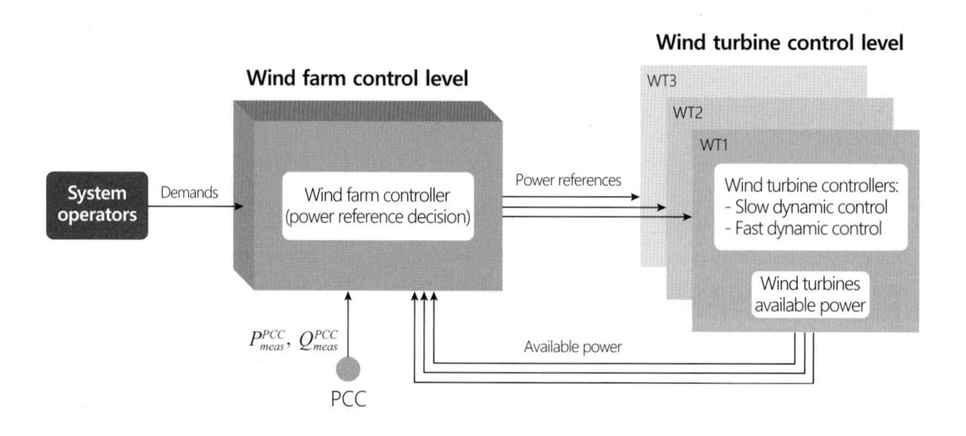

그림 3.25 풍력발전단지 중앙제어형태 구조도

바탕으로 출력 가능한 전력을 계산하여 가용전력을 도출한다. 그리고 개별 풍력발전기 내부의 제어기(Wind turbine controllers)에 전달되어야 하는 전력 지령을 (운영자의 운영 목적에 의한 함수에 근거하여) 결정하고, 각 풍력발전기의 현재 상태를 고려, 전력 제어 신호를 생성 · 입력한다.

■ 계층적 제어구조의 장점과 단점

풍력발전단지 내부의 개별 발전기에 대한 모든 유효한 데이터들은 그림 3.26과 같이 중앙제어 방식에 의해 집중되어서 모여질 수 있다. 따라서 제어기는 모여진 정보들을 이용해 개별 풍력발전기의 작동을 감시하고 조정할 수 있다.

적정한 제어 알고리즘이 갖추어지게 된다면, 개별 발전기들에 대한 상세한 정보수집 및 제어가 가능해지고, 외부 상황(풍속변동 및 계통상태)에 대해 능동적인 대응이 가능하다. 하지만 다수의 정보를 처리하는 데 있어서, 많은 계산이 컴퓨터에 부담이 될 수 있으며, 정보의 손실이나 손상 및 중단에 취약하므로 유의해야 한다. 일반적인 중앙집중형 제어 형태에서와 같이, SCADA 기능을 갖추기 위한 투자가 요구되며, 외부 지령에 빠르게 응답할 수 있는 구조와 규정을 도출해야 한다.

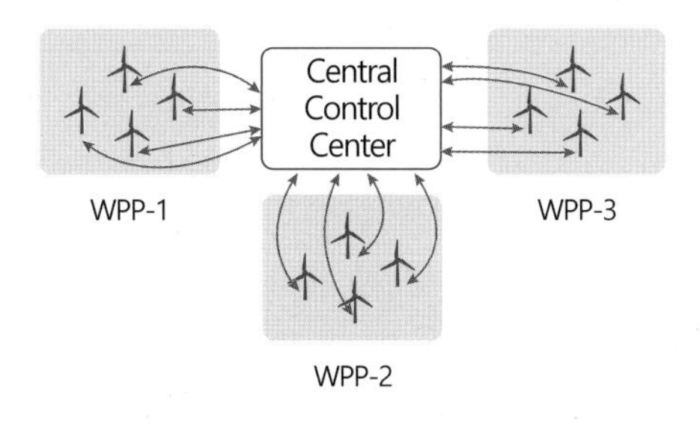

그림 3.26 중앙제어형 풍력발전단지 구조 예시

■ 분산형 제어구조

그림은 풍력발전 시스템의 분산형 제어 방식을 고려하는 전형적인 구조이다. 각 풍력발전기에는 개별 제어기가 장착되어 있으며, 전력제어 방식을 변경하기 위한 통신 네트

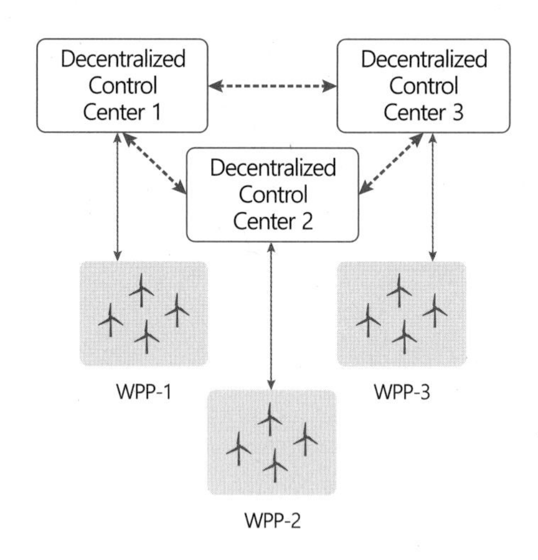

그림 3.27 분산형 풍력발전단지 구조 예시

워크가 설계된다. 개별 풍력발전기들의 데이터는 분권화된 여러 개의 제어기 사이에서 공유될 수 있다. 그러나 독립적으로 제어기가 운영되므로, 중앙에서 지령을 별도로 관리할 필요가 없으며, 미리 구성되어 입력된(목적화되어 있는) 제어기에 따라 지속적인 운영이 가능하다.

■ 분산형 제어구조의 장점과 단점

계층적 제어 방식으로 전력제어를 수행할 때는 풍력발전기의 수가 증가함에 따라 제어 방식의 복잡도와 계산의 부담도 함께 증가한다. 따라서 풍력터빈의 수가 많은 대형화된 풍력발전단지일수록 중앙에서 제어할 때 제어기의 계산 부담이 클 것이며 이를 보장하기 위한 연계 비용 또한 높아진다. 그러나 앞에서도 언급했다시피 제어 장치는 풍력터빈의 하중을 줄이면서 전압을 조정해야 한다.

분산형 제어구조에서는 통신장애와 같은 상황에서도 능동적으로 대처할 수 있으며, 단순한 구조로 이루어져 우수한 복원력을 가질 수 있다. 다만 지속적인 외부조건 변동에 대해서는 관리자의 대처가 어려울 수 있으며, 별도의 목적에 따른 운영방안을 도입하기가 어려울 수 있다.

3.6 해상풍력발전[1]

3.6.1 해상풍력 개요

풍력발전의 보급이 장기화되고, 육상에서의 부지 문제가 대두되면서, 미래 풍력발전의 보급 계획이 해상에 집중되는 추세로 변화하고 있다. 해상풍력은 풍력발전의 선진국인 유럽의 덴마크와 독일에서 시도되기 시작하여, 부지, 환경문제 등 여러 현안을 해결할 수 있는 대안으로 부각되고 있다. 우리나라도 해상풍력 사업에 심혈을 기울이고 있으나, 지리학적으로 매우 유리한 위치에 있음에도 아직 걸음마 단계로 평가된다.

해상풍력은 육상과 비교하였을 때, 대지 구매가 용이하고, 평균 풍속이 높은 것으로 평가된다. 육상에서의 평균 풍속은 5m/s 전후로 평가되지만(국내 기준), 해상에서의 평균 풍속은 8.4m/s 이상이다. 또한 해상은 해수면이 평탄하므로 난류강도가 현저하게 낮으며, 풍향 역시 비교적 일정하게 유지된다. 이러한 장점은 그림 3.28에 도시된다.

해상풍력은 장점만 존재하지는 않는다. 수심이 깊은 해저에 풍력발전기 기둥을 고정

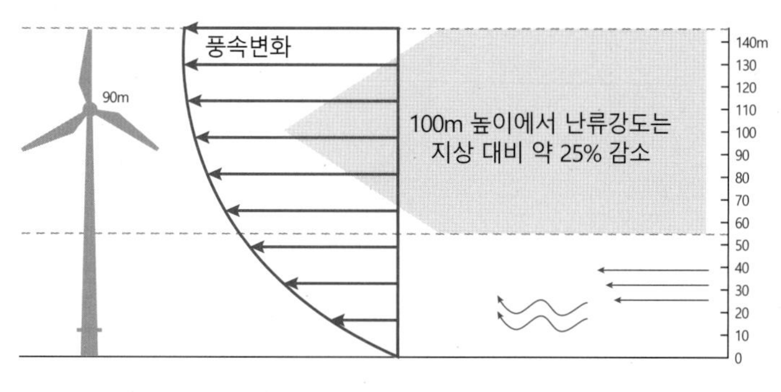

그림 3.28 높이에 따른 바람의 변화

1 IEC 규정(IEC 614003, Wind turbines Part 3: Design requirements for offshorewind turbines)에 따르면 풍력터빈은 지지구조물이 수력학적 힘(파랑, 조석, 조류 등에 의한 힘을 통칭)을 받을 때 해상풍력터빈이라 함. 즉, 해상풍력발전이란 수력학적인 힘을 받는 바다에 풍력터빈을 설치하여 전력생산을 하는 것을 말한다.

해야 하므로 설치비용이 2배 이상 높아 초기 설치 부담감이 크다. 또한 장기간 운영 시, 바닷물에 의해 부식될 수 있어 유지보수 비용도 높게 평가된다. 국내와 같은 상황에서는 어업활동에 지장을 줄 수 있으며, 선박 충돌 우려도 있다.

쟁점이 되는 문제를 보완하기 위해 부유식 풍력발전도 개발되고 있다. 해상풍력은 하부구조물 지지 방식에 따라 고정식과 부유식으로 구분되며, 현재 국내 설치된 해상풍력 발전설비는 모두 고정식이다. 표 3.2는 고정식과 부유식 해상풍력 발전설비를 비교해 제시하였다.

표 3.2 고정식과 부유식 해상풍력 비교

항목	고정식	부유식
장점	• 운영비가 저렴하여 경제성 확보에 유리 • 수심이 얕아 계류 시스템 설치비용이 적음	• 먼바다에 설치 가능(풍황 우수, 민원 적음) • 환경·지질조사 비용이 적음 • 해상 작업 기간이 줄어들어 공기 단축
단점	• 해안 생태계 훼손 우려 • 어업권 등 민원 발생	• 운영비와 계통연계비용이 고정식보다 많은 편으로, 경제성 확보가 어려움
설치 단계	①제작 → ②조립 → ③설치	①조립 후 운반 → ②설치

해상풍력 발전은 수심이 깊어질수록 건설비용이 큰 폭으로 증가하여 수심이 얕은 부지를 우선하여 건설한다. 하지만 풍황과 해저 지반 조건을 모두 만족하는 부지는 제한적이다. 지형 · 환경적 제약 극복을 위한 부유식 해상풍력 기술개발이 활발하게 진행되고 있다.

표 3.3 부유식 해상풍력 발전설비 유형별 주요 특징

항목	주상형	해상 플랫폼형(Pontoon)	인장 계류형(TLP***)
중량	무거움(1,700t)	무거움(2,500t)	가벼움(520t)
해류 영향	적음	많음	적음
설치비용	보통	적음	많음
복원방식	추의 무게중심	밸러스트**	계류선
MCF*	120%	200%	130%
기타	수심이 얕은 지역설치 불가	수심이 얕아 유지보수 용이	수심에 따라 비용 증가

*MCF(Manufacturing Complexity Factor): Monopile Type(고정식) 대비 건설 난이도
**적정 수준의 복원력을 확보하기 위해 선체를 물속에 더 잠기게 할 목적으로 싣는 중량물
***Tension Leg Platform

그림 3.29 부유식 해상풍력 발전설비 유형

3.6.2 국내 동향

국내 풍력 발전설비 중 해상풍력의 보급은 미미한 실정이다. 현재 국내에 상업 운전 중인 해상풍력단지는 탐라(30MW), 서남권 실증단지(60MW), 영광 일부(34.5MW) 등

124.5MW에 불과하다. 해상풍력 산업으로는 국내에서 제주도가 가장 활성화되어 있다. 제주도는 해상풍력을 2030년까지 2GW까지 확대하여, 제주도 전력수요 전체를 공급하겠다고 밝혔다. 2012년 독자적으로 세운 '카본 프리 아일랜드 2030' 계획을 발표한 이후 2015년부터 2017년까지 한경면 두모리와 금능리 해안 일대, 탐라해상풍력발전지구에 풍력발전기 10대를 설립하고, 2017년 9월부터 전국 최초로 상업 운전에 들어간 상태이다. 현재 한림읍과 대정읍, 서귀포 등에 총 565MW(126기) 규모의 해상풍력단지 5개소 설치도 준비하고 있다. 이를 위해 제주도는 특별자치도라는 특수한 지위를 활용하여 풍력발전과 관련한 여러 법률의 권한을 이양받았으며, 도 조례의 형태로 풍력발전지구를 지정하여 풍력사업의 원활한 이행을 도모하고 있다. 국내 최초로 도입된 풍력발전지구 제도는 풍력발전의 잠재성이 높은 공간을 사전에 지정하여 풍력자원의 체계적인 개발과 풍력발전의 활성화를 집중하는 제도이다.

제주도뿐 아니라 육지에서도 해상풍력 활성화를 위하여 노력하고 있다. 2019년 4월 정부가 발표한 '재생에너지산업 경쟁력 강화방안'에서 신재생에너지 기술개발 및 보급 실행계획에 따르면 향후 3년간 6조 3000억 원을 투자해 해상풍력 19개 단지 640MW를 포함한 풍력설비를 설치하고 최대 8MW급 부유식 해상풍력시스템을 개발하고자 하였

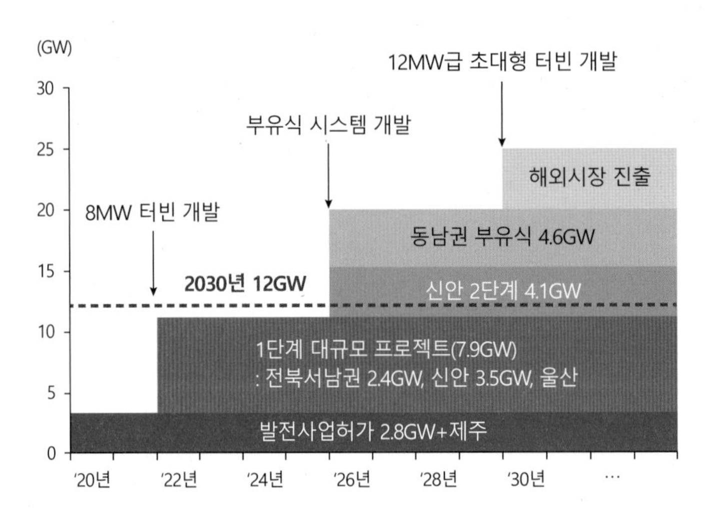

그림 3.30 국내 해상풍력 추진 로드맵

다. 정책추진 방향을 종합하면 2030년 12GW 보급에 이어 2034년 24.9GW 확대로 요약할 수 있다. 2021년 2월까지 발전사업허가를 받은 풍력사업 가운데 해상풍력으로 개발되는 프로젝트는 40건에 걸쳐 총 7,632MW 규모다. 수치만 보면 3020 이행계획에 필요한 해상풍력 개발 입지의 64%를 확보한 셈이다.

9차 전력수급계획에 의하면, 신재생에너지 내에서 해상풍력 비중을 22년 3.0%에서 34년 27.5%까지 확대할 계획이다. 2020년 8월에 집계한 주요 해상풍력발전단지 추진 현황을 위치별로 나타내면 그림 3.31과 같다.

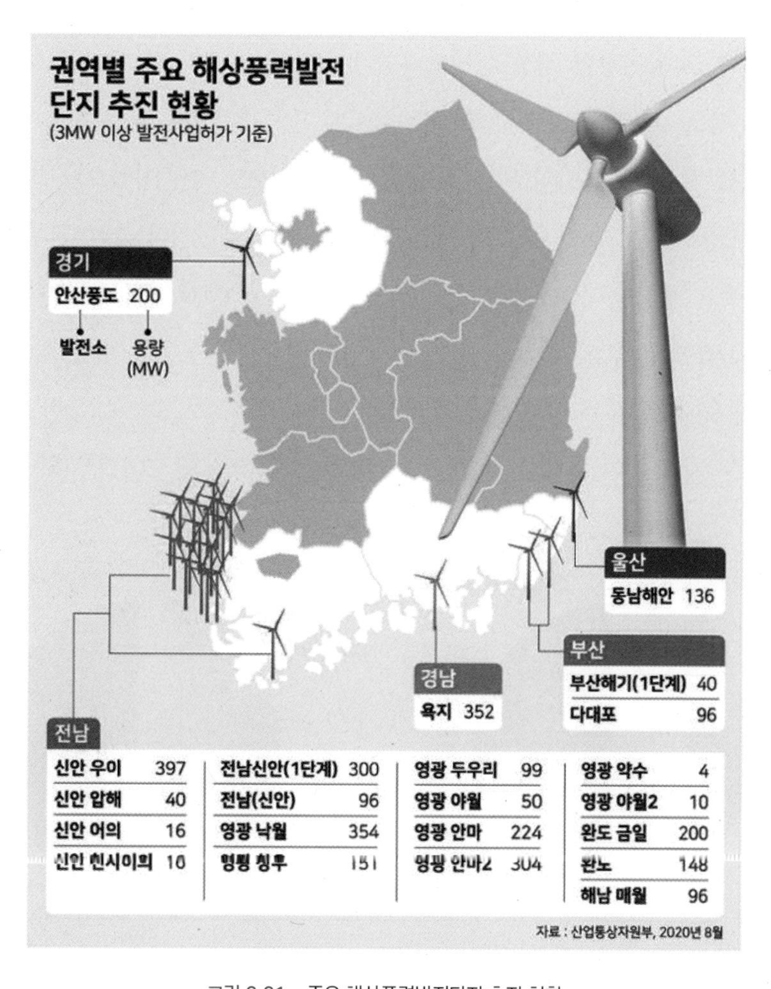

그림 3.31 주요 해상풍력발전단지 추진 현황

3.6.3 해외 동향

2021년 상반기까지 집계한 자료에 따르면, 세계 해상풍력 누적 설치용량은 29.8GW로, Siemens-Gamesa(독일/스페인)가 51.5%, MHI-Vestas(덴마크)가 16.5%, Sewind(중국)가 10.7%로 총 3개사가 전체 시장의 약 80%를 차지하면서 시장을 점유하고 있다. 특히 중국의 경우, 2060년에 목표로 한 탄소 중립을 실현하기 위해 해상풍력을 급격하게 증가시키고 있다.

국제에너지기구(IEA)는 2025년에 세계 최대규모의 해상풍력발전 용량을 갖추고, 향후 20년간 약 25배 성장할 것으로 전망하였다. 2019년에 집계된 세계 해상풍력 신규 설치량과 누적 설치량은 그림 3.32와 같다.

세계적으로 해상풍력터빈의 평균 용량은 2010년 3MW 수준이었으나 최근 10MW급 터빈이 상용화되었고, 향후 12MW급 터빈이 도입될 계획이다. 2013년부터 2016년까지 해외 주요 해상풍력 프로젝트 평균 터빈 용량은 4.4MW, 평균 발전단지 용량은 297MW에 불과했지만 2017년부터 2019년 사이의 신규 터빈용량은 평균 8.1MW, 단지 용량은 평균 603MW로 두 배 이상 증가하였다.

유럽에서는 지난해 기준 해상풍력 균등화 발전비용(LCOE)은 2012년 대비 67.5% 감

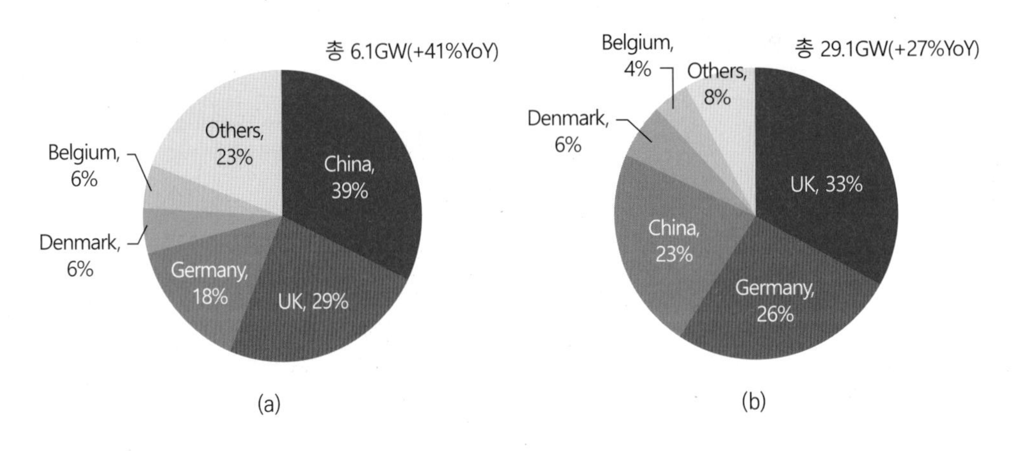

그림 3.32 해상풍력 국가별 비중. (a) 신규 설치량 (b) 누적 설치량

소한MWh당 83달러를 기록할 정도로 경제성이 개선되기도 했다. 유럽에서는 북해에 슈퍼그리드라는 네트워크가 구축되고 있어 2030년까지 150GW의 발전량을 수용할 수 있는 그리드 확보를 목표로 하고 있다. 종합적으로 해상풍력 시장은 2020년 7GW로 10년 사이에 7배 성장한 것으로 평가된다(표 3.4). 2018년까지 설치된 세계 해상풍력 설치용량을 국가별로 구분하면 표 3.5와 같다.

표 3.4 세계 해상풍력 설치량('20 상반기 기준)

구분	2010년	2011년	2012년	2013년	2014년	2015년	2020년
설치량	1,162	1,500	1,958	2,400	2,700	3,100	6,915

표 3.5 국가별 해상풍력발전 설치 현황('18 기준)

국가	신규 설치 [MW]	누적 설치 [MW]
유럽	2,661	18,278
영국	1,312	7,963
독일	969	6,380
벨기에	309	1,186
덴마크	61	1,329
네덜란드	0	1,118
다른 유럽	0	302
아시아 태평양	1,835	4,832
중국	1,800	4,588
한국	35	73
다른 아시아	0	171
아메리카	0	30
미국	0	30
총계	4,496	23,140

3.6.4 해상풍력발전 계통연계 방안

해상풍력은 바다에서 생성된 전기를 수요지로 전달하기 위해, 해상변전소, 육상변전소, 해저케이블과 같이 큰 규모의 연계 비용이 요구된다. 전력계통연계 비용의 경우, 육지와의 이격거리, 수심에 따라 큰 차이를 보이며, 총 건설비용의 15% 정도를 차지한다. 해상풍력단지를 구성에 따른 투자비용과 이를 육상 풍력발전단지와 비교한 그래프는 그림 3.33과 같다.

해상풍력단지의 전력시스템은 크게 풍력터빈과 내부전력망, 해상변전소, 외부전력망 등으로 구성된다. 내부전력망은 해상풍력단지 내의 풍력터빈들을 해저케이블을 통해 연결하여 각 풍력터빈에서 생산되는 에너지를 해상변전소로 집약시키는 역할을 한다. 해상변전소는 해상풍력단지의 규모가 크거나 육상에서의 거리가 매우 먼 경우 필요하게 된다.

해저케이블은 풍력단지의 전기적, 경제적 부분에 막대한 영향을 끼친다. 해상풍력단지의 해저케이블은 사용 장소에 따라 크게 내부전력망(Array cable or inter array)에 설치되는 경우와 외부전력망(Transmission cable or export cable)에 설치되는 경우로 구분된다. 내부전력망에 설치되는 해저케이블은 정격전압 약 35kV 이하의 케이블로서 풍력터빈과 풍력터빈 사이, 풍력터빈과 해상변전소를 연결하는 데 사용되며, 외부전력

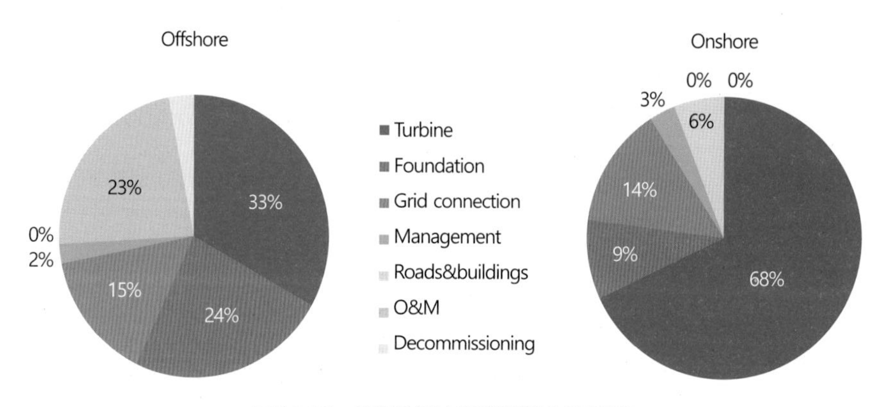

그림 3.33 해상 및 육상 풍력발전단지 투자비용

그림 3.34 해상풍력단지 계통의 구성요소

망에 사용되는 해저케이블에 비해 길이가 짧고 가볍다. 반면, 외부전력망에 설치되는 케이블은 정격전압 약 35~600kV 사이의 케이블로서 해상변전소와 육상변전소를 연결하기 위해 사용되며 내부전력망에 사용된 해저케이블에 비해 길이가 길고 무겁다.

내부전력망, 해상변전소, 외부전력망으로 구성되는 해상풍력단지 전력시스템의 구성요소는 그림 3.34와 같다. 해상변전소는 해상풍력단지 건설 시 육상연계를 위해 해상변전소를 설치하게 되며 발전단지 내부의 전압을 송전케이블의 고압으로 승압시켜 생산된 전력을 보다 효율적으로 육상으로 전송한다.

대부분의 풍력터빈 발전기는 690~1,000V의 전압으로 전력을 생산하며, 이는 나셀이나 터빈 하부에 설치되어 있는 변압기에 의해 내부전력망 공칭전압으로 승압된다.

일반적으로 해상변전소의 위치는 육상보다는 해상풍력단지에 근접하여 있다. 이는 손실을 줄이기 위한 목적으로, 같은 전력을 고압으로 송전할수록 더 손실을 줄일 수 있

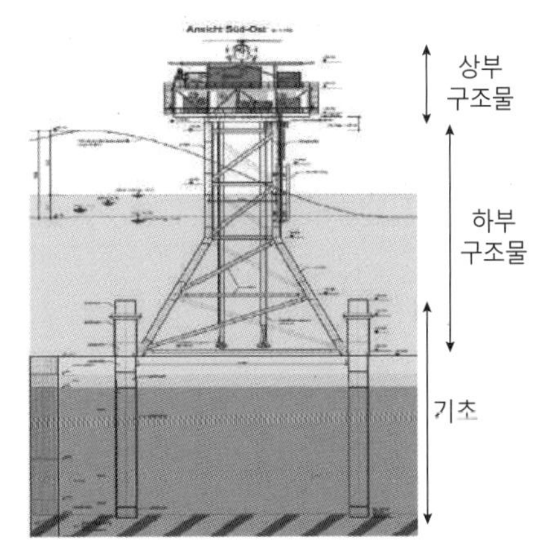

그림 3.35 Alpha Ventus 해상풍력단지의 해상변전소 형태

기 때문이다. 각 풍력터빈에서 생산된 전력을 효율적으로 전송하기 위하여 해상변전소에서 고압으로 승압한 뒤 송전하게 되는데 해상변전소가 해상풍력단지에 가깝게 위치할수록 고압인 외부망 케이블의 길이가 길어지게 되므로 그만큼 손실을 줄일 수 있다. 그림 3.35는 독일의 첫 번째 해상풍력인 Alpha Ventus(Borkum West I)의 해상변전소의 모습이다.

3.7 국내 풍력발전단지

3.7.1 주요 풍력단지 개요

국내 풍력발전 설치 규모도 점차 증가하고 있다. 한국풍력산업협회에 따르면, 국내 풍력발전 누적 설치량은 지난 2010년 373.3MW에서 2019년 1490.2MW로 10년간 4배나 증가했다. 2019년까지의 국내 풍력발전 신규 및 누적 설치 현황은 그림 3.36과 같다.

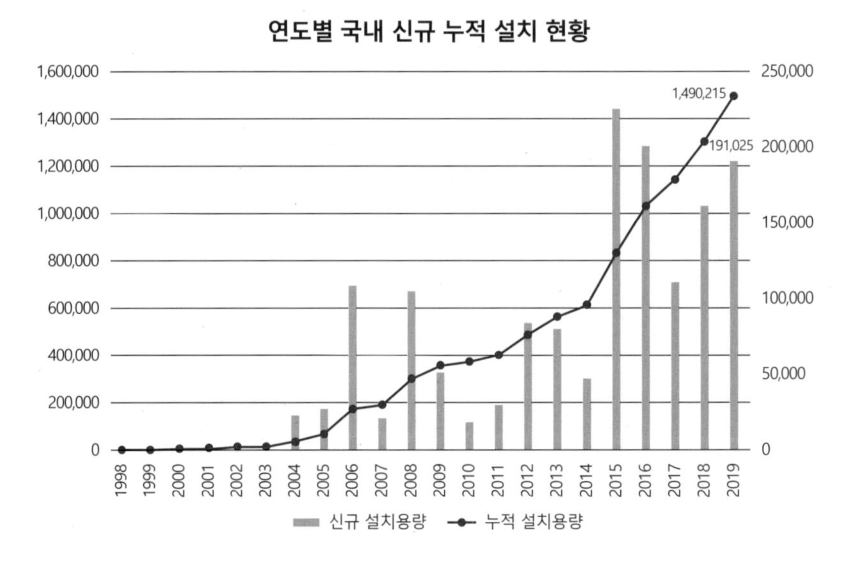

그림 3.36 국내 풍력발전 신규·누적 설치 현황

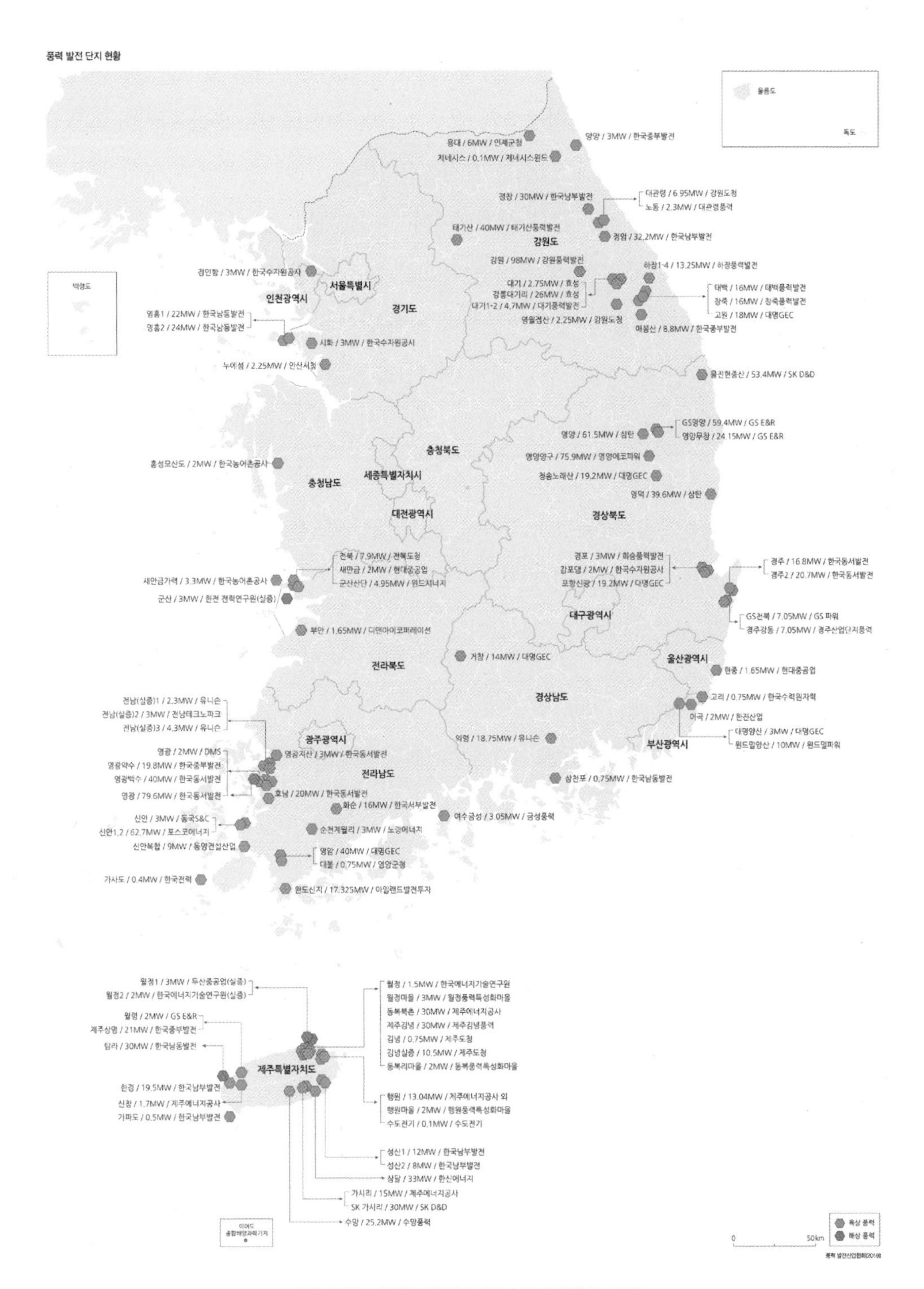

그림 3.37 국내 풍력발전단지 설치 현황('19 기준)

국내에는 2019년 기준으로 103개 단지에 690개의 풍력발전기가 총 1,490MW 용량으로 보급된 상황이다. 이 중 육상풍력의 경우 1,230.5MW로 94.4%를 차지하고 있으며, 해상풍력의 경우 72.5MW로 5.6%를 차지하고 있다. 2019년 4월 정부가 발표한 '재생에너지산업 경쟁력 강화방안'에서 신재생에너지 기술개발 및 보급실행계획을 통해 풍력산업의 경쟁력 확보를 위한 의욕적인 목표를 설정해 발표하였다. 계획에 따르면 향후 3년간 6조 3000억 원을 투자해 해상풍력 19개 단지 640MW를 포함한 풍력설비를 설치하고자 한다. 또한 풍력터빈 부품 패키지 국산화 기술과 스마트 O&M 기술을 개발하는 등 풍력산업의 경쟁력을 확보하여 풍력산업을 확장할 전망이다. 국내 풍력발전단지 현황과 위치는 그림 3.37과 같다.

내륙에서는 태백산맥 및 낙동정맥 지역이, 해상(해안-도서 지역 포함)에서는 서남해안과 제주도가 풍력발전에 적합한 편으로 분류된다. 해당 지역의 풍력발전계획 및 대표 풍력발전단지를 정리하면 표 3.6과 같다.

표 3.6 제주 지역 운전 중 풍력발전 현황

사업자	발전소명	위치	규모
계		20개소	269MW(119기)
제주특별자치도	행원연안국산화풍력	구좌읍 행원리	3MW(1기)
	김녕풍력실증단지	구좌읍 김녕리	10.5MW(2기)
제주에너지공사	행원풍력발전단지	구좌읍 행원리	11.45MW(12기)
	신창 그린빌리지	한경면 신창리	1.7MW(2기)
	김녕 국산화풍력	구좌읍 김녕리	0.75MW(1기)
	가시리 국산화 단지	표선면 가시리	15MW(13기)
	동복풍력발전단지	구좌읍 동복리	30MW(15기)
한국남부발전(주)	제주한경풍력발전	한경면 신창~용수	21MW(9기)
	성산풍력	성산읍 수산리	20MW(10기)
한국에너지기술연구원	제주월정풍력발전	구좌읍 월정리	1.5MW(1기)

<table>
<tr><th colspan="2">사업자</th><th>발전소명</th><th>위치</th><th>규모</th></tr>
<tr><td colspan="2">한신에너지(주)</td><td>삼달풍력발전</td><td>성산읍 삼달리</td><td>33MW(11기)</td></tr>
<tr><td colspan="2">STX에너지(주)</td><td>월령 STX풍력발전</td><td>한림읍 월령리</td><td>2MW(1기)</td></tr>
<tr><td colspan="2">제주대학교 산학협력단</td><td>행원풍력 3호기</td><td>구좌읍 행원리</td><td>0.66MW(1기)</td></tr>
<tr><td rowspan="3">특성화 마을</td><td>행원</td><td>행원마을풍력발전소</td><td>구좌읍 행원리</td><td>2MW(1기)</td></tr>
<tr><td>월정</td><td>월정마을풍력발전소</td><td>구좌읍 월정리</td><td>3MW(1기)</td></tr>
<tr><td>동복</td><td>동복마을풍력발전소</td><td>구좌읍 동복리</td><td>2MW(1기)</td></tr>
<tr><td colspan="2">SK D&D</td><td>가시리풍력발전소</td><td>표선면 가시리</td><td>30MW(10기)</td></tr>
<tr><td colspan="2">김녕풍력발전(주)</td><td>김녕풍력발전소</td><td>구좌읍 김녕리</td><td>30MW(10기)</td></tr>
<tr><td colspan="2">한국중부발전(주)</td><td>상명풍력</td><td>한림읍 금악리</td><td>21MW(7기)</td></tr>
<tr><td colspan="2">탐라해상풍력(주)</td><td>탐라해상풍력발전</td><td>한경면두모리, 금능리해안</td><td>30MW(10기)</td></tr>
</table>

표 3.7 제주 지역 절차 이행 중인 풍력발전 현황

<table>
<tr><th>사업자</th><th>발전소명</th><th>위치</th><th>규모</th></tr>
<tr><td>수망풍력(주)</td><td>수망풍력발전소</td><td>남원읍 수망리</td><td>25.2MW(7기)</td></tr>
<tr><td>제주한림 해상풍력(주)</td><td>한림해상풍력발전</td><td>한림읍 수원리 해역</td><td>100MW(18기)</td></tr>
<tr><td>대정해상풍력발전(주)</td><td>대정해상풍력발전</td><td>대정읍 동일1리 해역</td><td>100MW(18기)</td></tr>
<tr><td rowspan="4">공공주도
(제주에너지공사)
:후보지공모(마을유치)</td><td>표선·하천·세화2
해상풍력지구</td><td>표선면 표선리·하천리·
세화2리 해역</td><td>135MW(27기)</td></tr>
<tr><td>한동·평대해상풍력</td><td>구좌읍 한동리·평대리 해역</td><td>105MW(21기)</td></tr>
<tr><td>월정·행원해상풍력</td><td>구좌읍 월정리·행원리 해역</td><td>125MW(25기)</td></tr>
<tr><td>행원육상풍력(보롬왓풍력)</td><td>구좌읍 행원리</td><td>21MW(7기)</td></tr>
<tr><td>제주에너지공사</td><td>동복·북촌 육상풍력 2단계</td><td>구좌읍 동복리</td><td>20MW(8기)</td></tr>
<tr><td>㈜북촌 서모풍력</td><td>북촌서모풍력발전소</td><td>조천읍 북촌리</td><td>3MW(1기)</td></tr>
<tr><td>한국남동발전(주)</td><td>어음풍력발전</td><td>애월읍 어음리</td><td>20MW(8기)</td></tr>
</table>

표 3.8 강원 지역 풍력발전 현황('17년 기준)

사업자	발전소명	위치	규모
태백시청	매봉산	태백시 창죽동	8.8MW(9기)
강원풍력발전	강원	평창군 횡계리	98MW(49기)
한국중부발전	양양	인제군 진동리	3MW(2기)
효성 (강원대기풍력발전)	대기	강릉시 대기리	2.75MW(2기)
태기산풍력발전	태기산	횡성군 태기리	40MW(20기)
인제군청	용대	인제군 용대리	6MW(7기)
강원도청	영월접산	영월군	2.25MW(3기)
한국남부발전 (창죽풍력발전)	창죽	태백시 창죽동	16MW(8기)
한국남부발전 (태백풍력발전)	태백	태백시 하사미동	16MW(8기)
강원도청	대관령1	평창군 횡계리	3.3MW(2기)
	대관령2		2MW(1기)
	대관령3		1.65MW(1기)
제네시스윈드	제네시스	홍천군 내면	0.1MW(1기)
하장풍력발전	하장	삼척시 하장면	3.3MW(2기)
	하장2		3.05MW(2기)
	하장3		4.6MW(2기)
한국남부발전 (평창풍력발전)	평창	평창군 미탄면	30MW(15기)
대명GEC (고원풍력발전)	고원	태백시 창죽동	18MW(6기)
효성	강릉대기리	강릉시 왕산면	26MW(13기)
대기풍력발전	대기1	강릉시 왕산면	2.35MW(1기)
	대기2		2.35MW(1기)

3.7.2 대표 풍력발전단지 제어구조

■ 동복·북촌 풍력발전단지

제주 지역의 대표적인 풍력발전단지로는 동복 · 북촌 풍력발전단지가 있다. 제주에너지공사 소유의 발전단지로 제주시 구좌읍 동복리 산56번지에 설치되어 있으며, 2015년 8월 준공하여 2016년 10월 상업 운전을 개시하였다. 약 1,300,000m^2 사업면적 내에 설치되었으며, 기피 시절인 제주동부매립장 및 채석장 주변에 건설함으로써 경관 훼손 저감을 통한 모범적인 신재생에너지 발전단지로 선정되었다. 한진산업 2MW 풍력발전기 15기로 총 30MW의 풍력발전단지를 이루고 있다. 구성된 풍력발전기는 허브 높이 70m의 Type 3 풍력발전기로 정격 rpm의 경우, 1,440rpm이다. 2018년 18MWh 배터리 용량의 ESS가 탑재되었다. 연간 약 66,659MWh의 전력을 생산하고 있다. 그림 3.38은 동복풍력발전단지의 모습이다.

그림 3.38 동복·북촌 풍력발전단지 모습

발전단지 내부망은 22.9kV 선로로 구성되어 있으며, 계통연계점(Point of Common Coupling, PCC)으로 집결된 후 154kV로 승압되어 1.7km의 송전선으로 인근 조천변전소로 연계된다. 동복풍력발전단지의 전기적 구현도는 그림 3.39와 같고 풍력발전기

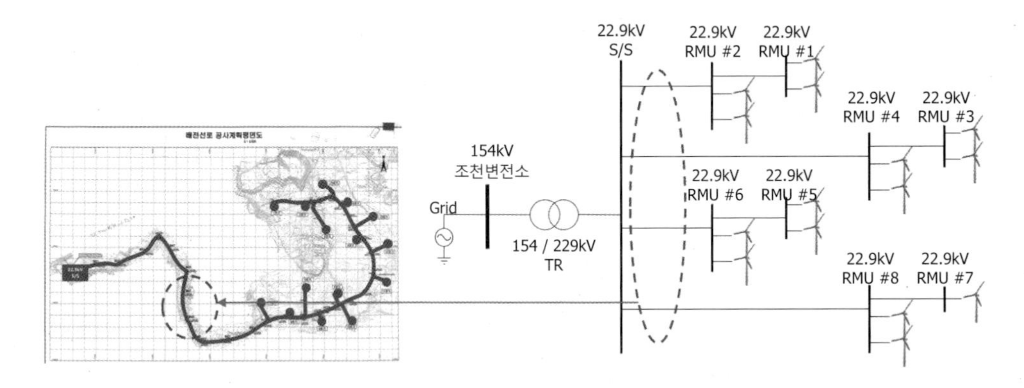

그림 3.39 동복·북촌 풍력발전단지 전기적 구현도

그림 3.40 동복·북촌 풍력발전단지 구성

구성 모습은 그림 3.40과 같다.

전력거래소에서는 필요한 운전접속 한계용량 초과 상황을 대비하여, 풍력발전기는 전력계통 과도안정도 및 전압 안정도를 고려하는 차원에서 통합감시 · 급전 체계를 위한 유효전력 제어시스템을 구비할 것을 요구하고 있다. 풍력발전단지의 유효전력 제어 시스템을 전력거래소 EMS(Energy management system)와 연계시켜 상시 운전 상태 감시를 진행하고 있다. 또한 전력계통의 안정적 운영을 위하여 전력거래소가 전력계통 운영상에 필요하다고 판단될 경우, 급전명령을 내릴 수 있도록 하고 있다. 중대 계통고장 발생 시(제주 지역은 풍력발전의 총 출력이 전력계통운영자가 매년 6월에 제시하는 풍력한계용량을 초과하는 경우를 포함), 비상시 급전지시 절차를 준용하여 사전 유효전력을 제어할 수 있도록 하고 있다.

동복풍력발전단지도 유효전력 제어가 가능한 EMS 프로그램을 구축하여 전력거래소와 연동된 상태이며, 광케이블을 사용하여 SCADA 시스템을 통해 풍력발전기의 유효전력 출력을 포함한 정보를 취득하고 있다. 해당 EMS의 모습은 그림 3.41과 같다.

해당 EMS에서 측정된 2020년(1월 1일~3월 30일) 일별 전력생산량을 예시로 추출하

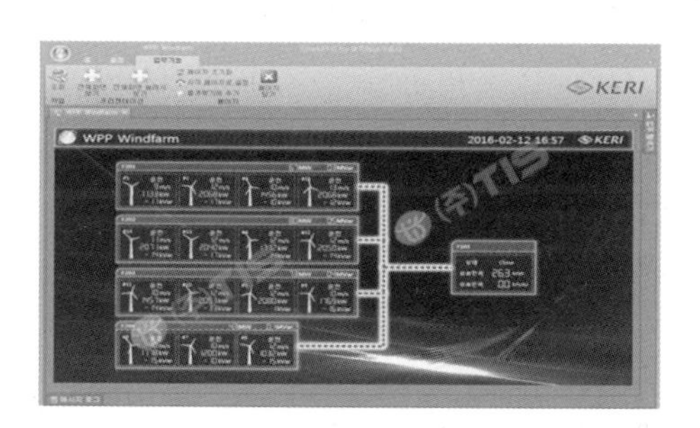

(a) WPP Windfarm

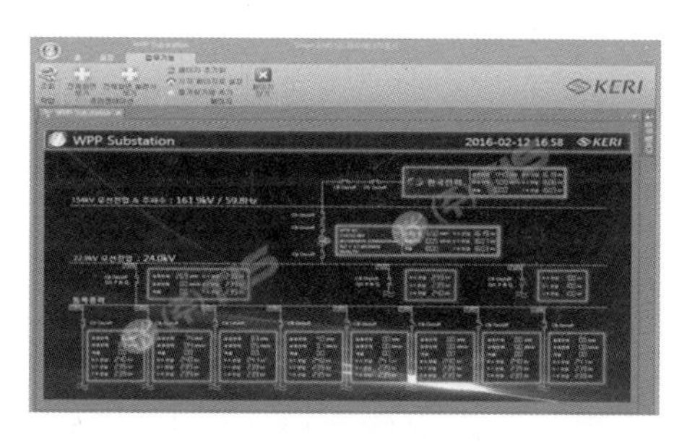

(b) WPP Substaion

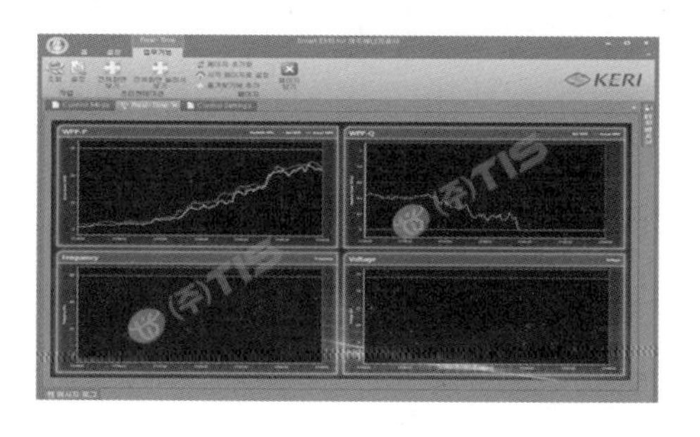

(c) Real Time View

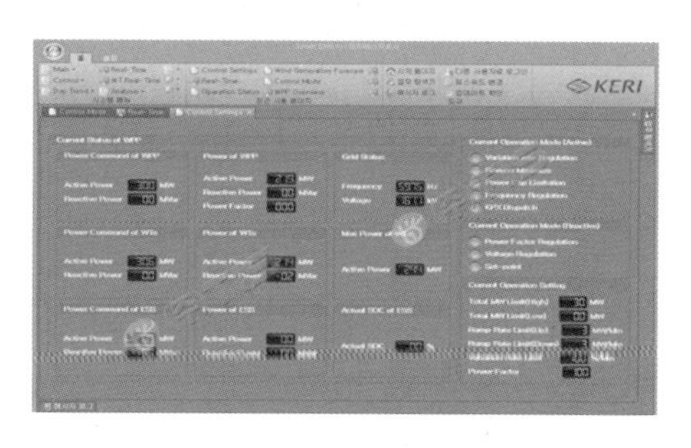

(d) Control Setting

그림 3.41 동복·북촌 풍력발전단지 EMS(Energy Management System)

면 그림 3.42와 같다. 동복풍력발전단지에 유입되는 바람을 EMS를 이용하여 측정하면, 주 풍향은 서쪽이며, 각도 측정이 가능하다(270°에서 292.5°).

표 3.9 동복·북촌 풍력발전단지 주 풍향에 따른 풍속

Array	1				2			
터빈	1	2	3	15	14	13	4	12
풍속 [m/s]	11.54	10.02	12.64	13.16	13.08	10.34	11.19	9.40
Array	3				4			
터빈	11	10	5	9	6	8	7	
풍속 [m/s]	11.86	11.59	11.07	8.95	13.74	10.99	12.78	

■ 평창풍력발전단지

평창풍력발전단지는 강원도 평창군 미탄면 회동, 평안리 일원에 있으며, 94,021m²의 면적을 차지하고 있다. 2MW급 풍력발전기 15기로 총 30MW 용량으로 설치되어 있다. 풍력발전기는 수평축 Type 3 풍력발전기로 118m의 높이로 설계되었다. 2012년 10

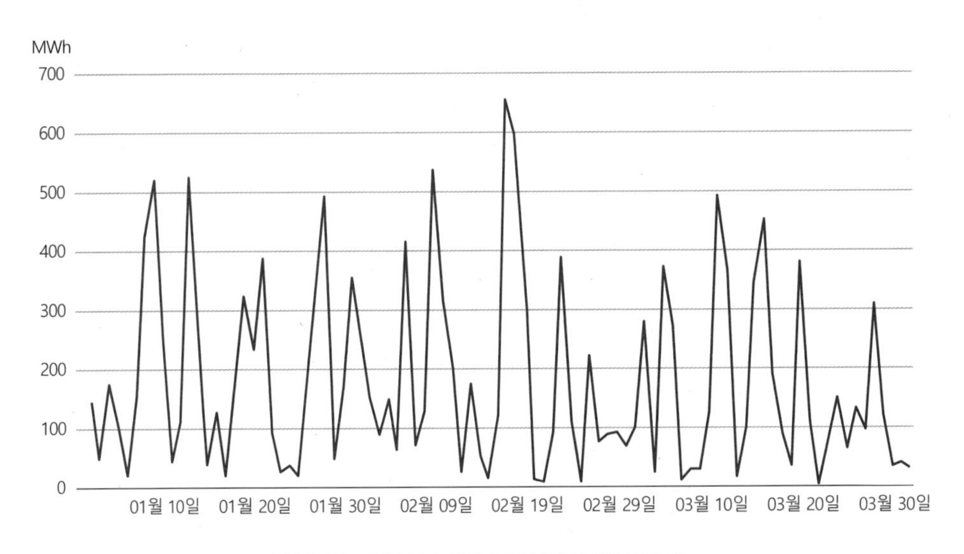

그림 3.42 동복·북촌 풍력발전단지 일별 전력생산량

그림 3.43 평창풍력발전단지 모습

그림 3.44 평창풍력발전단지 구성

월 발전사업허가를 받고 2014년 6월 착공하여, 2016년 3월 상업운전을 시작하였다. 평창풍력은 남부발전의 '국산풍력 100기 프로젝트'의 3번째 결실로 순수 민간자본으로 건설된 풍력발전단지로 평가된다. 하루 평균 전력생산량은 190MW로 추정되며, 연간 72GWh 전력생산을 진행하여, 인근 약 2만 600가구에 전기를 공급하고 있다.

평창풍력발전은 2018 평창동계올림픽 기간 개최지에서 사용하는 모든 전력을 신재생에너지로 보급하는 '저탄소 그린올림픽'을 실현하는 것의 핵심 전략이었다. 동계올림

그림 3.45 평창풍력 ESS 화재 모습

픽 최초로 지속가능 경영체계 국제인증(ISO20121)을 획득하며, 평창은 그린올림픽에 있어 좋은 선례가 되었다. 평창풍력발전단지의 모습은 그림 3.43, 구성은 그림 3.44와 같다.

평창풍력발전단지에는 6MW급(배터리 18MWh) 용량의 ESS가 설치되어 있다. ESS의 PCS(Power conversion system)는 효성에서, 배터리는 삼성SDI에서 제작하였다. 하지만 2019년 9월 24일 평창풍력발전단지 내에서 화재가 발생했으며, 원인은 해당 풍력발전단지에 연계된 ESS 배터리실에서 발생한 것으로 파악되었다. 해당 화재로 ESS가 소실되어 일대 풍력발전 15기의 운영이 모두 중단되었고 전력생산도 중단된 사례가 있다. 그림 3.45는 평창풍력의 ESS 화재 당시 모습이다.

생각해 보자!

대표적 해상풍력발전단지인 Horns rev를 바탕으로 본 단원에서 배운 용어들을 확인해 보고 해상풍력의 규모를 가늠해 보자.

Horns rev는 160MW 규모의 해상풍력발전단지로 2MW 이중여자풍력발전기(DFIG) 80기로 구성되어 있으며 서부 덴마크 해안에 있다. 세계 최초로 풍력발전단지 제어시스템이 적용되어 덴마크의 계통연계기준을 적용·운영하고 있다. Horns rev는 풍력발전기에도 유·무효전력 제어를 적극적으로 수행하고 있는 모범적인 해상풍력발전단지로 평가된다. 유·무효전력 제어에 관한 상세 규정들과 관련된 제어기를 실제로 구현하고, 기존 화석발전 시스템과 동일한 수준의 제어 성능을 갖추도록 설계하는 것이 Horns rev의 주요 목표이다. 다음은 Horns Rev의 위치와 단선도이다.

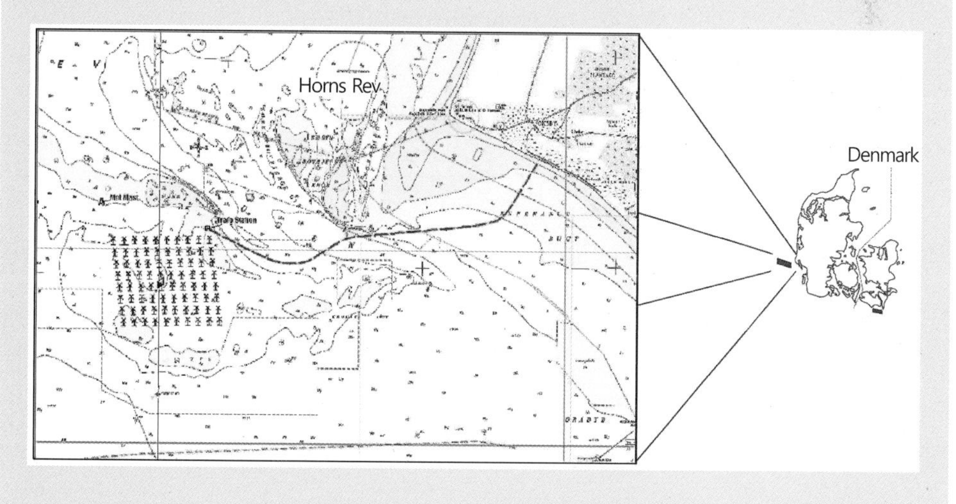

그림 3.46 Horns Rev 해상풍력발전단지의 지리적 위치

그림은 Horns Rev 풍력발전단지의 제어 방식을 도시화한 것이다. PI 제어를 활용한 중앙 제어 형태로 풍력발전단지에 입력된 전력 지령에 맞춰 개별 풍력발전기의 전력 값을 설정값으로 변환해서 분배하는 제어를 이용하고 있다. PI 제어는 상용화되어 있는 제어 방법 중 실 계통연계상황을 고려했을 때 가장 이상적으로 전력 생산을 보장하는 제어기로 주로 사용되고 있다.

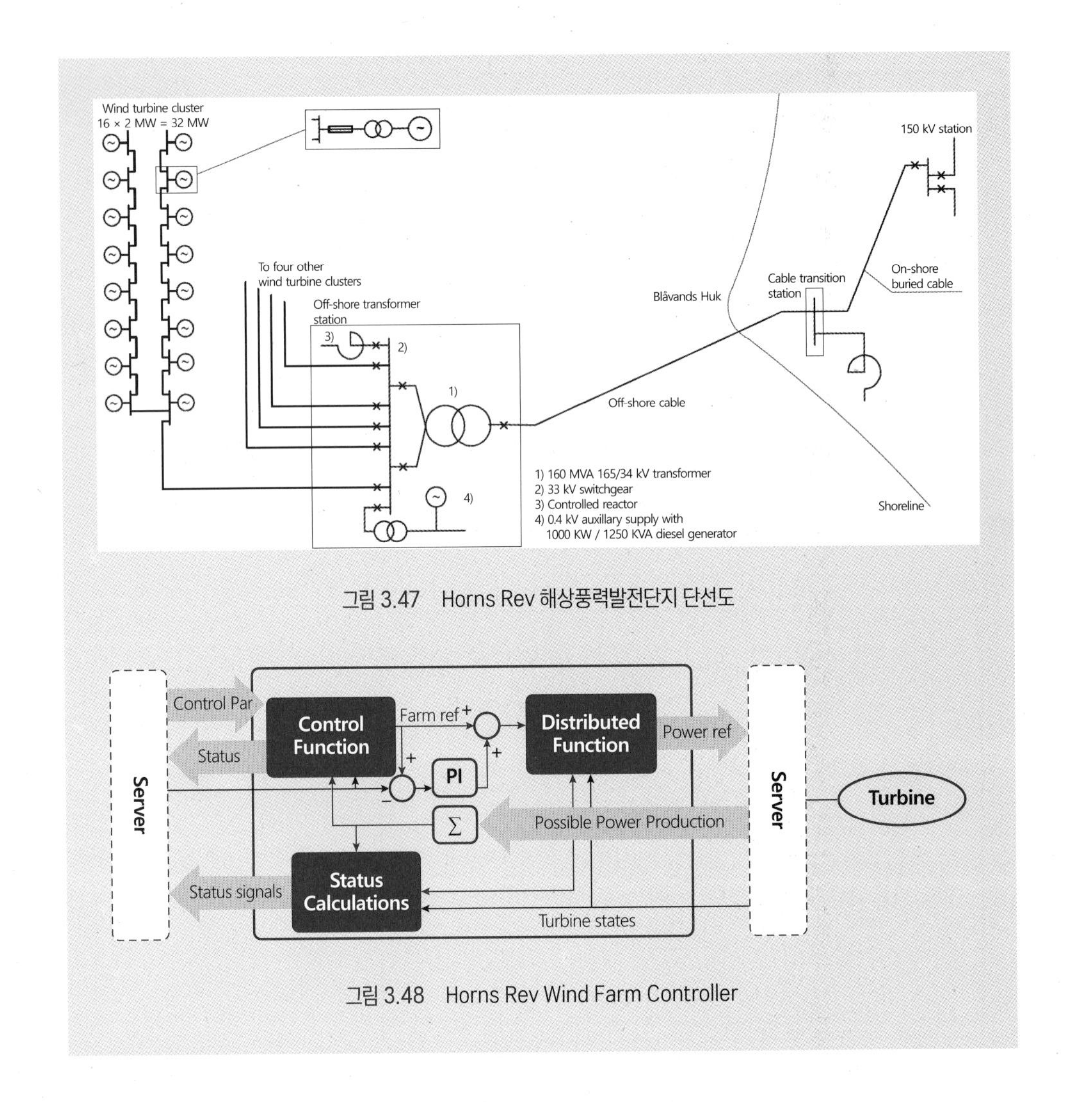

그림 3.47 Horns Rev 해상풍력발전단지 단선도

그림 3.48 Horns Rev Wind Farm Controller

신재생에너지 생각

1. 밤에 바람이 많이 부는 지역에서는 밤에 바람을 이용한 풍력발전, 낮에는 태양에너지를 이용한 태양광발전을 이용하는 사례가 많이 있다. 서로의 장단점을 상호 보완하는 신재생에너지 구성을 고민해 보자.

2. 바람에너지를 가장 많이 취득할 수 있는 풍력발전기 구조를 생각해 보자.

3. 풍력발전기의 단면적을 크게 할수록, 날개의 개수가 많을수록 에너지를 취득할 수 있는 확률이 높음에도, 현재의 풍력터빈이 가장 많이 사용되는 이유는 무엇일까?

4. 덴마크가 전체 전력공급 대비 풍력발전에 의한 공급량이 가장 높았던 때의 기록을 찾아보고, 국내의 경우와 비교해 보자.

5. 국내에서 수직축 풍력발전기가 활용되는 사례를 찾아보고, 보급되는 형태와 그 이유에 대해서 정리해 보자.

6. 국내에서 활용되는 풍력발전기를 기준으로 3m/s, 5m/s, 10m/s에서의 전력공급 크기를 계산해 보고, 발생하는 차이에 대해 기술해 보자.

7. 비행기 구조에서 활용되는 양력에 대해 조사해 보고, 날개의 두께를 키울 경우 발생하는 현상에 대해 고민해 보자.

8. 국내에서 활용되는 풍력터빈 Type에 대해 조사를 진행하고, 최근 보급되는 풍력터빈 Type의 형태와 보급하는 회사에 대해 조사해 보자.

9. 풍력발전단지 계층적 제어구조의 다른 신재생에너지원에 대한 적용가능성에 대해 분석해 보자.

10. 해상풍력의 장점을 육상풍력과 비교해 3개 이상 기술해 보고, 후류효과와 해상풍력에 대한 키워드로 부유식 해상풍력의 구조와 추가적인 비용을 국내 해상풍력발전의 잠재력을 신재생에너지 자원지도를 토대로 도출해 보자.

11. 해상에서 발전된 전력을 육상으로 송전하기 위해, 다양한 연계 방식(HVDC, 송전레벨승압 등)이 고려된다. 육상연계지점과 해상변전소 사이의 거리에 따라 연계방식의 이용가능성과 경제성을 비교해 보자.

12. 국내 육상풍력을 추가 설치할 부지가 부족하고, 신규 부지에 대한 입지조건 분석이 지속적으로 진행되고 있다. 바람자원의 고갈이 없음에도 특정 지역에 풍력발전기를 다수 설치할 수 없는 이유는 무엇일까(이격거리를 고려하는 이유).

13. 풍력발전단지 전용 EMS에서 측정해야 하는 값에 대해서 고민해 보고 해당 값을 측정하는지 검색해 보자.

14. 풍력발전단지의 변동성을 고려하여 에너지 저장장치가 필요한 이유와 역할을 전력계통 측면에서 분석해 보자.

참고문헌

- 4C offshore (2021) Global Offshore Wind Farm Database, 4C Offshore Ltd. (access- ed March 2011) http://www.4coffshore.com/offshorewind/.
- 4C Offshore (2021) website (updated weekly) http://www.4coffshore.com (accessed 8 January 2010).
- Abbott, I. H. and von Doenhoff, A. E. (1958) Theory of Wing Sections, Nwe York, Dover Publications Inc.
- Appleton, S. (2010) Stealth blades – a progress report, http://www.all-energy.co.uk/UserFiles/File/25Appleton.pdf (accessed 8 November 2011).
- Archer, C. L. and Jacobson, M. Z. (2005) 'Evaluation of global wind power', J. Geophys Res., 110, D12110, https://agupubs.onlinelibrary.wiley.com/doi/10.1029/2004JD005462 (accessed 8 November 2011).
- AWEA (2009) AWEA Small Wind Turbine Performance and Safety Standard, AWEA 9.1, American Wind Energy Association.
- Bacon, D. F. (2002) Fixed-link wind turbine exclusion zone method, A proposed method for establishing an exclusion zone around a terrestrial fixed radio link outside of which a wind turbine will cause negligible degradation of the radio link performance, Ofcom. http://licensing.ofcom.org.uk/binaries/spectrum/fixed-terrestrial-links/wind-farms/windfarmdavidbacon.pdf (accessed 8 November 2011).
- BCT (2009) Determining the potential ecological impact of wind turbines on bat populations in Britain, Phase 1 report Final Report, Scoping & Method Development Report, May. www.bats.org.uk/pages/wind_turbines.html and https://cdn.bats.org.uk/pdf/A-bout%20Bats/determining_the_impact_of_wind_turbines_on_british___bats_final_report_29.5.09 website.pdf?1541432488 (accessed 9 December 2011).
- BCT (2021) Position Statement: Microgeneration Schemes: Risks, Evidence and Recommendations, Bat Conservation Trust. https://www.bats.org.uk/about-bats/threats-to-bats/wind-farms-and-wind-turbines/microgeneration-schemes (accessed

9 December 2011).

- Berge, E., Gravdahl, A. R., Schelling, J., Tallhaug, L. and Undeheim, O (2006) A comparison of WAsP and two CFD–models, Presentation for EWEC 2006 https://www.researchgate.net/publication/228866685_Wind_in_complex_terrain_A_comparison_of_WAsP_and_two_CFD–models (accessed 9 December 2011).
- Beurskens, J. and Jensen, P. H. (2009) 'Economics of wind energy – Prospects and directions', Renewable Energy World, July–Aug.
- BSI (2003) Wind turbine generator systems Part 11: Acoustic noise measurement techniques, (BS) EN 64100–11:2003, London, British Standards Institution.
- Burch, S. F. and Ravenscroft, F. (1992) Computer Modelling of the UK Wind Energy Resource: Final Overview Report, ETSU WN7055, ETSU.
- Burroughs, W. J., Crowder, B., Robertson, E., Vallier–Talbot, E. and Whitaker, R. (1996) Weather – the ultimate guide to the elements, London, HarperCollins.
- BWEA (2008) BWEA Small Wind Turbine Performance and Safety Standard, 29 February.
- Chignell, R. J. (1987) Electromagnetic Interference from Wind Turbines – A Simplified Guide to Avoiding Problems, National Wind Turbine Centre, National Engineering Laboratory, East Kilbride.
- Crown Estate (2021a) Round 4 offshore wind farms table, The Crown Estate, June, https://www.thecrownestate.co.uk/round–4/round–4–document–library/.
- Crown Estate (2021b) Round 4 Offshore wind farms map, The Crown Estate, https://www.thecrownestate.co.uk/en–gb/what–we–do/asset–map/#tab–2 and https://www.thecrownestate.co.uk/media/3721/the–crown–estate–offshore–wind–leasing–round–4–selected–projects.pdf (accessed 8 November 2011).
- Day, A., Dance, S., Moseley, T. and Dunlop, B. (2010) Ashenden Wind Turbine Trial: phase Ⅱ Progress Report, London, South Bank University.
- DCLG (2007) Domestic Installation of Microgeneration Equipment – Final report from a Review of the related Permitted Development Regulations, London, Department for Communities and Local Government.
- DCLG (2009) Permitted development rights for small scale renewable and low carbon energy technologies, and electric vehicle charging infrastructure – Consultation,

London, Department for Communities and Local Government.

- DCLG (2011) Draft National Planning Policy Framework, London, Department for Communities and Local Government.
- DECC (2009) The UK Renewable Energy Strategy, London, Department of Energy and Climate Change, HMSO.
- DECC (2010) 2050 Pathways Analysis, London, Department of Energy and Climate Change.
- DECC (2013a) Department of Energy and Climate Change's wind speed database website URL: http://www.decc.gov.uk/en/content/cms/meeting_energy/wind/windsp_datab-as/windsp_databas.aspx (accessed 9 December 2011) or http://www.bwea.com/noabl/inde-x.html (accessed 9 December 2011).
- DECC (2013b) 2050 Pathways Analysis - Response to Call for Evidence, London, Department of Energy and Climate Change.
- DECC (2013c) The Carbon plan: Delivering our low carbon future, London, Department of Energy and Climate Change.
- Drewitt, A. L. and Langston, R. H. W. (2006) 'Assessing the impacts of wind farms on birds', British Ornithologists' Union, vol. 148, pp. 29 or 42.
- EC (2009) Investing in the Development of Low Carbon Technologies (SET-Plan), European Commission.
- EEA (2009) Europe's on shore and offshore wind energy potential - An assess-ment of environmental and economic constraints, EEA Technical Report No. 6/2009, European Environment Agency.
- Eldridge, F. R. (1975) Wind Machines, Mitre Corporation.
- English Nature, RSPB, WWF-UK, BWEA (2001) Wind farm development and nature conservation, WWF-UK.
- EST (2009) Location, location, location: Domestic small-scale wind field trial, Energy Savings Trust.
- EST (2020) Domestic Wind Speed Prediction Tool, Energy Savings Trust, https://energysavingtrust.org.uk/tool/wind-speed-predictor (accessed 8 November 2011).
- EU (2021) The European Strategic Energy Technology Plan - SET-Plan - Towards a low carbon future, European Union.

- Everett, B., Boyle, G. A., Peake S. and Ramage, J. (eds) (2012) Energy Systems and Sustainability: Power for a Sustainable Future (2nd edn), Oxford, Oxford University Press/Milton Keynes, The Open University.
- Fiumicelli, D. and Triner, N. (eds.) (2011) Wind Farm Noise Statutory Nuisance Complaint Methodology (NANR 277) AECOM for DEFRA.
- Golding, E. W. (1956) Generation of Electricity by Wind Power, London, E. and F. N. Spon.
- Gorlov, A. (1998) Development of the helical reaction hydraulic turbine, Final Technical Report (DE-FG01-96EE 15669), Northeastern University for US Department of Energy.
- Greenacre, P., Gross, R. and Heptonstall, P. (2010) Great Expectations: The cost of offshore wind in UK waters - understanding the past and projecting the future, London, UK Energy Research Centre.
- Greenblatt, J. B. (2005) Wind as a source of energy, now and in the future, Amsterdam, Environment Defense for Inter Academy Council.
- Grubb, M. and Meyer, N. (1993) 'Wind energy resources, systems and regional startegies' in Johansson, T. B. et al (eds) Renewable Energy - Sources for Fuels and Electricity, Earthscan, pp. 157-212.
- GWEC (2011) Global Wind Statistics 2010, Global Wind Energy Council.
- GWEC (2016) The Global Wind Energy Outlook 2016, The Global Wind Energy Council.
- IEA (2020) World Energy Outlook, Paris, International Energy Agency.
- IEC (2012) Wind turbine generator system - Part 11: Acoustic noise measurement techniques, IEC Standard 61400-11, Geneva, International Electrotechnical Commission.
- IPCC (2011) Special Report of Renewable Energy Sources and Climate Mitigation (SEREN) - Summary Report, Abu Dhabi, Inter-government Panel on Climate Change.
- J. MacDowell et al., "A Journey Through Energy Systems Integration: Trending Grid Codes, Standards, and IEC Collaboration," in IEEE Power and Energy Magazine, vol. 17, no. 6, pp. 79-88, Nov.-Dec. 2019.
- Jago, P. and Taylor, N. (2002) Wind turbines and aviation interests - European

Experience and Practice, STAYSIS Ltd for the DTI, ETSU W/14/00624/REP (DTI PUB URN No 03/5151).

- Kragh, J. et al. (1999) Noise imission from wind turbines, National Engineering Laboratory for the Energy Technology Support Unit (ETUS), ETUS W/13/00503/REP.
- Legerton, M. (ed.) (1993) Wind Turbine Noise Workshop Proceedings, ETUS-N-123, Department of Trade and Industry/British Wind Energy Association.
- Ljungren, S. (ed.) (1994) Recommended practices for Wind Turbine Testing. 4. Acoustics Measurement of Noise Emission from Wind Turbines (3rd edn). submitted to the Executive Committee of the International Energy Agency Programme for Research and Development on Wind Energy Conversion Systems.
- McMillan, D. and Ault, G. (2007) 'Quantification of Condition Monitoring Benefit for Offshore Wind Turbines' in Wind Engineering, vol. 31, pp. 267-285.
- MCS (2009) MCS 006 Issue 1.5 - Product certification scheme requirements: Micro and Small Wind Turbines, MCS Working Group 3 'Micro and Wind Systems' for DECC, https://mcscertified.com/ (accessed 9 December 2011).
- MCS (2013) MCS 020 Planning standard for permitted development installations of wind turbines and air source heat pumps on domestic premises, MCS for DECC, https://www.reinagroup.co.uk/wp-content/uploads/2018/04/MCS-020-Planning-Standards-Issue-1.1.pdf (accessed 9 December 2011).
- MCS (2021) Microgeneration Certification Scheme website: URL https://mcscertified.com.
- MIS (2010) MIS 3003: version 3 Microgeneration Installation Standard: Requirement for contractors undertaking the supply, design, installation, set to work commissioning, and handover of micro and small wind turbines. For DECC https://mcscertified.com/wp-cont-ent/uploads/2019/12/MIS-3003-Issue-1.6-Micro-Wind-28-Jan-2010.pdf (accessed 9 December 2011).
- Musgrove, P. J. (1990) 'Vertical axis WECS design' in Freris, L. L. (ed.) Wind Energy Conversion Systems, Prentice Hall.
- Musial, W. and Ram, B. (2010) Large Scale Wind Power in the United States - Assessment of opportunities and barriers, National Laboratory for Renewable Energy.
- Natural England (2009) Technical Information Note TIN059: Bat and single large wind

turbines: Joint Agencies interim guidance, First Edition, September.

- Natural England (2010) Technical Information Note TIN069: Assessing the effects of onshore wind farms on birds, First Edition, January.
- Natural England (2014) Technical Information Note TIN051: Bat and onshore wind turbines – Interim guidance, First Edition, February.
- Needham, J. (1965) Science and Civilisation of China, Cambridge University press.
- NERI (1998) Impact Assessment of an Off–shore Wind Park on Sea Ducks, National Environmental Research Institute (NERI) Technical Report No. 227, Denmark.
- NOP (2005) Survey of Public Opinion of Wind Farms, NOP for BWEA, UK.
- NPL (2018) Wind Turbine Noise Model, National Physical Laboratory, http://resource.npl.co.uk/acoustics/techguides/wtnm/ (accessed 9 November 2011).
- NRC (2007) Environmental Impacts of Wind Energy Projects, Committee on Environmental Impacts on Wind Energy, Washington DC, National Academies Press.
- NWCC (2007) NWCC Mitigation Toolbox, National Wind Coordinating Collaborative.
- NWCC (2010) Wind Turbine Interactions with Birds, Bats and their Habitats: A Summary of Research Results and Priority Questions, National Wind Coordinating Collaborative.
- NWCC (2011) Comprehensive Guide to Studying Wind Energy/Wildlife Interactions, National Wind Coordinating Collaborative.
- ODPM (2012a) Planning Policy Statement 22 (PPS22): Renewable Energy, Office of the Deputy Prime Minister.
- ODPM (2012b) Planning for Renewable Energy – A Companion Guide to PPS22, Office of the Deputy Prime Minister.
- Ofcom (2009a) Tall structures and their impact on broadcast and other wireless services, https://www.ofcom.org.uk/__data/assets/pdf_file/0026/63494/tall_structures.pdf (accessed 9 November 2011).
- Ofcom (2009b) Ofcom website guidance on wind farms and electromagnetic interference, https://www.ofcom.org.uk/ (accessed 9 March 2012).
- OVG (2010) The Offshore Valuation – A valuation of the UK's offshore renewable energy resource, Offshore Valuation Group and Public Interest Research Centre, 108pp. Downloadable from https://publicinterest.org.uk/offshore/downloads/offshore_

valuation_exec.pdf (accessed 26th June 2012).

- PB (2011) Update of UK Shadow Flicker Evidence Base – Final Report, Parsons Brinckerhoff for Department of Energy and Climate Change.
- Randhawa, B. S. and Rudd, R. (2009) RF Measurement Assessment of Potential Wind Farm Interference to Fixed Links and Scanning Telemetry Devices, ERA Report Number 2008-0568 (issue 3) Final Report, ERA Technology Ltd for Ofcom.
- Renewable UK (2021a) UK Wind speed database https://www.rensmart.com/Maps#NOABL (accessed 9 November 2011).
- Renewable UK (2021b) UKWED the UK Wind Energy Database, https://www.renewableuk.com/page/UKWEDhome (accessed 9 November 2011).
- Reynolds, J. (1970) Windmills and Watermills, London, Hugh Evelyn Ltd Publishers.
- RisØ (2021) European wind resources over open sea, https://map.neweuropeanwindatlas.eu/ (accessed 9 November 2011).
- Rogers, A. L., Manwell, J. F., Wright, S. (2006b) Wind Turbine Acoustic Noise – A White Paper, Renewable Energy Research Laboratory, University of Massachusetts at Amherst, 2003, amended January 2006.
- Rogers, A. L., Rogers, J. W., Manwell, J. F. (2006a) 'Uncertainties in Results of Measure-Correlate-Predict Analysis', European Wind Energy Conference, February/March.
- Rogers, A. L., Rogers, J. W. and Manwell, J. F. (2005) 'Comparison of the Performance of Four Measure-Correlate-Predict Algorithms' in Journal of Wind Engineering and Industrial Aerodynamics, vol. 93, no. 3, pp.243-264.
- Rooij, R. van and Timmer, N. (2004) Design of Airfoil for Wind Turbine Blades, DUWIND, Delft University of Technology, The Netherlands.
- South, P. and Rangi, R. (1972) Wind tunnel investigation of a 14 feet diameter vertical axis windmill, Report Number LTR-LA-105, National Aeronautical Establishment, National Research Council, Canada.
- Taboada, ResearchGate,, COMPARATIVE Analysis Review on Floating Offshore Wind Foundation(FOWF), 2015.
- Tangler, J. L. and Somers, D. M. (1995) NREL Airfoil Families for HAWTs, Golden, USA, National Renewable Energy Laboratory.

- Taylor, D. A. (1998) 'Using buildings to harvest wind energy' in Building Research and Information, E & FN Spon.
- TNEI (2007) Onshore Wind Energy Planning Conditions Guidance Note, A report for the Renewable Advisory Board and BERR, TNEI Services Ltd.
- Troen, I. and Petersen, E. L. (1989) European Wind Atlas, RisØ, Denmark for the Commission of the European Communities.
- Udell, D., Infield, D. and Watson, S. (2010) 'Low-cost mounting arrangements for building-integrated wind turbines', Wind Energy, vol 13, no. 7, pp. 657-669.
- USFWS (2010) Wind Turbine Guidelines Advisory Committee - Recommended Guidelines, US Fish and Wildlife Service.
- USFWS (2012) US Fish and Wildlife Service Land-Based Wind Energy Guidelines, Draft, March, US Fish and Wildlife Service.
- VertAx (2021) VertAx Wind Offshore Wind Energy H-Type VAWT project, http://vertaxwind.com/ (accessed 9 March 2012).
- VPM (2013) Information from website: http://www.vawtpower.blogspot.com/ (accessed 9 March 2012).
- Westmill Wind Farm Co-operative (2021) Westmill Wind Farm Co-operative Website, http://www.westmill.coop/westmill_home.asp (accessed 9 March 2012).
- Willow, C. and Valpy, B. (2011) Offshore Wind - Forecasts of future costs, BVG Associates for Renewable UK, April.
- Wind Europe (2010) 2050: Facilitating 50% Wind Energy - Recommendations on transmission infrastructure, system operation and electricity market integration, European Wind Energy Association.
- Wind Europe (2017a) List of Operational Wind Farms end 2010, European Wind Energy Association.
- Wind Europe (2017b) The European offshore wind industry - key trends and statistics, European Wind Energy Association, January.
- Wind Europe (2017c) Offshore wind, https://windeurope.org/about-wind/statistics/offsho-re/european-offshore-wind-industry-key-trends-statistics-2017/ (accessed 8 November 2011).
- Wolfram (2007) The Wolframs Demonstrations Project demonstration of 2D Vector

Addition, http://demonstrations.wolfram.com/2DVectorAddition/ (accessed 9 March 2012).

- YouGov (2010) Public Attitudes to Wind Farm YouGov Survey, YouGov plc for Scottish Renewables.
- Zervos, A and Kjaer, C. (2009) Pure Power – Wind energy targets for 2020 and 2030. 2009 updata. European Wind Energy Association.

CHAPTER

4

에너지 저장장치

ENERGY

4.1 에너지 저장장치 개요

에너지 저장 시스템은 에너지 수요와 발전 간의 불균형을 줄이기 위해 비상시 혹은 필요에 따라 사용하기 위해서 생산된 에너지를 저장해두는 시스템을 일컫는다. 분산 전원은 에너지 손실 감소, 전압 변동 감소, 신뢰성 향상, 전력 품질 향상, 에너지 비용 절감과 같은 다양한 이점으로 많은 관심을 받고 있다. 이러한 이점에도 불구하고 국가 전력시스템에 상호 연결 시 안정성 및 중요한 문제들이 발생할 수 있다. 풍력 발전, 태양광 발전과 같은 재생에너지 자원은 출력 전력이 불확실하며 기존의 발전원과 같은 자유로운 출력 제어가 불가능하기 때문에 기존 전력시스템에 분산 전원을 연결하는 것은 고려해야 할 사항이 많은 문제로 다뤄진다. 이때 에너지 저장 시스템은 재생에너지 자원의 간헐성을 해결하는 데 도움이 될 수 있다. 또한 수요의 큰 변동에 신속하게 대응할 수 있어 그리드의 응답성을 높이고 백업 발전소를 건설할 필요성을 줄일 수 있다. 이처럼 에너지 저장 시스템을 활용하면 신재생에너지원의 투입 비율이 높은 전력시스템을 보다 효율적으로 관리할 수 있다.

그림 4.1을 보면 2019년에 전 세계적으로 약 2.9GW의 에너지 저장장치가 전력시스

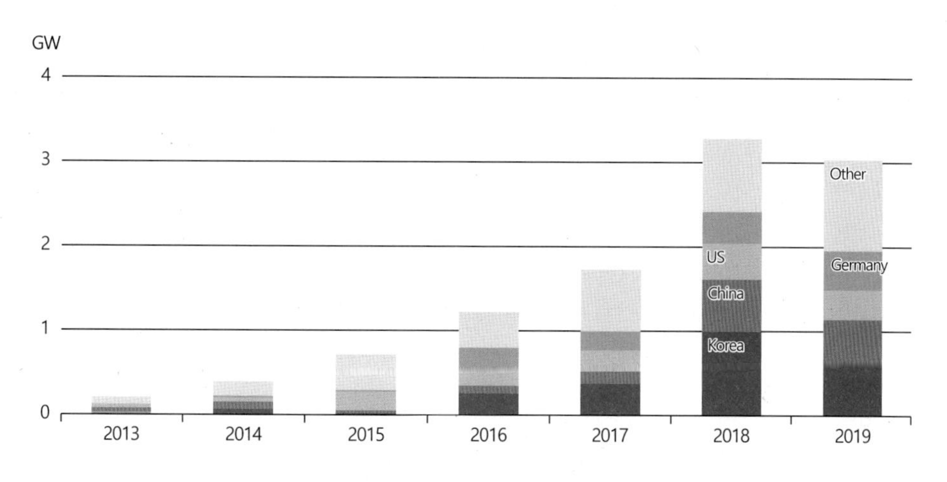

그림 4.1 국가별 연간 에너지 저장 시스템 개발

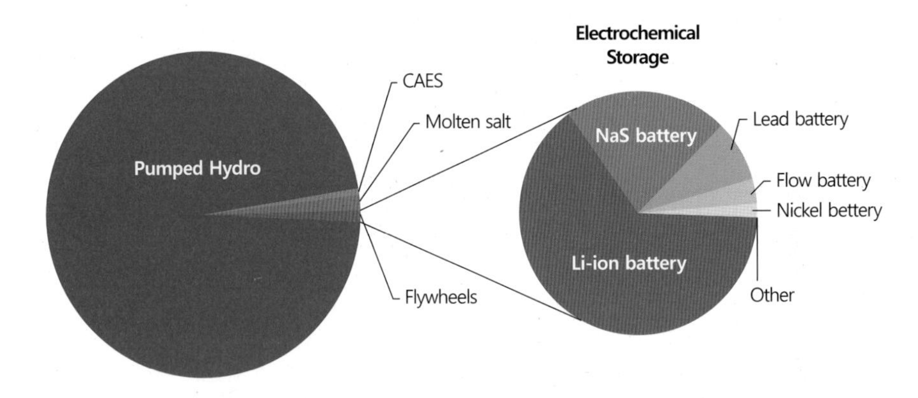

그림 4.2 전 세계 에너지 저장 시스템 비율

템에 추가되었다. 이는 2018년보다 대략 30% 감소하였는데 해당 추세의 주요 원인으로는 전 세계 설치 용량의 3분의 1을 차지했던 한국이 2018년 계통용 대규모 저장 단지에서 여러 건의 화재로 인한 우려로 인해 설치 용량이 줄어들었기 때문으로 분석된다. 하지만 이러한 단기적인 이슈를 제외하면 매년 에너지 저장장치의 설치가 지속적으로

생각해 보자! 어떠한 특성의 에너지 저장장치의 그리드용으로 적합할까?

에너지 저장장치의 종류에 대해서 공부하기 이전에 그리드에서 에너지 저장장치가 신재생에너지의 수용성을 증가시키기 위해서 어떠한 특성들이 요구될지 알아야 한다. 첫 번째로, 하루 중 변화하는 전력부하 프로파일과 태양광과 같이 시간대에 따라 변동하는 신재생에너지의 출력 편중성 완화를 위한 목적의 에너지 저장장치가 있다. 이렇게 전력시스템의 공급과 수요의 밸런스를 맞춰주는 용도의 에너지 저장장치의 경우 그 충방전 속도가 급속도로 빠를 필요는 없지만 잉여 에너지를 충분히 저장했다가 부족 시간에 방출할 용량이 충분해야 한다. 두 번째로, 짧은 시간 내에 변동하는 신재생에너지의 간헐적 출력 영향 완화와 전력시스템 내의 사고와 같은 외란을 보상하기 위한 목적의 에너지 저장장치의 경우에는 앞서 언급한 에너지 저장장치와는 달리 용량보다는 그 충방전 속도가 중요한 요인이 될 수 있다.

이러한 점을 고려하여 용도별로 어떤 종류의 에너지 저장장치가 적합할지 생각해 보며 4.2절을 공부하도록 하자.

증가하고 있으며 주요 요인으로는 재생에너지 발전 시설과 에너지 저장 시스템을 함께 배치하여 피크 수요 대응 등 발전–부하 수급 균형을 안정화하고 보다 확고하게 공급 능력을 보장하기 위함이다.

본 교재에서는 에너지 저장 시스템을 기계적, 화학적, 열에너지로 구분하여 각 유형별 특징과 더불어 기존계통과 재생에너지의 상호 연결, 보조/계통 서비스, 상업/주거 적용 방법들에 대해서 최대한 폭넓게 기술하였다. 마지막으로 실제 각 국가별 실제 케이스를 첨부하여 실제적인 활용 분야 및 범위를 알려주고자 한다.

4.2 에너지 저장장치의 유형

4.2.1 기계적 저장장치

■ 양수 발전(Pumped-hydro storage, PHS)

양수 발전 방식은 발전과 저장의 기능을 결합한 발전소의 형태이다. 다른 에너지 저장 기술과 비교할 때 PHS는 낮은 단가, 긴 서비스 수명, 안정적인 에너지 변환 효율 및 환

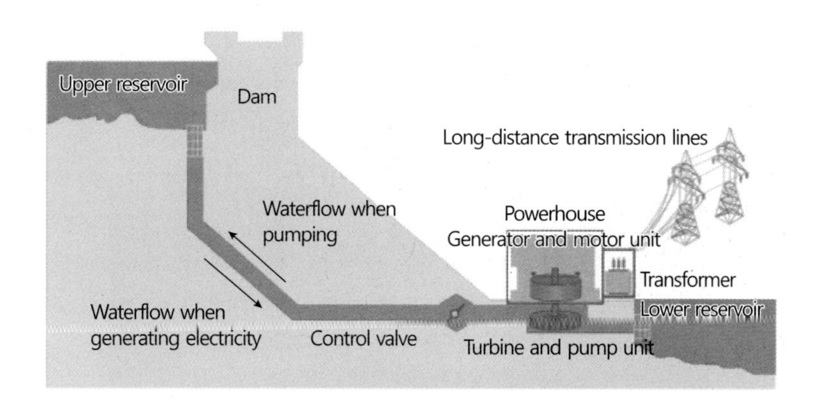

그림 4.3 PHS 시스템의 개략도

경에 대한 영향이 적다는 이점이 있다. 전 세계 설치 용량이 약 170GW이고 전체 저장 시스템 용량의 거의 97%에 달하는 비중을 차지한다. 개별 양수 수력 발전소의 정격 전력은 1,000MW에서 5,000MW 범위이며 운영 효율은 75~85%이고 수명은 50년 이상이다. 양수 발전 방식은 간헐적인 특성의 신재생에너지 발전원 비율을 장기적으로 증가시키기 위해 우수한 안정성을 제공한다. 양수 발전의 주요 이점은 부하의 시간적 이동, 공급 예비력 및 비순동 예비력(non-spinning reserve)을 통한 에너지 관리와 오래 지속되는 수명 및 실질적으로 무제한적인 사이클을 가동할 수 있는 안정성이다. 또한 피크 셰이빙, 전압 지원, 빠른 응답예비(주파수 조정 예비력 및 비상 예비력) 및 블랙 스타트 기능을 포함한 보조 서비스를 제공할 수 있다. 주요 단점은 넓은 토지 사용과 지형 조건에 대한 의존성이다.

■ 압축 공기 에너지 저장장치(Compressed air energy storage, CAES)

압축 공기 에너지 저장 시스템은 엄청난 양의 에너지를 저장할 수 있다. 압축 공기 에너지 저장 시스템은 잉여의 에너지를 고압의 압축 공기 형태로 저장하였다가 압축 공기에서 다른 형태의 에너지로 소비할 수 있는 에너지 저장 및 변환 시스템을 말한다. 전

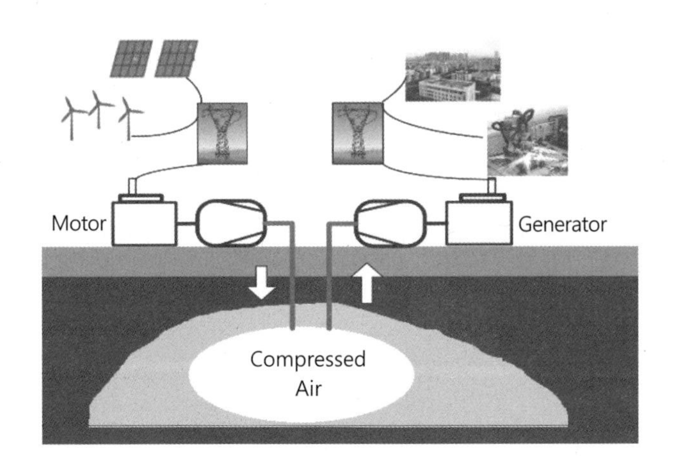

그림 4.4 CAES 저장 프로세스 개략도

력망 운영 지원에 있어 압축 공기 에너지 저장장치는 전력수요가 적은 기간에 압축기를 이용하여 고압으로 공기를 압축한 후, 저장된 압축 공기를 방출하여 피크 시 고부하 수요에 대응하여 발전용 팽창기를 구동하여 발전하는 방식이다. 저장/방출의 효율 측면을 살펴보면 321MW의 방전 전력을 가진 독일 최대 규모의 Huntorf 시스템은 에너지 왕복 효율이 약 41%이다. 이러한 낮은 왕복 효율과 위치의 지리적 제한이 이 기술의 단점으로 여겨진다. 일반적으로 낮은 효율성을 높이기 위해 압축 공기는 천연가스와 함께 사용된다. 이러한 대규모 응용 프로그램 외에도 분산된 고압 저장소 또는 파이프를 사용하는 소규모 시스템을 사용할 수 있다. 이러한 시스템은 50%의 에너지 왕복 효율성을 가질 수 있다. 이 유형은 네트워크(소규모 압축 공기 에너지 저장장치: SSCAES)에 대한 임시 지원을 제공하기 위해 미국에서 계획되었다.

■ 플라이휠(Flywheels energy storage system, FESS)

FESS는 회전하는 질량체의 각 운동량 보존을 이용하여 모터-발전기를 사용하여 충전 및 방전하여 전기를 운동에너지로 또는 그 반대로 변환한다. 한 가지 뚜렷한 특징은 방전 깊이(Depth of Discharge, DoD)와 무관하게 수십만 번까지 도달할 수 있는 엄청난 수의 충전/방전 주기이다. 시스템은 약 93%의 고효율성과 20년의 수명, 빠른 재충전 및 응답 및 높은 에너지 밀도를 나타낸다. FESS의 충전 상태를 모니터링하는 것은 회전 속도 센서만 필요하기 때문에 간단하고 신뢰성이 높다. 특히 짧은 시간에 작동 명령에 응답할 수 있으므로 전력시스템의 과도 이벤트와 관련된 어플리케이션 분야에서 탁월한

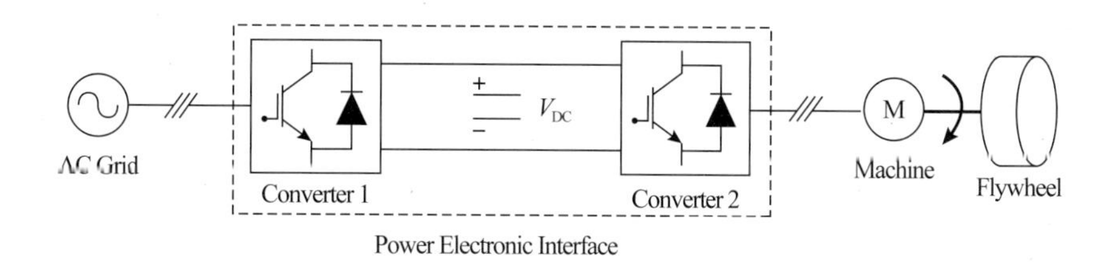

그림 4.5 FESS의 기본 회로도

후보이다. 이는 전력시스템 외란의 80%가 1초 미만 동안 지속되는 반면 97% 3초 미만 동안 지속된다는 점을 고려하면 신속 대응 자원으로서의 효용성을 추측할 수 있다.

그러나 결점은 베어링 손실과 공기 저항으로 인한 높은 수준의 자체 방전이다. 손실 최소화를 위해 기존 기계식 베어링을 SMB(superconducting magnetic bearing) 및 PMB(permanent magnet bearing)로 교체하여 문제를 어느 정도 해결할 수 있다.

4.2.2 열에너지 저장장치(Thermal Energy Storage)

저온 저장 시스템은 전기 부문에서 사용되지 않는 대수층 저온(AL-TES)과 극저온 열엔진에서 사용할 액체를 냉각하기 위해 피크 전력 또는 신재생에너지를 사용하는 극저온(CES) 에너지 저장 시스템으로 구분할 수 있다. CES는 아직 검증되지 않았고 개발 중에 있지만 자본비용이 저렴하고 에너지 밀도가 높다. 그럼에도 불구하고 이러한 유형의 효율성은 현재(40~50%) 낮다. 고온의 열에너지 저장소는 용융 소금 및 열 저장소를 포함하여 현재 사용 중이며 개발 중에 있다. 여기서 에너지가 위상 변화 중에 잠열을 사용하여 교환하는 등의 방식으로 적절한 열을 저장할 수 있다. 이것은 일반적인 기술이며, 가정용 온수 저장소가 그 예이다. 고온 열에너지 저장소는 13,000사이클 이상의 긴 사이클 수명을 가지며 환경에 미치는 영향이 적은 반면 효율은 매우 낮다(30~60%).

4.2.3 전기화학적 및 자기적 저장장치

전기화학적 저장 시스템에서 기본적인 에너지 변환은 활물질의 화학에너지가 전기에너지로 변환된다. 해당 변환 기술은 화학반응에 의해 진행되면서 에너지는 특정 전압 및 시간 동안 저장되게 된다. 배터리 셀의 직렬 또는 병렬 연결 등의 토폴로지에 의해 전압 및 전류 레벨이 달라지게 된다. 크게 기존의 충전식 배터리와 flow-battery로 구분할 수 있다. 이러한 배터리는 최소한의 유지 관리가 필요하며 화학 반응이 배터리의 기대 수명과 에너지를 감소시키는 경향이 있다.

■ 납산 배터리(Pb-acid)

납산 배터리는 다양한 응용 분야에서 다양한 크기와 디자인으로 가장 널리 사용되는 충전식 저장장치이다. 모든 전해질 전지 중에서 납산 전지는 높은 효율(70~80%)를 보이며 가장 높은 전극 전압을 갖는다. 음극과 양극은 각각 이산화납(PbO_2)과 납(Pb)으로 구성되며 황산은 전해질로 사용된다. 니켈-카드뮴(NiCd), 니켈 메탈 수소(NiMH)와 같은 다른 배터리 기술에 비해 저렴하고 대규모 마이크로그리드 적용에 적합하다. 이러한 배터리 신기술의 또 다른 장점은 빠른 응답과 긴 수명(5~15년)으로 우수한 충전 유

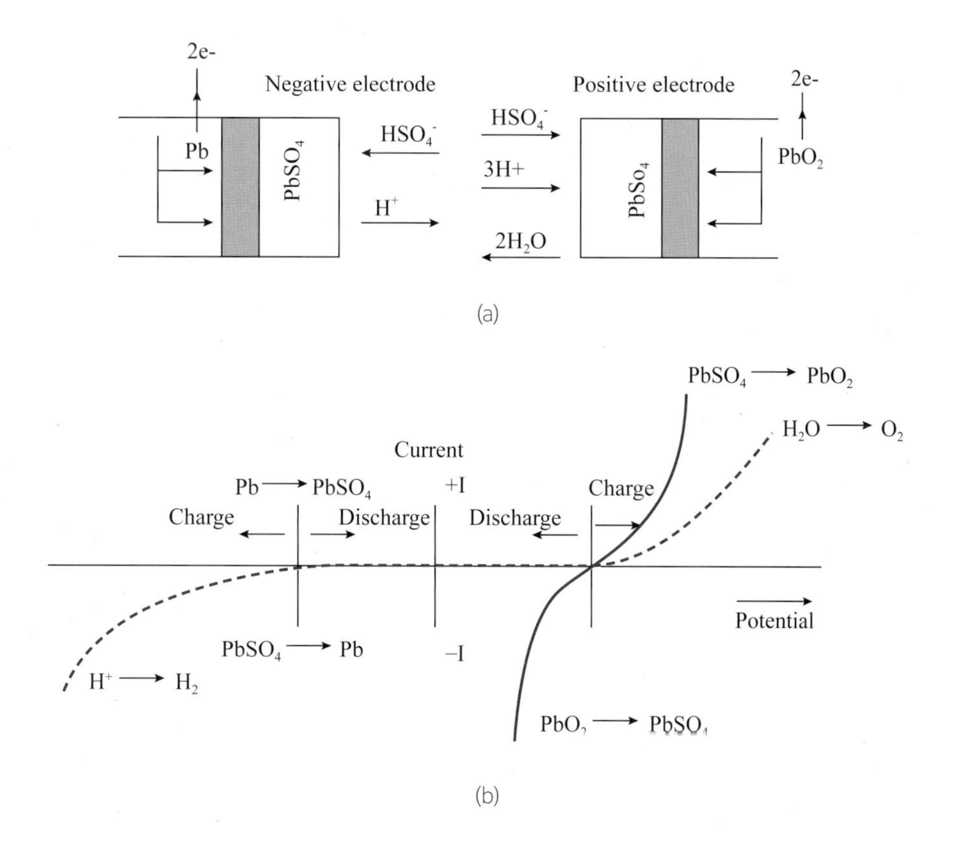

그림 4.6 (a) 납산 배터리의 충전 및 방전 작동 (b) 두 전극의 전류 전위 특성에 대한 개략도

지력 및 에너지 밀도를 제공한다는 것이다. 기존의 납산배터리는 수명이 짧고 지속적으로 수분을 유지해야 하며 황화로 인한 조기 고장의 문제점이 존재하였다. 하지만 이러한 한계를 극복하여 수명주기가 4~10배 늘어난 첨단 납산 배터리가 개발되었다. 납산 배터리에서 충방전 시 일어나는 전기 화학적 반응은 다음과 같이 추론 가능하다.

$$2PbSO_4 + 2H_2O \rightarrow PbO_2 + Pb + 2H^+ + 2HSO_4^-$$
$$PbO_2 + Pb + 2H^+ + 2HSO_4^- \rightarrow 2PbSO_4 + 2H_2O$$

$$2H^+ + 2e^- \rightarrow H_2$$
$$H_2O \rightarrow \frac{1}{2}O_2 + 2H^+ + 2e^-$$

■ **니켈 카드뮴(Ni-Cd), 니켈 메탈수소(Ni-MH) 배터리**

니켈은 지구상에서 가장 풍부한 광물 중 하나로 지각의 상당 부분이 니켈로 구성되어 있다. 니켈은 수십 년 동안 배터리 제조에 사용되었다. 충전식(2차) 니켈 기반 배터리는 1950년대부터 사용되어 왔으며 리튬 이온 배터리와 유사하게 다양한 양극 물질을 포함하는 다양한 유형이 존재한다. 2015년 기준으로 전 세계적으로 30MW 용량 이상의 에너지 저장 시스템을 보면 니켈 기반의 배터리는 리튬 이온보다 시장 점유율이 높았다. 니켈 기반 배터리 셀은 일반적으로 전극과 알칼리 전해질(일반적으로 수산화칼륨) 사이의 분리막으로 니켈 옥시수산화물(NiOOH) 음극(cathode)으로 구성되는 반면, 양극(anode)은 니켈 기반 배터리 셀 유형에 따라 다양한 미네랄로 구성된다. 니켈 기반 배터리의 전압은 1.2V/cell이며 주요 유형은 니켈 카드뮴(NiCd), 니켈 금속 수소화물(NiMH) 및 니켈 철(NiFe) 배터리 셀이다. 보다 특수한 유형으로는 니켈 수소(NiH_2) 및 니켈 아연(NiZn) 배터리가 있다.

수십 년 동안 상업적으로 적용 가능한 건 주로 Ni-Cd 기반 배터리 기술이었지만 Ni-MH 배터리 셀의 도입으로 변경되었으며 이러한 하향 추세는 Ni-Cd의 주요 이점 중 하나인 Ni-MH 배터리의 비용 감소로 인해 최근 몇 년 동안 더욱 가속화되고 있다.

유럽연합에서 NiCd 배터리의 사용은 전기 및 전자 장비(RoHS) 지침의 특정 유해 물질 사용 제한에 대한 지침 과정에서 대부분 금지되었으며 의료, 휴대용 전원 및 비상 장치로 제한된다. 다른 배터리 기술과 달리 Ni-Cd 배터리는 방전과 과충전에서 안정적이며 1,000회 이상의 충전/방전 주기로 평균적으로 납산 및 일부 리튬 이온 배터리 셀을 포함한 다른 많은 배터리 유형보다 수명이 훨씬 더 길다.

■ 리튬 이온(Li-ion) 배터리

리튬 이온 배터리가 1990년대에 처음 상용화되었지만 해당 기술은 최근 몇 년 동안 가장 빠르게 성장하는 기술이 되었다. 리튬 이온 배터리 기반 저장장치는 MW 규모의 에너지를 저장할 수 있다. 고효율(>90%), 높은 에너지 밀도, 빠른 응답시간(ms) 및 자가 방전율(5%)의 특성으로 인하여 해당 기술은 에너지 저장장치의 용량 수준을 상당히 발전시켰다. 충전 및 방전 방법과 함께 리튬 이온 배터리의 개략도를 그림 4.7에 첨부하

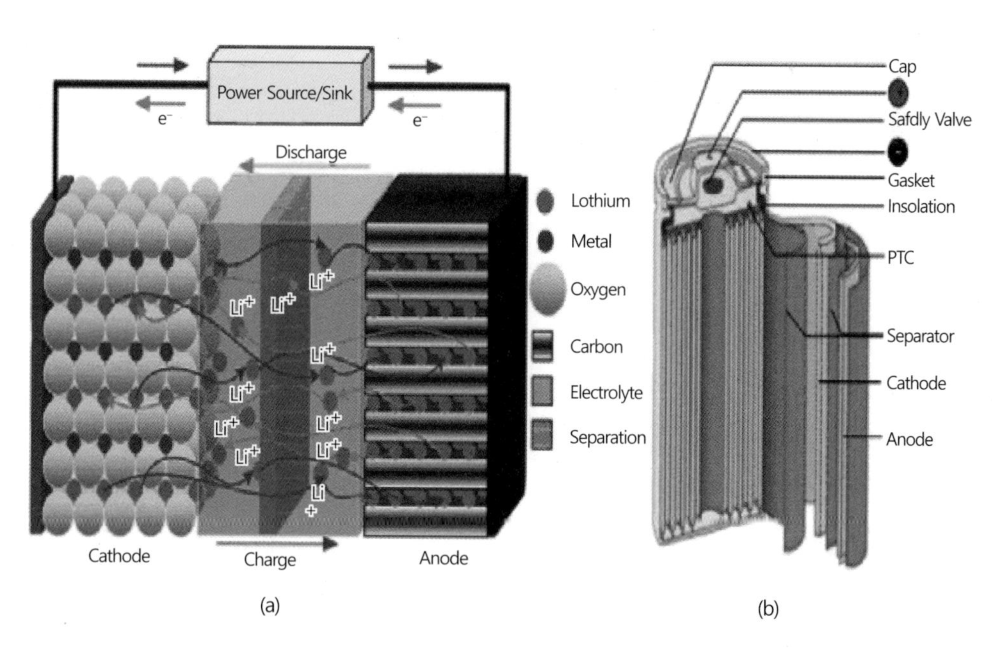

그림 4.7 (a) 리튬 이온 배터리의 충방전 방법, (b) 리튬 이온 배터리 도식

였다. 음극과 양극은 각각 리튬 금속 산화물($LiCoO_2$)과 흑연 탄소 전지로 만들어진다. 충전 기간 동안, 리튬 이온은 음극에서 양극으로 이동한다. 방전의 경우 반대의 절차로 진행되게 된다. 여기서 사용되는 전해질은 용해된 리튬 소금 또는 고체 중합체가 있는 유기 용매를 사용하여 형성될 수 있다. 리튬 이온 배터리 작동 중에 발생하는 완전한 전기화학적 반응은 다음과 같이 쓸 수 있다.

$$LiMeO_2 + C \Leftrightarrow Li_{1-x}MeO_2 + Li_xC$$

그림 4.8은 중간 전력 리튬 이온 배터리(medium power Li–ion battery)의 일반적인 충전 프로필을 설명한다. 해당 배터리로 마이크로그리드(MG) 적용 가능성을 검사한 사례를 첨부하였다. 제안된 방법의 평가는 블랙 스타트 작동, 전압 조절 중 양전류 및 음전류 교란 제거 능력, 저전압 고장과 같은 시나리오에서 고려되었다. 실험 결과는 제

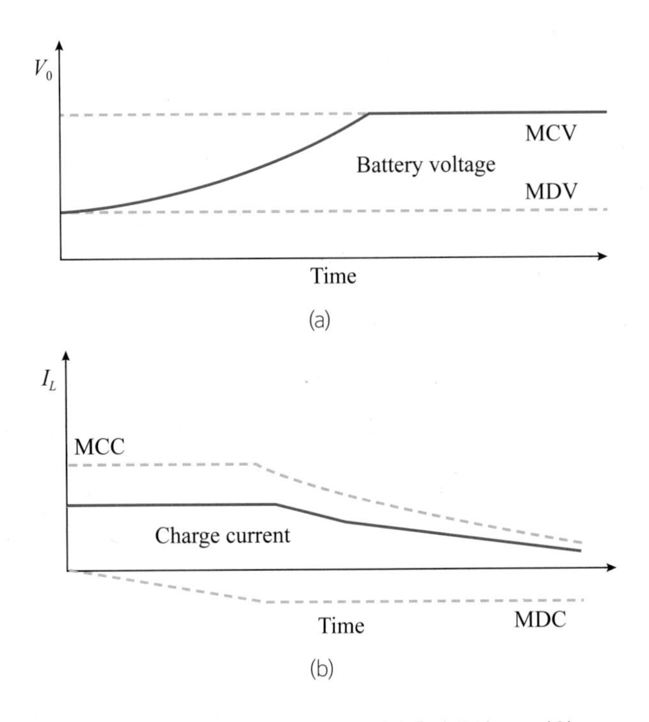

그림 4.8 리튬 이온 배터리의 대표적인 충전 특성 프로파일

안된 방법이 일반적인 MG 시나리오에서 허용 가능한 성능을 보인다는 것을 보여준다. 배터리 수명을 연장하려면 전류 레벨이 최대 동적 충전 전류 및 최대 동적 방전 전류 범위를 유지해야 한다. 또한 배터리 전압은 최대 충전 전압과 최대 방전 전압의 범위를 유지해야 한다. 리튬 이온 배터리의 단점은 방전 깊이(DoD)와 높은 비용이다. 다만 대규모 생산으로 리튬 이온 배터리 셀 원가는 감소할 것으로 예상된다.

표 4.1은 다양한 에너지 저장장치의 특징을 설명하며 개선된 성능을 고려할 때 리튬 이온 배터리를 에너지 저장장치로 선택하는 데 참고할 수 있는 표이다.

표 4.1 계통에서의 전기화학에너지 저장기술 특성

Tech-nologies	Name	Capacity (MWh)	Power (MW)	Res-ponse time	Discha-rge time	Life time (Years)	Effici ency (%)	Advantage	Disadvantage
Electro-chemical	Leadacid	0.25-50	≤100		≤4h	≤20	≤85	Highly recyclable and low-cost	Heavy, poor energy density
	Lithiu mion	0.25-25	≤100		≤1h	≤15	≤90	High storage capacity and long life cycle	
	NaS	≤300	≤50	milli-second	≤6h	≤15	≤80	High storage capacity and low cost	Works only when Na and S are liquid (290-390℃)
	Vanad ium Redox	≤250	≤50	≤10 min	≤8h	≤10	≤80	Possible to use in various renewable sources	

리튬 이온 배터리는 고온 환경에서의 사용에 적합하도록 설계되었다. 배터리의 설계는 새롭고 개선된 화학 물질(예: $LiFePO_4$ 및 $Li_4Ti_5O_{12}$)에 따라 달라진다. 따라서 이러한 배터리는 중량적, 부피적 에너지 밀도(75~200Wh/Kg 및 200~500Wh/L)를 특징으로 한다. 또한 향상된 효율(90~95%), 높은 전력 용량(공칭 전력 대비 약 9배 이상), 연장된 수명(약 20년), 장기 사이클 작동(전체 사이클 8,000회), 넓은 온도 범위(−20~55℃)를 보여준다. 따라서, 이 기술은 그것의 작은 크기, 가벼운 무게, 그리고 활용성 때문에 점점 더 인기를 얻고 있다.

마이크로그리드(MG)는 배전망과 연계/독립적으로 작동하는 소형 전력시스템이며, 리튬 이온 배터리는 MG의 단독 운전에 있어 가장 적합한 에너지 저장 기술이 될 수 있다.

■ 나트륨 황(Sodium-sulphur, Na-S) 배터리

나트륨 황(Na-S) 배터리는 용해된 전극(나트륨 및 황 모두)과 비수성(non-aqueous) 베타 알루미나 전해질로 구성되어 있다. 나트륨은 음극으로 사용되고 황은 양극으로 사용된다. 그림 4.9는 나트륨-황 배터리의 충전 및 방전 반응을 보여준다. 방전하는 동안 나트륨(Na)이 산화되어 전해질을 통과할 때 나트륨 이온(Na^+)을 생성한다. 이 이온은 황과 결합하여 폴리황화나트륨(Na_2S_x)을 형성한다. 전자는 외부 회로를 통해 흐르고, 이온은 이때 출력 전압을 생성한다. 배터리가 충전될 때는 반대의 메커니즘으로 동작한다. 나트륨-황 배터리의 전반적인 전기화학적 반응은 다음과 같이 쓸 수 있다.

$$Na + xS = Na_2S_x$$

이 기술은 부하 평준화(load leveling), 전압 강하(voltage sag) 최소화 및 신재생에너지 발전원의 출력 안정화와 같이 넓은 범위에 적용될 수 있다. 그러나 이러한 유형의 전기화학에너지 저장장치는 높은 반응성을 유지하고 나트륨과 황이 액체로 변하도록 보장하기 위해 고온(350℃/623K)에서 작동해야 한다. 이 메커니즘을 구현함으로 인해

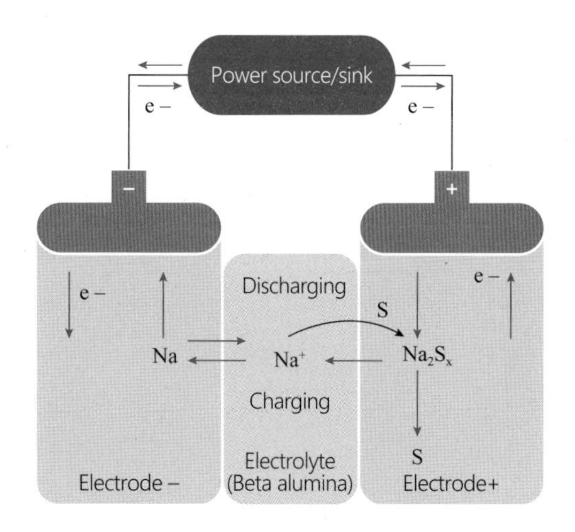

그림 4.9 나트륨-황 배터리의 충방전 현상

비용이 증가한다는 점에서 다양한 적용 분야에 나트륨-황 배터리를 사용하는 데 어려움을 초래한다. 그러나 1980년 이후 기술이 발전하고 모듈 제작 공정을 적용함에 따라 이 배터리의 에너지 밀도는 다른 저장장치에 비해 훨씬 높고(납산 배터리 대비 4배), 비용은 낮아졌다. 또한 온도 한계를 제어하고 높은 에너지 밀도를 유지하기 위한 연구가 진행 중이다. 전력망에 적용할 수 있는 잠재적 장치로서, 높은 효율, 최대 15년까지의 긴 주기, 완전 충전 및 방전 작동 시 빠른 반응(ms)을 보여준다. 따라서, 일본과 중국과 같은 나라들은 이 기술의 대규모 산업 응용에 투자하고 있다.

■ 나트륨 니켈 클로라이드(Sodium nickel chloride, NaNiCl) 배터리

나트륨 니켈 클로라이드 배터리의 메커니즘은 충전 중에는 양극에서 음극으로 나트륨 이온을, 방전 중에는 반대 방향으로 이동하는 방식을 기반으로 한다. 방전 과정에서 나트륨 전극에서 산화가 일어나고 다공성 전극에서 환원이 발생한다. 일반적으로 양극으로 염화니켈을 사용하고 나트륨-황 배터리와 마찬가지로 고온에서 동작 가능한(~300℃) 시스템이지만 냉각 없이 −40~70℃의 온도에서 동작할 수 있다. 또한 높은 셀 전압(2.58V)과 나트륨-황 배터리보다 더 나은 안전 특성을 가지며 제한된 과충전 및

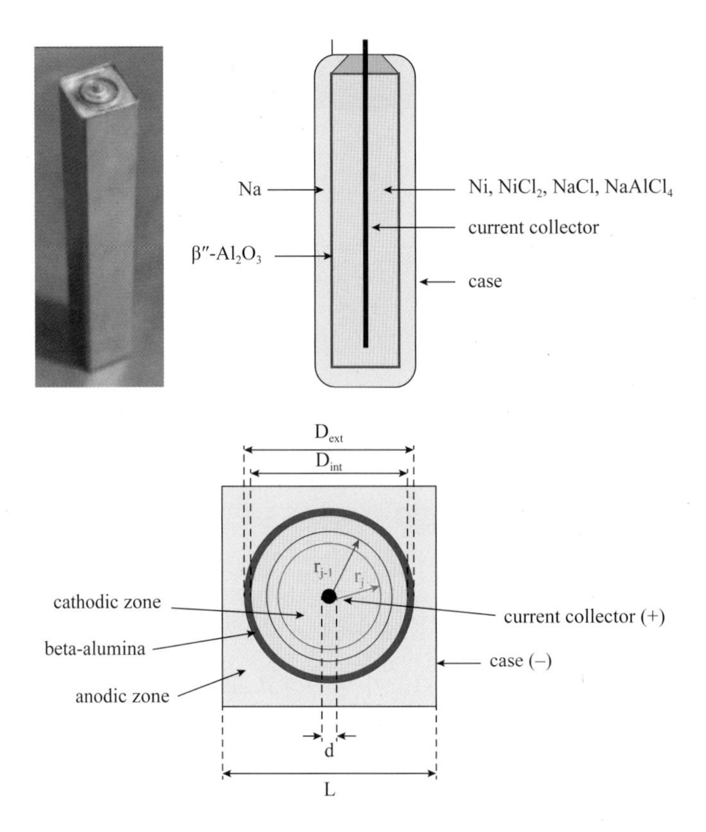

그림 4.10 나트륨 니켈 클로라이드 모식도

방전을 견딜 수 있다. 또한 이러한 특성으로 인해 운송분야에도 사용될 수 있지만 나트륨-황 배터리에 비해 전력 밀도(약 150W/kg)와 에너지 밀도(약 125Wh/kg)가 더 낮은 특성을 가진다.

■ 유동 배터리

보통 레독스 유동 배터리(redox flow batteries)라고 불리는 FB는 화학 반응에 의해 충전 또는 방전 모드로 작동한다. 이 반응은 배터리의 전해질 사이에서 발생한다. 이 두 개의 RFB 전해질은 별도의 탱크에 포함되어 있고 탱크 용량은 배터리 용량과 정비례하며 배터리 용량은 배터리 셀 수와 소재의 영향을 받는다. 작동 중 산화환원 화학 반응이 발생할 때 전기가 발생한다. RFB는 긴 수명 주기와 함께 높은 효율성(최대 85%)을 가지고 있다. 전기 시스템의 유연한 작동 특성으로 높은 안정성과 저장 용량을 갖췄다. 따라서, RFB는 독립 계통에서의 적용이 유리할 수 있다. RFB의 일반적인 예로 바나듐 산화환원 유동 전지(VRFB)를 볼 수 있다. 그림 4.11은 바나듐 관점에서 도식화하였다. 용해된 금속 이온을 가진 두 개의 액체 전해질(V^{2+}/V^{3+} 및 V^{4+}/V^{5+})이 배터리의 반대편으로 펌핑되었음을 보여준다. VRFB에는 두 개의 다공성 전극인 양극과 음극 중 하나의 활성 요소만 있다. 충/방전하는 동안, H^+는 막의 이온 분리를 통해 교환된다. 배터리 셀 전압이 약 1.4V일 때 화학 반응은 아래 식과 같다.

$$V^{4+} \leftrightarrow V^{5+} + e^- \text{ 과 } V^{3+} + e^- \leftrightarrow V^{2+}$$

VRFB의 주요 장점은 0.001s의 빠른 응답 특성 및 매우 긴 수명의 작동 주기(10,000~16,000 이상)이다. VRFB에는 다양한 유형의 적용 사례가 있고 그중 하나는 신재생 에너지의 간헐적 특성을 보상할 수 있다는 것이다. VRFB는 또한 무정전전원공급장치

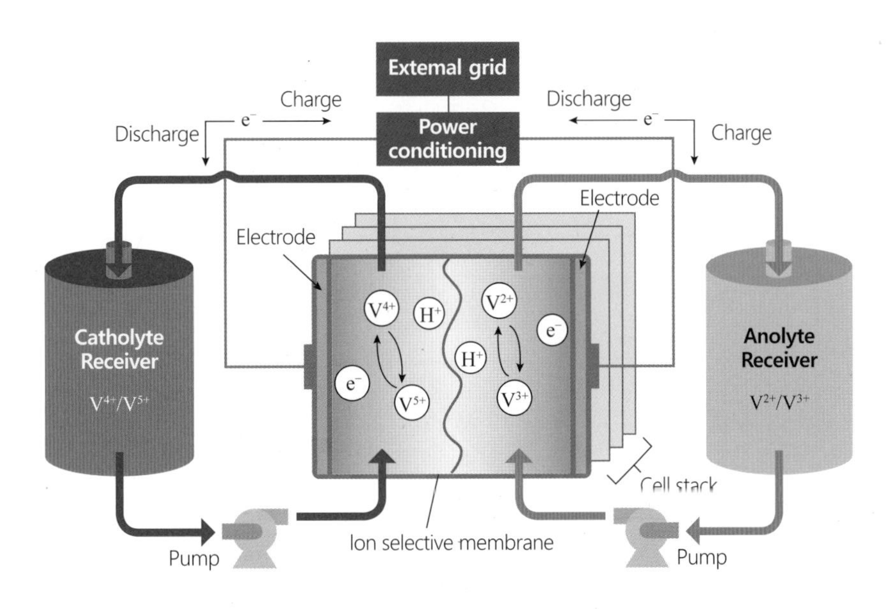

그림 4.11 바나듐 산화환원 유동 전지(VRFB)의 원리

(UPS), 전력 보안, 부하 레벨링과 같은 다양한 응용 분야에서 전력 품질을 향상시키는 데 유용하다. 세계 각지에서 초기 소규모 적용 이후 성과를 낼 수 있는 대규모 VRFB 개발을 위한 여러 연구 프로젝트가 진행됐다. RFB의 주요 단점은 복잡한 구조가 시스템의 신뢰성에 영향을 미친다는 것이다. RFB는 비용이 많이 들고, RFB를 작동시키기 위해서는 외부 전원 공급이 필요하다. 따라서 배터리 크기 감소, 에너지 밀도 개선, 충방전 사이클 증가 등과 함께 이러한 문제를 극복하기 위한 연구 개발이 필요하다.

■ 수소 에너지 저장장치

수소 기반 에너지 저장 시스템은 장기 저장 시스템으로 사용될 수 있으며, 이는 미래의 탄소중립 목표에서 중요한 역할을 할 것으로 기대된다. 동작 메커니즘은 수소 저장 시스템을 통해 잉여 신재생에너지를 수소로 전환하고 수소 탱크에 저장했다가 에너지가 부족할 때 수소 기반 저장장치는 저장된 수소를 기반으로 생산한 전기에너지를 방전할 수 있다. 또한 빠른 동적 부하 상황에 대응하기 위해 배터리가 함께 포함되는 경우가

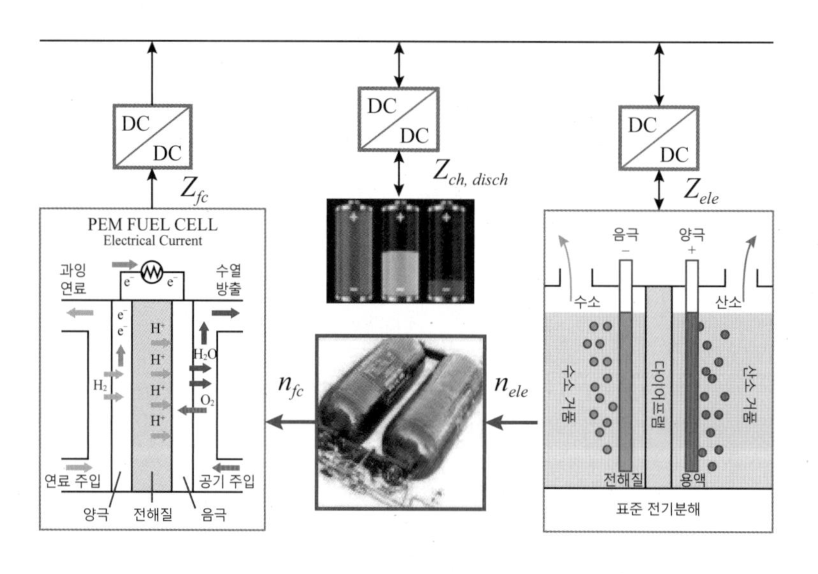

그림 4.12 수소 기반 저장 시스템

많다. 수소 기반 에너지 저장 시스템은 수소 탱크의 부피에 따라 에너지 밀도를 확장할 수 있다. 수소 탱크에 수소가 충분히 저장되어 있으면 연료전지는 보다 오랫동안 전력을 생성할 수 있고, 전해조를 통해 생성된 수소는 탱크에 저장될 수 있으며 언제든지 추가로 사용할 수 있다.

■ 슈퍼커패시터(Supercapacitor)

슈퍼커패시터는 주로 널리 보급된 리튬 이온 배터리에 대한 일반적인 전기화학 배터리의 대안이 될 수 있다. 물리적 메커니즘 및 작동 원리에 비추어 보았을 때 슈퍼커패시터는 커패시터보다 배터리에 더 가깝다. 많은 양의 에너지를 빠르게 수용할 수 있으나 세라믹 커패시터의 경우보다 충전 응답이 느리다. 하지만 배터리의 경우보다는 저장할 수 있는 에너지양이 적고 무게 및 부피 관점에서 에너지 밀도가 낮은 한계가 있다. 슈퍼커패시터의 가장 일반적인 유형은 EDLC(전기 이중층 커패시터)이다. 이는 에너지 저장 시 정전기를 이용한 메커니즘을 사용한다. 이 유형은 충방전 사이클 효율성이 84~95%에 달하기 때문에 고속 사이클링 애플리케이션에 가장 적합하다. 또한 이러한 기술은 전력망 전력 품질과 주파수 조절에 활용될 수 있다. 그러나 매우 긴 수명, 빠른 방전 및 높은 가역성에도 불구하고 슈퍼커패시터 시스템은 현재 단위당 저장된 높은 에너지 비용과 낮은 에너지 밀도로 인해 분 단위 이상의 방전 시간이 필요한 분야의 적용에 적합하지 않다.

■ 초전도 자기 에너지 저장장치(Superconducting magnetic energy storage systems, SMES)

초전도 자기 에너지 저장장치(SMES)는 우수한 고효율 에너지 저장장치로 알려져 있다. SMES의 작동 원리는 코일의 단자에 직류(DC)전압이 인가될 때 에너지가 저장된다는 것이다. 코일의 전류는 전압원이 제거된 후에도 계속 흐른다. 이는 초전도체가 임계 온도 이하로 냉각되면 코일이 무시할 수 있는 매우 적은 저항을 얻게 되며, 이로 인해 고유 전류로 인해 발생된 자기장에 의해 에너지가 저장되기 때문이다. 에너지는 방전 코

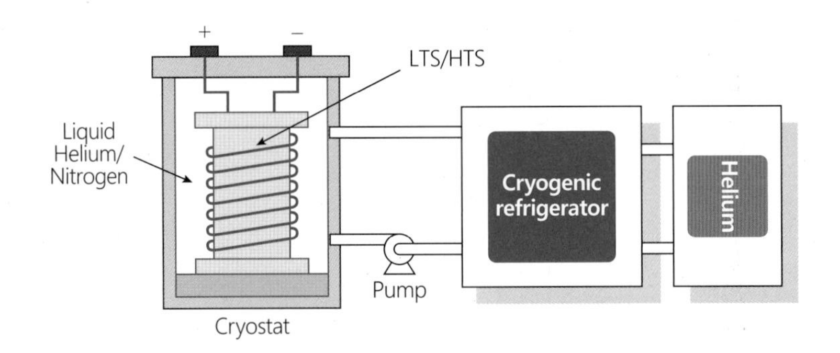

그림 4.13 초전도 자기 에너지 저장의 일반 구성 요소

일에 의해 방전될 수 있다. SMES는 고속으로 완전 충전 상태에서 완전 방전 상태로 전환할 수 있기 때문에 SMES의 효율은 일반 코일에 비해 매우 높다. 일반적으로 SMES는 극저온 액체를 통한 자체 냉각으로 인해 매우 빠른 자체 방전 특성이 있다.

또한 SMES는 권선의 크기에 따라 저장 용량이 증가한다. 이 기술의 설치용량은 약 10MW에 달하며 주로 전력품질 향상에 활용될 수 있다. SMES의 경우 저항이 거의 0이기 때문에 에너지 손실 또한 0에 가깝다. 필요한 전력을 거의 즉시 얻을 수 있고 출력 전력은 짧은 시간 동안이지만 매우 높다. 최대의 단점은 높은 비용을 꼽을 수 있다.

생각해 보자! **에너지 저장장치를 혼용해서 사용할 수 없을까?**

이렇듯 다양한 종류의 특성과 경제성을 가진 에너지 저장장치들이 개발되어 있다. 충방전이 빠르고 에너지 밀도가 높으며 경제성이 상대적으로 다소 떨어지는 리튬 이온 전지와 혹은 그 기술적 특성은 다소 떨어지지만 높은 경제성을 가진 연축전지 계열의 에너지 저장장치들을 최적으로 조합하여 사용하는 방법에 대한 연구들이 진행 중이다. 이를 하이브리드 에너지 저장장치 형태라고 한다. 다소 그 규모가 작고 출력의 변동성이 매우 큰 전기시스템에는 슈퍼커패시터와 리튬 이온 전지의 하이브리드 에너지 저장장치 형태가 사용되기도 한다.

4.3 배터리 에너지 저장장치(BESS) 모델링

4.3.1 리튬 이온 배터리의 모델링

리튬 이온 배터리를 이용한 ESS는 배터리 자체의 물리/화학적 특성뿐만 아니라 배터리 관리 시스템(BEMS, Battery Energy Management)의 성능에 의해 크게 좌우된다. BEMS는 배터리의 용량, 출력, 온도, 전압 범위, SoC(State of Charge), SoH(State of Health) 등을 고려하여 최적의 운영 및 제어를 할 수 있도록 한다. 특히, 배터리의 충/방전 상태를 모니터링하고 정확한 SoC와 SoH를 추정하는 것이 BEMS의 가장 중요한 역할이라고 할 수 있다.

표 4.2 SoC 및 온도에 따른 OCV 데이터

SoC(%)	온도(℃)					
	-20°	0°	10°	25°	40°	60°
100	4.167	4.166	4.168	4.177	4.171	4.166
98	4.134	4.135	4.137	4.148	4.140	4.134
95	4.098	4.103	4.104	4.117	4.105	4.100
90	4.056	4.067	1.067	4.080	4.067	4.061
80	3.977	4.004	4.004	4.012	4.001	3.994
70	3.901	3.931	3.931	3.941	3.928	3.925
60	3.834	3.854	3.866	3.838	3.866	3.862
50	3.736	3.747	3.748	3.764	3.755	3.746
40	3.651	3.663	3.661	3.674	3.666	3.668
30	3.592	3.621	3.620	3.633	3.628	3.630
20	3.538	3.585	3.587	3.595	3.581	3.573
10	3.540	3.498	3.501	3.504	3.497	3.488
8	3.515	3.474	3.474	3.484	3.471	3.468
5	3.504	3.454	3.455	3.468	3.456	3.453
3	3.535	3.443	3.444	3.456	3.445	3.441
1	3.505	3.438	3.429	3.436	3.428	3.416
0	3.492	3.434	3.411	3.407	3.406	3.378

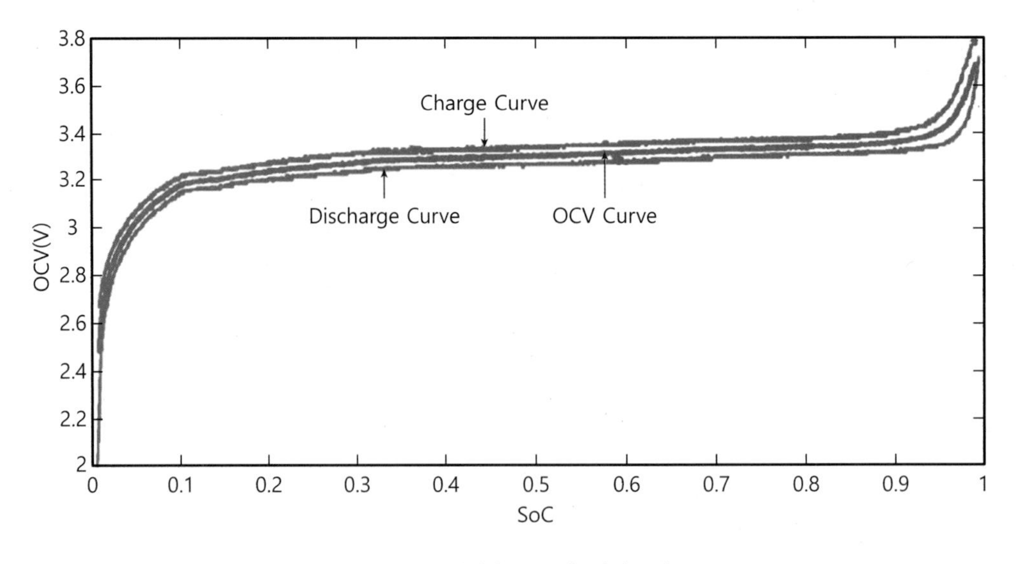

그림 4.14 배터리의 OCV, 충/방전 그래프

ESS의 제어를 위해 배터리의 다이내믹 특성과 물리화학적 특성을 반영한 다양한 등가회로 모델이 개발되었다. 배터리의 개방 회로 전압(OCV, Open-Circuit Voltage)은 전압 소스, 내부저항, 다이내믹 효과를 반영하기 위한 소자(커패시터, 저항)로 표현된다. OCV는 셀 종류, SoC, 온도에 따라 다르고, 데이터는 셀 실험으로부터 얻을 수 있고, 표 4.1과 같이 look up table로 정리하여 확인할 수 있다. 배터리는 충전과 방전의 그래프 파형이 다른 히스테리시스 특성을 가지고 있으며, 전압 그래프의 기울기가 큰 구간에서의 충/방전은 배터리 수명과 효율에 좋지 않은 영향을 주기 때문에, 정확한 SoC 추정을 통한 운영 범위를 제어해야 한다. 또한, 배터리의 온도, C-rate에 따라 충/방전 그래프의 모양이 달라진다. 예를 들어, C-rate가 0.5인 경우, 0.2의 충전 그래프보다 위로 올라가고, 0.2의 방전 그래프보다 아래로 내려간다.

배터리 모델은 물리화학적 특성을 반영하고 있어야 하고, 현재 SoC 추정을 위해 사용하고 있는 배터리 모델은 Rint 모델, RC 모델, 테브닌(Thevenin) 모델, DP(Dual Polarized) 등이 있다.

■ R_{int} 모델

R_{int} 모델은 전압 소스 Uoc와 저항 Ro로 이루어진 모델로, IL은 방전할 때 (+), 충전할 때 (−) 부호를 갖는다. 이를 통해, 그림 4.14의 그래프에서 충전 그래프가 OCV보다 위에 있고, 방전 그래프가 OCV보다 아래에 있는 것을 확인할 수 있다.

$$U_L = U_{OC} - I_L R_O \tag{4.5}$$

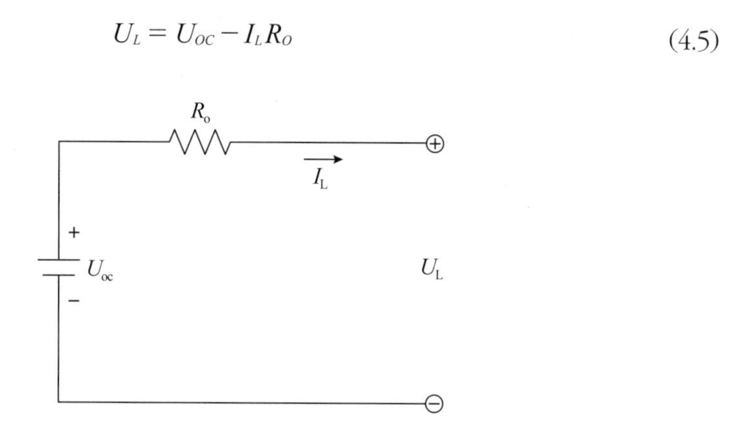

그림 4.15 Rint 모델 등가회로

■ RC 모델

RC 모델은 두 개의 커패시터(C_b, C_C)와 세 개의 저항(R_t, R_e, R_c)으로 구성된다. 커패시터 C_C는 작은 커패시턴스를 갖고 배터리의 표면 효과를 나타낸다. C_b는 bulk 커패시터라고 불리며, 큰 커패시턴스를 갖고 C_b에 걸리는 전압 U_b에 의해 SoC가 결정된다. R_t는 thermal 저항, R_e는 end 저항, R_c는 capacitor 저항을 나타낸다.

$$\begin{bmatrix} \dot{U}_b \\ \dot{U}_C \end{bmatrix} = \begin{bmatrix} \frac{-1}{C_b(R_e+R_C)} & \frac{1}{C_b(R_e+R_C)} \\ \frac{1}{C_C(R_e+R_C)} & \frac{-1}{C_C(R_e+R_C)} \end{bmatrix} \begin{bmatrix} U_b \\ U_C \end{bmatrix} + \begin{bmatrix} \frac{1}{C_b(R_e+R_C)} \\ \frac{-R_e}{C_C(R_e+R_C)} \end{bmatrix} [I_L] \tag{4.6}$$

$$[U_L] = \begin{bmatrix} \frac{R_C}{(R_e+R_C)} & \frac{R_e}{(R_e+R_C)} \end{bmatrix} \begin{bmatrix} U_b \\ U_C \end{bmatrix} + \begin{bmatrix} -R_t - \frac{R_e - R_C}{(R_C+R_C)} \end{bmatrix} [I_L] \tag{4.7}$$

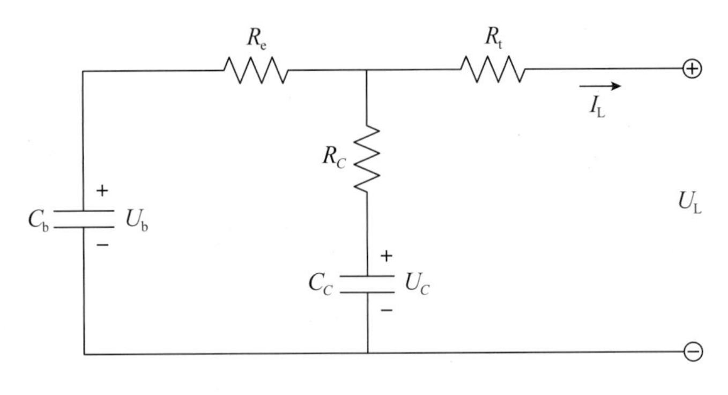

그림 4.16 RC 모델 등가회로

■ 테브닌 모델

테브닌 모델은 Rint 모델에 RC를 직렬로 연결한 형태로 배터리의 다이내믹 특성을 표현한다. 테브닌 모델은 개방 회로 전압 U_{oc}, 내부 저항, 등가 커패시터로 구성되어 있다. 내부 저항은 옴(ohmic) 저항 R_o, 분극(polarization) 저항 R_{Th}로 이루어져 있고, 등가 커패시터 C_{Th}는 배터리의 충/방전 동안의 과도 응답을 나타낸다. 테브닌 전압 U_{th}는 C_{Th}에 걸리는 전압이고, 테브닌 전류 I_{Th}는 C_{Th}에 흐르는 전류를 나타낸다.

$$\begin{cases} \dot{U}_{Th} = -\dfrac{U_{Th}}{R_{Th}C_{Th}} + \dfrac{I_L}{C_{Th}} \\ U_L = U_{OC} - U_{Th} - I_L R_O \end{cases} \tag{4.8}$$

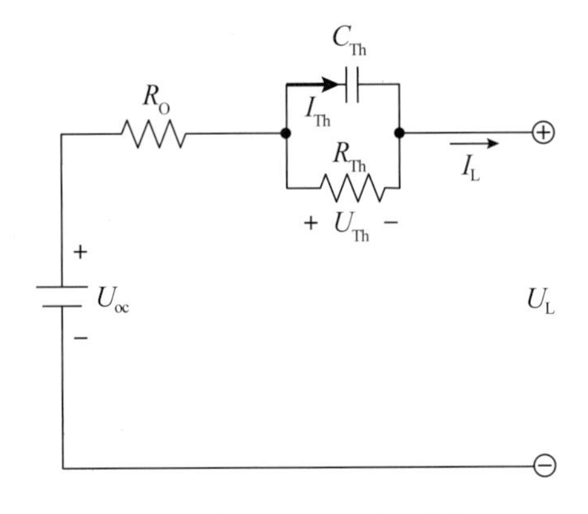

그림 4.17 테브닌 모델 등가회로

■ DP 모델

DP 모델은 리튬 이온 배터리의 분극 현상을 반영한 모델로, 2개의 RC를 직렬로 연결하여 농도 분극(concentration polarization) 현상과 전기 화학 분극(electrochemical polarization) 현상을 나타낸다. DP 모델은 개방 회로 전압 U_{OC}, 내부 저항, 커패시터로 구성되어 있다. 내부 저항은 옴(ohmic) 저항 R_o과 분극 저항으로 이루어져 있으며, R_{pa}는 전기 화학적 분극 현상, R_{pc}는 농도 분극 현상을 나타내는 저항을 의미한다. C_{pa}와 C_{pc}는 각각 전기 화학적 분극 현상과 농도 분극 현상을 나타내고, 배터리의 과도 응답을 표현한다.

$$\begin{cases} \dot{U}_{pa} = -\dfrac{U_{pa}}{R_{pa}C_{pa}} + \dfrac{I_L}{C_{pa}} \\ \dot{U}_{pc} = -\dfrac{U_{pc}}{R_{pc}C_{pc}} + \dfrac{I_L}{C_{pc}} \\ U_L = U_{OC} - U_{pa} - U_{pc} - I_L R_O \end{cases} \tag{4.9}$$

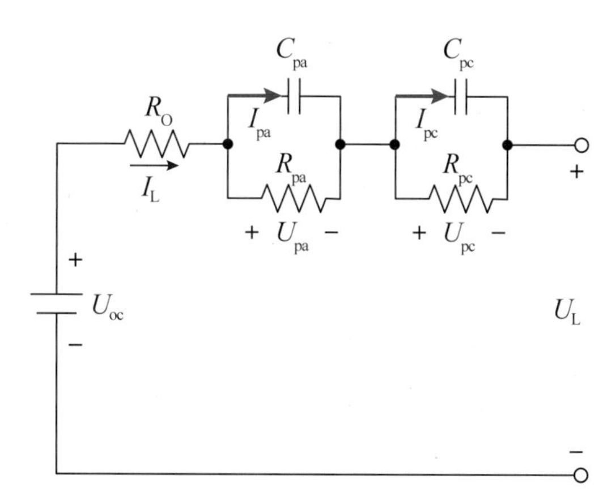

그림 4.18 테브닌 모델 등가회로

4.4 배터리 에너지 저장장치의 제어

일반적으로 하위 제어기 레벨에서의 배터리 에너지 저장장치의 제어는 에너지원이 배터리 셀인 전압원 인버터의 제어이기에 2.2절 태양광 발전의 전압원 인버터 제어를 참고하기 바란다. 다만 상위 제어기 레벨에서 태양광의 MPPT 제어와는 달리 유효전력 제어 및 무효전력 제어 모드를 목적에 따라 임의로 사용 가능한데 본 교재에서는 태양광, 풍력 등의 신재생에너지원 보상 용도의 제어에 대해 간략히 소개하고자 한다.

4.4.1 태양광-ESS 연계 시스템 제어 예시

■ 태양광-ESS 연계 시스템 개요

최근 지속 가능한 그린 에너지시스템 구축을 목표로 계통연계형 태양광 시스템의 수가 전 세계적으로 상당히 증가하고 있다. 대부분의 태양광 발전 시스템에서는 MPPT (Maximum Power Point Tracking) 제어를 사용하기 때문에 출력 전력이 조도 및 온도 등 환경의 변화에 민감한 변동성 특징으로 인해 PV 보급률 증가와 함께 전력 품질 및 그리드 안정성에 영향을 미치는 심각한 문제가 되고 있다. MPPT 제어는 앞서 2장에서 설명하였듯이 태양전지로부터의 전력 전달 효율이 태양전지판에 떨어지는 햇빛의 양, 태양전지판의 온도 및 부하의 전기적 특성 등 이러한 조건이 변화함에 따라 부하 특성을 변경하여 가장 높은 전력 전달 효율을 제공하는 제어다. 태양광 발전 시스템의 출력 변동에 대한 주요 우려 사항 중 하나는 관련 제한을 초과하는 과전압을 야기할 수 있다는 것이다. 이러한 문제는 약한 계통에 태양광 발전 시스템을 연결하거나 용량이 상대적으로 작은 소규모 저압 배전망에 연결하는 경우 더욱 심각하다. 이를 해결하기 위해 에너지 저장장치(ESS)를 추가하여 안정적인 출력 안정화를 이룰 수 있다. 태양광–ESS 시스템을 위한 전력 관리는 통상적으로 계통에 전력의 수급 균형을 유지하고, ESS의 SoH(State-of-Health)를 유지하는 것을 목표로 한다. 충전상태(State-of-Charge,

SoC) 피드백 제어와 실시간 전력 할당 방식으로 구성된 신재생에너지 발전 시스템의 출력 전력 변동을 완화하기 위한 제어 방법을 소개하고자 한다. 이는 모델 예측 제어(MPC)라 불리는 방법으로 제어전력/전압 평활화 전략에 기반한 제어이다. MPC는 미래 변화를 예측할 수 있는 능력이 있기 때문에 제어 시스템의 정확성과 적시성에 큰 기여를 할 수 있다. 이러한 PV–ESS의 목표는 전력망 전압 안정성을 유지하고 PV 시스템이 MPPT에서 작동할 때 전압 변동을 줄이는 것이다.

■ 태양광-ESS 제어 목적

앞서 설명하였듯이 기상 환경의 변화가 태양광 출력 변동의 주요 원인이다. 이러한 현상은 자연적 요인이 급격히 변할 때 계통의 전력 품질에 심각한 영향을 미칠 수 있다. 그림 4.19와 4.20은 중국 저장성 자싱시에 건설된 100kWp 태양광 시스템의 30일 출력, 10분 분해능에 따른 최대 전력 변화 곡선을 보여준다. 10분 최대 전력 변화의 최댓값은 59.5kW로 PV 시스템 최대 전력의 약 60%를 차지함을 알 수 있다. 그림 4.21은 기간

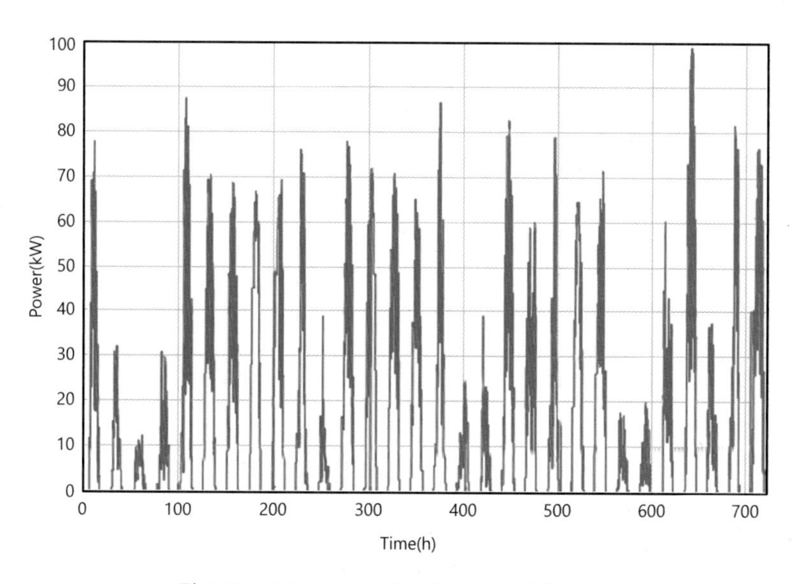

그림 4.19 100kWp PV 시스템의 30일 출력 전력 곡선

동안 PCC(Common Coupling) 지점에서 한 상의 전압 값(rms)을 보여준다. 통상적인 전압 유지 범위가 5~10% 이내인 것을 고려할 때 최대 편차가 정격 전압의 10%보다 크므로 계통의 안정성에 영향을 줄 수 있음을 알 수 있다.

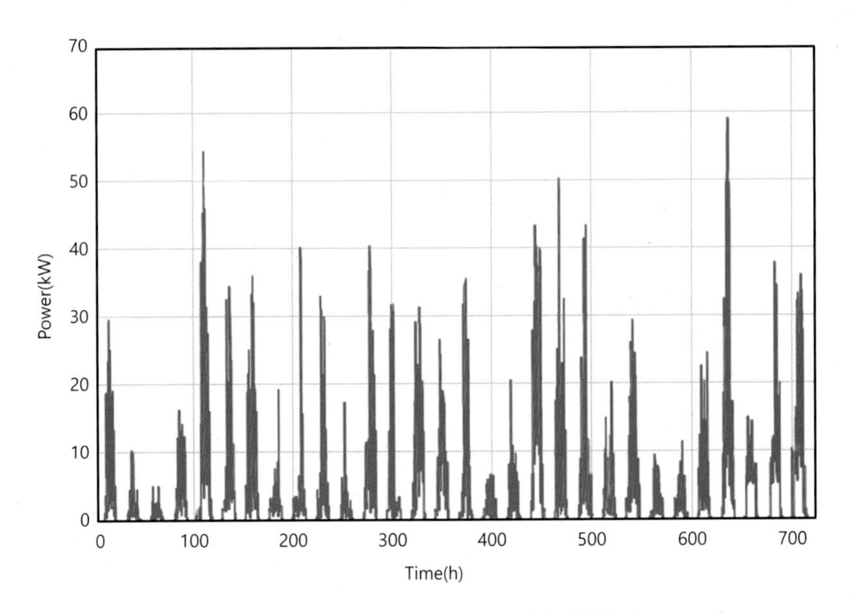

그림 4.20 30일 PV 전력의 10분 최대 변화 곡선

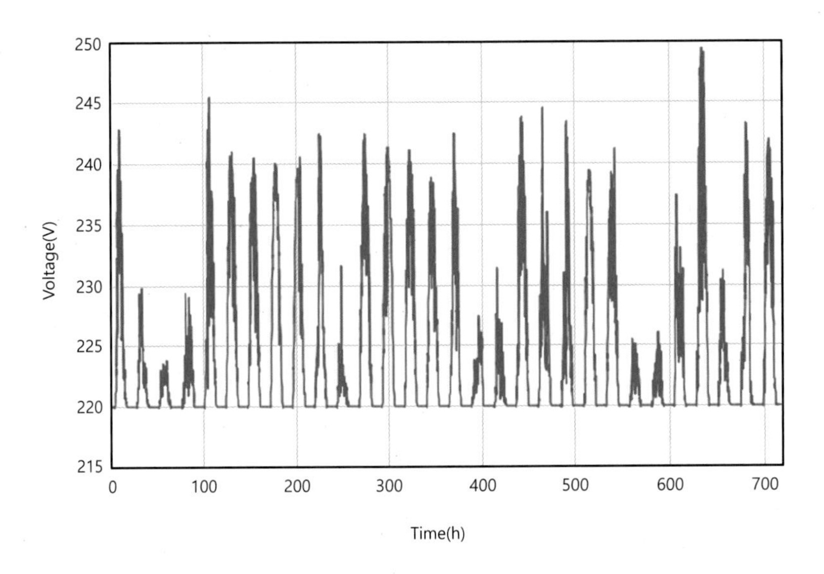

그림 4.21 PV 시스템의 30일 PCC 전압 곡선

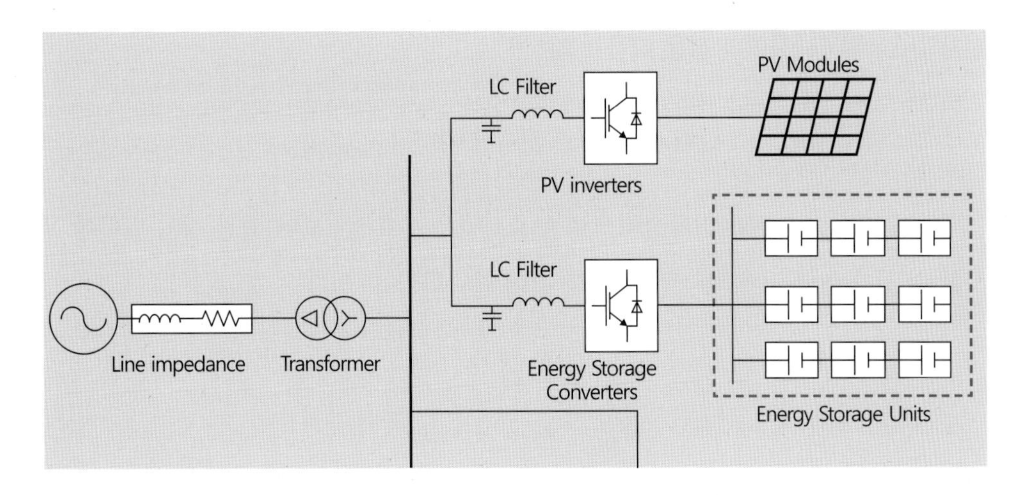

그림 4.22 결합 PV-ESS 시스템

이러한 변동성을 완화하기 위한 대용량 ESS를 적용하여 충방전 전력을 제어함으로써 수급 균형을 원활하게 하고 전력 품질을 향상시킬 수 있다. 그림 4.22의 태양광-ESS 시스템은 태양광 발전소와 ESS가 두 개로 분리된 시스템이다. 병렬로 전력변환 장치를 이용하여 ESS를 추가하는 이러한 구조의 장점은 ESS 구현 시 PV 인버터와 변압기를 재설계하고 교체할 필요가 없다는 것이다. 이에 따라 PV-ESS 시스템의 유지보수가 더욱 편리해지고 시스템의 유연성과 안정성도 향상될 수 있다.

계통연계 태양광 발전 시스템이 ESS 없이 MPPT 모드로 작동할 때 출력 전력은 PCC 전압의 진동을 유발한다. PV와 계통 사이의 등가 임피던스가 R + jX라고 가정하면 전압 편차는 다음과 같이 표현할 수 있다.

$$\Delta\dot{v} = \frac{p_{pv}R + q_{pv}X}{v}$$
$$\delta\dot{v} = \frac{p_{pv}X - q_{pv}R}{v} \tag{4.10}$$

여기서 p_{pv}는 유효전력, q_{pv}는 무효전력, v는 PV 시스템의 PCC 전압이다. $\Delta\dot{v}$는 계통 전압에 평행한 수평 전압 편차이고 $\delta\dot{v}$는 계통 전압에 수직인 수직 전압 편차이다. 전압 편차와 $\Delta\dot{v}$ 및 $\delta\dot{v}$ 사이의 식은 다음과 같다.

$$|v_{grid} - v_{PCC}| = \sqrt{(\Delta v)^2 (\delta v)^2} \tag{4.11}$$

태양광 발전 시스템에서 통상적으로 무효전력은 유효전력보다 훨씬 작기 때문에 무시할 수 있다. 따라서 위의 식은 다음과 같이 단순화할 수 있다.

$$\begin{aligned} \Delta\dot{v} &= \frac{p_{pv}R}{v} \\ \delta\dot{v} &= \frac{p_{pv}X}{v} \end{aligned} \tag{4.12}$$

PCC 전압의 크기는 다음과 같이 설명할 수 있다.

$$\begin{aligned} v &= v_g + \sqrt{|\delta v|^2 + |\Delta v|^2} = v_g + \frac{p_{pv} \cdot \sqrt{R^2 + X^2}}{v} \\ &= v_g + \frac{p_{pv} \cdot Z}{v} \end{aligned} \tag{4.13}$$

여기서 v_g는 시간이 지나도 변하지 않는 안정적인 계통을 가정한 전압원이다. 태양광 발전 시스템이 계통에 연계되는 PCC에서 전압은 라인 임피던스로 인해 취약한 특성을 나타낸다. 이 공식을 통해 임피던스 Z의 크기가 모든 단계에서 예측해야 하는 유일한 모델 매개변수임을 알 수 있다. 이 PV 시스템에서 ESS가 작동할 때 PCC 전압은 다음과 같이 표현할 수 있다.

$$v = v_g + \frac{p_{ESS} \cdot Z_{ESS}}{v} \tag{4.14}$$

여기서 p_{ESS}는 ESS의 유효전력이다. Z_{ESS}는 계통과 하이브리드 시스템 간의 선로 임피던스, PV와 부하의 임피던스를 포함하는 ESS의 등가 입력 임피던스이다. 하이브리드 시스템의 단순화된 구조는 그림 4.23에 나와 있으며, 구성 요소는 등가 회로로 표시된다.

ESS의 등가 입력 임피던스는 Z_G, Z_{PV}, Z_L의 조합과 자체 라인 임피던스 Z_O임을 알 수

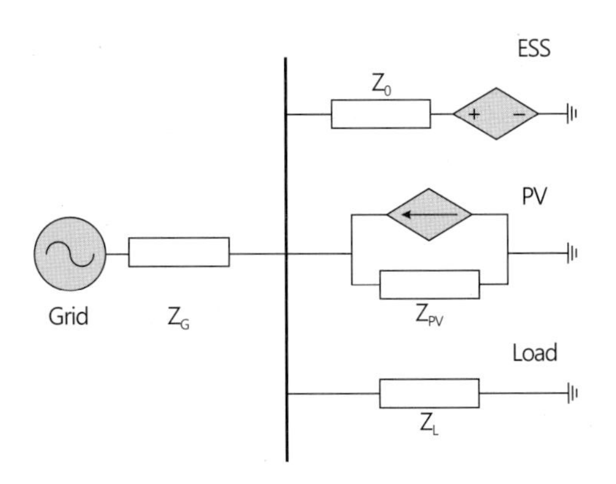

그림 4.23 ESS/PV 하이브리드 시스템의 단순화된 구조

있다. 따라서 ESS의 입력 임피던스는 다음과 같이 표현될 수 있다.

$$Z_{ESS} = Z_O + Z_G \| Z_L \| Z_{PV} \tag{4.15}$$

이 시스템에서 임피던스 값 Z_0, Z_L, Z_G 그리고 Z_{PV}는 전력변환기의 제어 모드에 의해 결정되며 참고문헌에서 제안하는 제어 방법에서는 최적화를 통해 Z_{ESS}를 추정하고 수정하는 기법을 사용하였다. PCC 전압은 다음과 같이 예측할 수 있다.

$$\begin{aligned} v(k+1) &= v_g + \frac{P_{ESS}(k+1) \cdot Z_{ESS}(k)}{v(k+1)} \\ &\approx v_g + \frac{P_{ESS}(k+1) \cdot Z_{ESS}(k)}{v(k)} \end{aligned} \tag{4.16}$$

여기서 $v(k)$는 전압의 측정값이고 $Z_{EES}(k)$는 ESS의 등가 입력 임피던스 크기의 예측값이다. 따라서 $v(k)$와 $v(k+1)$ 사이의 전압 차이를 계산할 수 있다.

$$v(k+1) = v(k) + \frac{\Delta P_{ESS}(k+1) \cdot Z_{ESS}(k)}{v(k)} \tag{4.17}$$

이 참고문헌에서 제안된 제어의 목적은 ESS의 충방전 전원을 제어하여 PV 전압과 기준 전압(v*) 간의 차이를 줄이거나 없애는 것이다. 따라서 이 식으로 최적의 ESS 전력

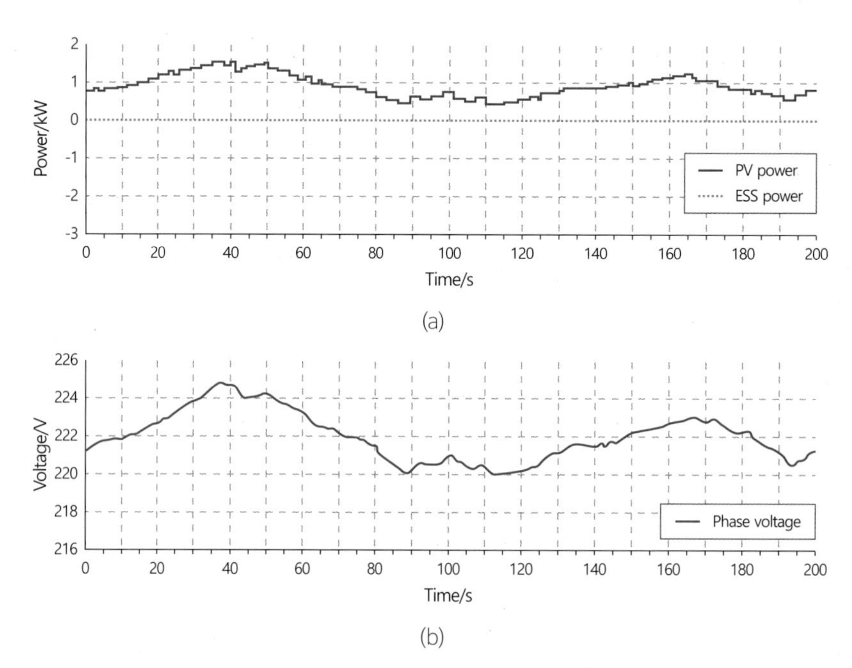

그림 4.24 ESS가 작동하지 않을 때 변환기 전력 및 PCC 전압 파형. (a) PV 및 ESS 전력 (b) PCC의 위상 rms 전압

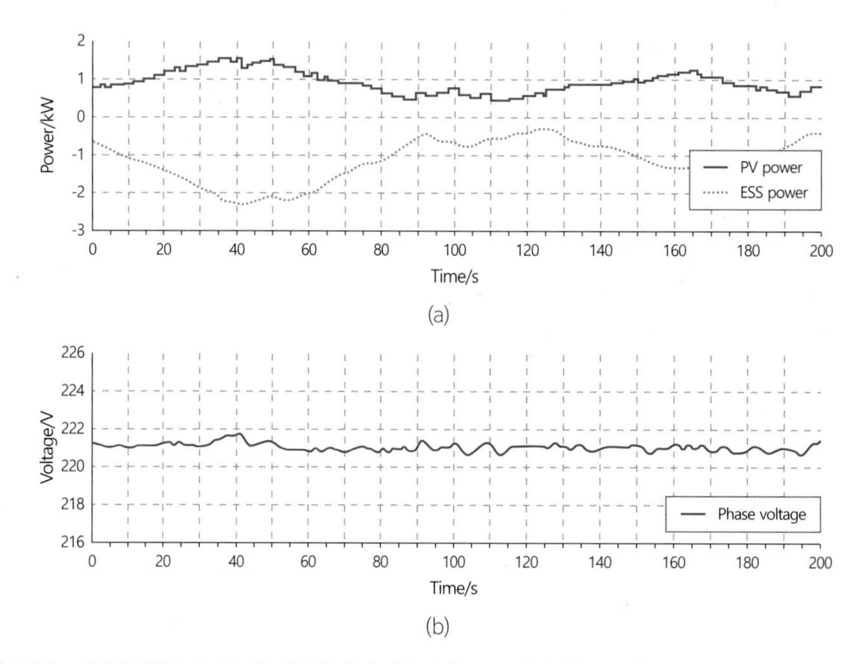

그림 4.25 제안된 전략으로 ESS를 제어할 때 컨버터 전력, PCC 전압. (a) PV 및 ESS의 전력 (b) 위상 rms 전압

지령을 계산하여 PCC 전압을 안정화할 수 있다.

따라서 그림 4.24와 그림 4.25를 보면 ESS가 작동하지 않는 경우 PCC의 상 전압의 변동성이 있는 반면에 태양광–ESS 제어를 통해 ESS를 사용하는 경우 태양광의 변동성에 따라 ESS가 동작하여 전압을 일정하게 만들어준다는 것을 확인할 수 있다.

4.4.2 풍력-ESS 연계 시스템 제어 예시

■ 풍력-ESS 연계 시스템 적용 배경

앞서 3장에서 설명했듯이 최근 풍력발전이 전력계통에서 비중이 높아지고 있다. 초기에는 풍력에너지로부터 풍력터빈에서 발전이 가능한 최대 전력을 생산하는 것이 주된 목적이었으나, 최근에는 풍력을 포함한 인버터 기반 발전원들의 높은 투입률로 인해 전력시스템의 관성이 낮아지고 있다. 이에 따라 전력 품질이 저하되고 심각한 안정성 문제가 발생할 수 있게 된다. 또한 계통운영자는 풍속 변화에 따른 풍력발전의 변동성을 고려해야 한다. 이때, 에너지 저장장치(ESS)는 신재생에너지의 출력 변동을 완화하고 피크 부하를 줄여 부하를 평준화를 하는 용도로 사용되어 풍력발전의 계통연계 문제점을 해결할 수 있다.

앞서 소개한 태양광–ESS와 마찬가지로 이때 ESS는 주로 풍력발전의 변동성 완화뿐 아니라 SoC의 Peak–to–Peak 값을 줄여 ESS의 수명을 연장하기 위한 제어를 적용할 수 있다.

■ 풍력-ESS 제어 목적

전력계통 측면에서 전력 계수를 포함하는 풍력 모델을 간략하게 나타내면 식 (4.18)과 같이 나타낼 수 있다.

$$P_\omega = \frac{1}{2}\rho A C_p(\lambda, \beta) v_{wind}^3$$
$$\lambda = \frac{\omega_m R}{v_{wind}} \tag{4.18}$$
$$C_p = 0.22(116/\lambda_i - 0.4\beta - 5)\exp(-12.5/\lambda_i)$$
$$\lambda_i = 1/(1/(\lambda + 0.08\beta) - (0.035/\beta^3 + 1))$$

여기서 ρ은 주변 영역의 공기 밀도이고 A는 풍력터빈의 블레이드 길이에서 얻을 수 있는 블레이드 스위프 면적이다. 전력 계수(C_p)는 피치 각도 β와 팁 속도 비율 λ의 함수이다. 풍력발전기의 기계적 동력은 풍속에 따라 달라지며 작동 조건은 피치 각도와 로터 속도에 의해 결정된다.

ESS는 일차적으로 충전 또는 방전을 통해 풍력발전에서 출력 변동을 보상하는 데 사용하는데 ESS가 저역 통과 필터로의 기능하도록 제어된다. ESS의 전력은 다음과 같이 모델링될 수 있다.

$$P_\omega = P_{ESS} + P_{\omega,fil}$$
$$W_{ESS}(t) = \int_0^t P_{ESS}(u)du + W_{ESS}(0) \tag{4.19}$$

여기서 P_ω는 풍력발전 전력이고, $P_{\omega,fil}$(W)은 ESS가 전력 변동을 완화한 후 필터링된 전력이다. $W_{EES}(t)$는 ESS에 저장된 에너지 P_{ESS}는 ESS의 전력으로 풍력발전 변동의 고주파 전력 성분으로 정의할 수 있으며 아래의 식으로 나타낼 수 있다.

$$P_{ESS} = k(SoC, \Delta P_\omega)\frac{\tau s}{1+\tau s}P_\omega \tag{4.20}$$

SoC의 값은 최대 용량의 0.5(pu) 정도로 유지하는 것이 바람직하다. ESS가 넓은 운전 범위(충전 또는 방전)를 가질 수 있기 때문이다. 이는 풍력발전 출력 변동이 계통 주파수에 미치는 영향을 줄일 수 있다. 또한 결과적으로 ESS가 SoC를 성공적으로 관리하여 극단적인 값(최대 또는 최소)을 피함으로써 ESS의 수명을 연장할 수 있다.

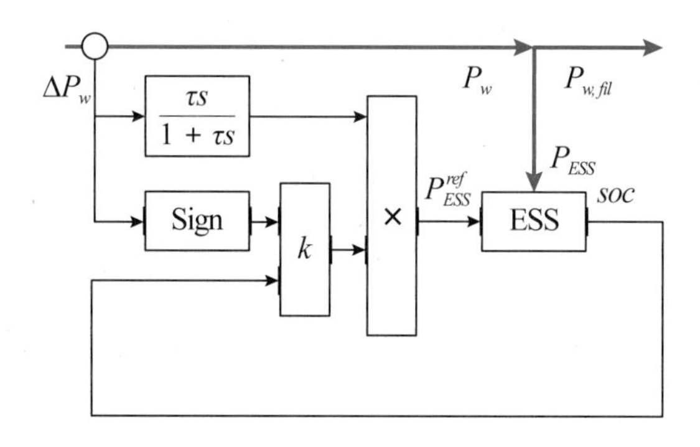

그림 4.26 에너지 저장 시스템 제어 모식도

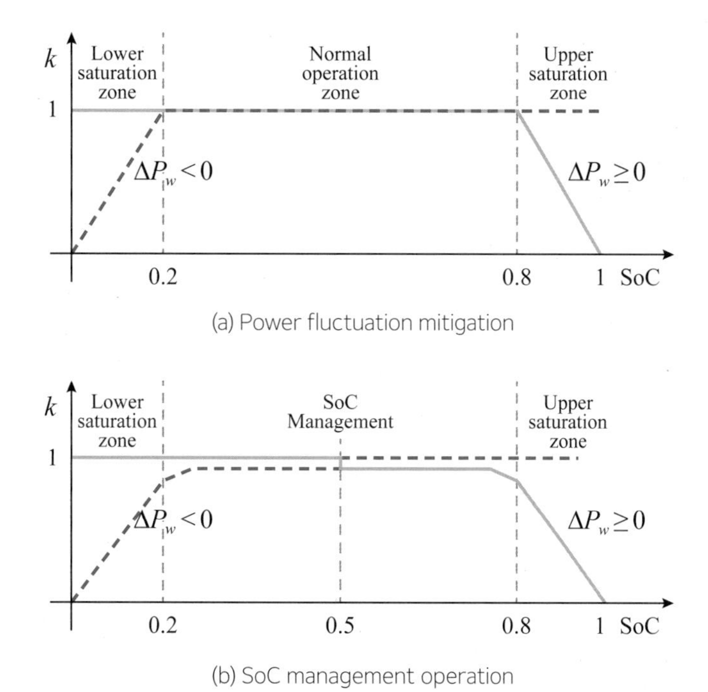

그림 4.27 수정된 SoC(충전 상태)에 따른 매개변수 k의 값에 대한 설명. 동작 (a)는 비정상적인 바람 변동($v_{var} > v_{limit}$)일 때 활성화되고 (b)는 바람 변동이 정상일 때($v_{var} \leq v_{limit}$) 활성화

만약 ESS이 용량이 충분히 크면 ESS가 전체 전력 변동을 처리할 수 있기 때문에 풍력발전기는 별도의 제어를 수행하지 않지만 최근 출력 전력 변동을 줄이기 위해 deloading 운전 등으로 풍력발전기 자체적으로 출력 변동을 줄이기 위해 노력하고 있다. 해당 제

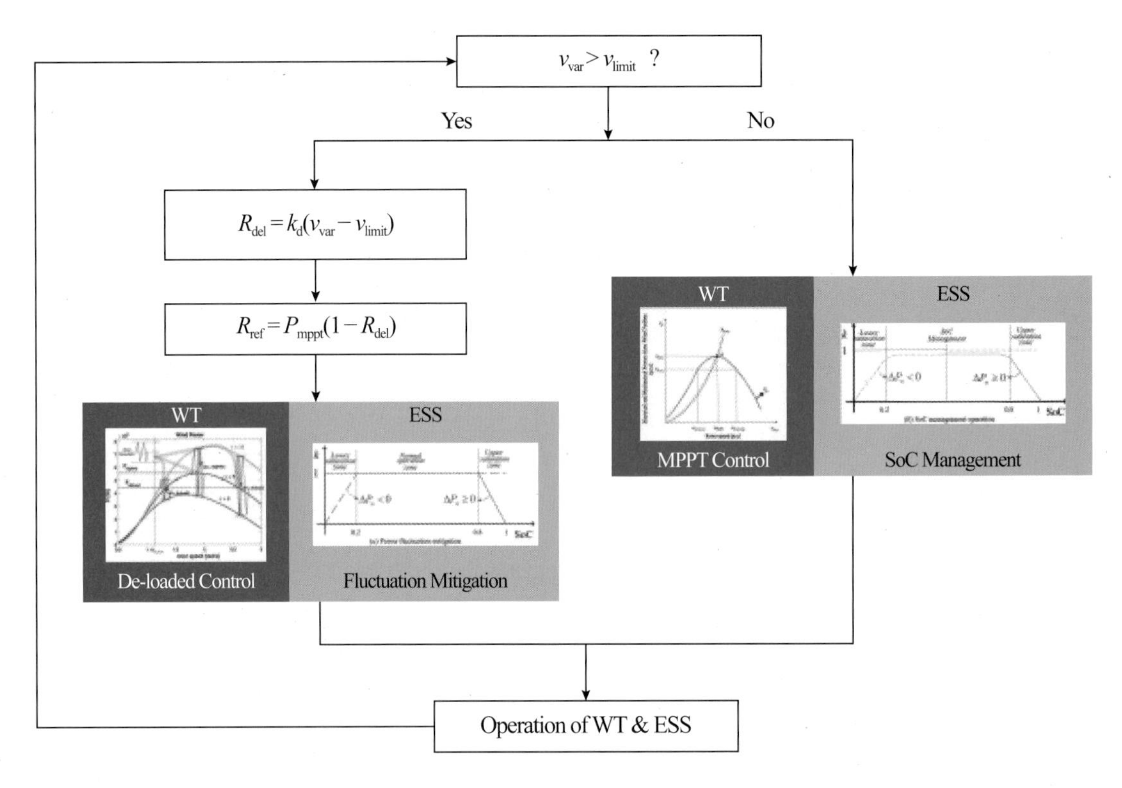

그림 4.28 제어 방법의 흐름도

어 알고리즘은 그림 4.28과 같다.

참고문헌에서 제안된 제어 알고리즘을 적용한 효용성이 그림 4.30, 그림 4.31에 나타난다. ESS를 통해 풍력에 변화량에 반응하여 변동성을 줄이는 기존 제어에서 WT-ESS 제어에서보다 나은 결과가 나타난다. 결론적으로 풍력 변동성에 덜 민감하게 반응하여 변동성을 줄이는 결과를 확인할 수 있다. 또한 SoC 측면에서도 ESS의 수명 연장을 기대해볼 수 있다.

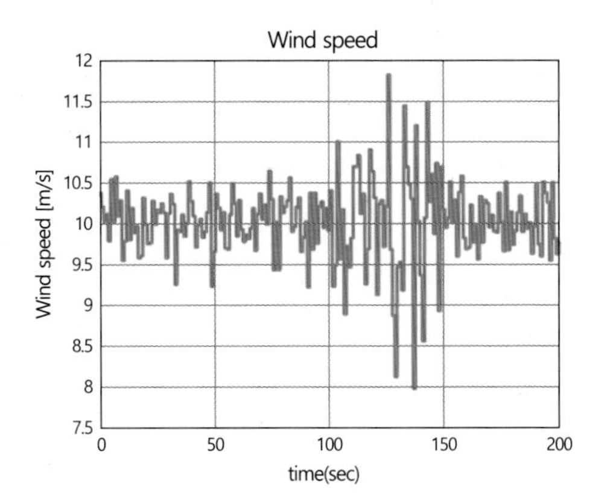

그림 4.29 평균 풍속이 10m/s일 때 시뮬레이션을 위한 풍속 프로파일(100초에서 150초 사이의 급격한 풍속 변화)

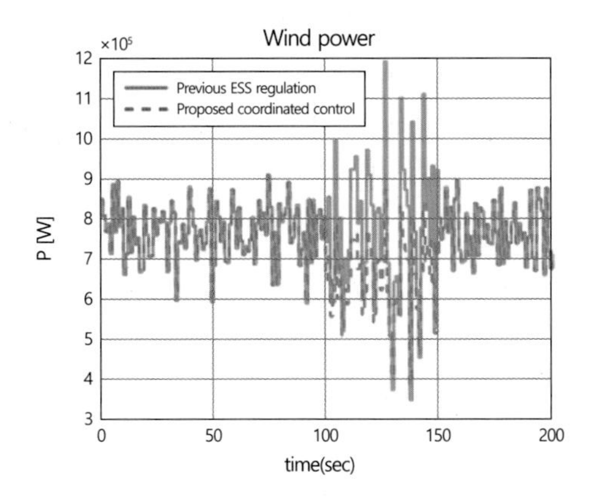

그림 4.30 평균 풍속이 10m/s일 때 제어 알고리즘이 다른 풍력 변동(100초에서 150초 사이의 급격한 풍속 변화)

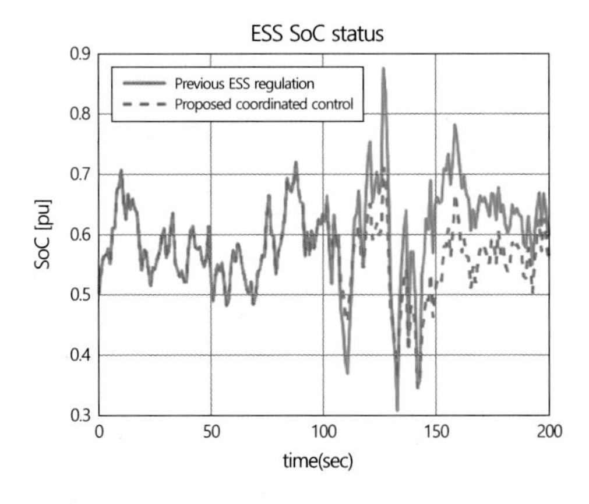

그림 4.31 평균 풍속이 10m/s일 때(100초에서 150초까지의 급격한 풍속 변화) 다른 방법에 대한 ESS SoC 비교

생각해 보자! **신재생발전원의 경우 효율적인 출력 제어만이 능사일까?**

기존에는 신재생에너지 발전원의 경우 MPPT 제어와 같은 가장 효율적인 발전을 위한 제어를 하고 변동성은 전력시스템에서 에너지 저장장치 등으로 완화해주는 방법의 적용이 주를 이루었다. 하지만 점차 신재생에너지원의 비중이 높아지게 되면 이에 필요한 에너지 저장장치의 용량이 기하급수적으로 늘어나게 된다. 따라서 최근에는 신재생에너지원들에게도 자체적으로 에너지저장 기능을 탑재하거나 상시에 최대 출력 제어가 아닌 변동성 완화 제어 모드로 운영하게 하는 방안을 연구 중에 있다. 따라서 신재생에너지-에너지 저장장치가 서로 독립적으로 운영되지 않고 상호 간에 데이터를 주고받아 협조 제어를 통해 전력시스템 내에서 시너지를 내게 하는 방안에 대한 다양한 연구들이 진행되고 있다.

4.5 에너지 저장장치 계통 적용

에너지 저장 시스템은 광범위하게 적용할 수 있는 유연성을 가지고 있으며 계통, 발전, 수용가, 재생에너지 통합에 적용될 수 있다. 모든 상황에서 적합하게 적용되는 에너지 저장장치는 없으며 각 적용 사례의 요구 사항에 맞추어 에너지 저장장치를 운용해야 한다. 그림 4.32와 같이 방전 지속 시간을 기준으로 전력 품질(단기), 브리지 전력(중기), 에너지 관리(장기) 3가지 항목으로 계통에 적용되는 기술들을 분류하였다. 단기간 에너지 저장장치를 브리지 전력시스템(Bridging Power System)이라 칭한다.

4.5.1 전력 품질 적용(단기)

■ **전압 조정**

전압 안정성은 중요한 계통 안정성 지수 중 하나이며, 분산 전원 계통에서 재생에너지의 침투가 증가함에 따라 전압 조절에 관련된 문제를 가지고 있다. 무효전력 지원은 전력계통의 전압 안정성을 유지하게 만든다. 전압 변화에 대응하는 데 적합한 에너지 저

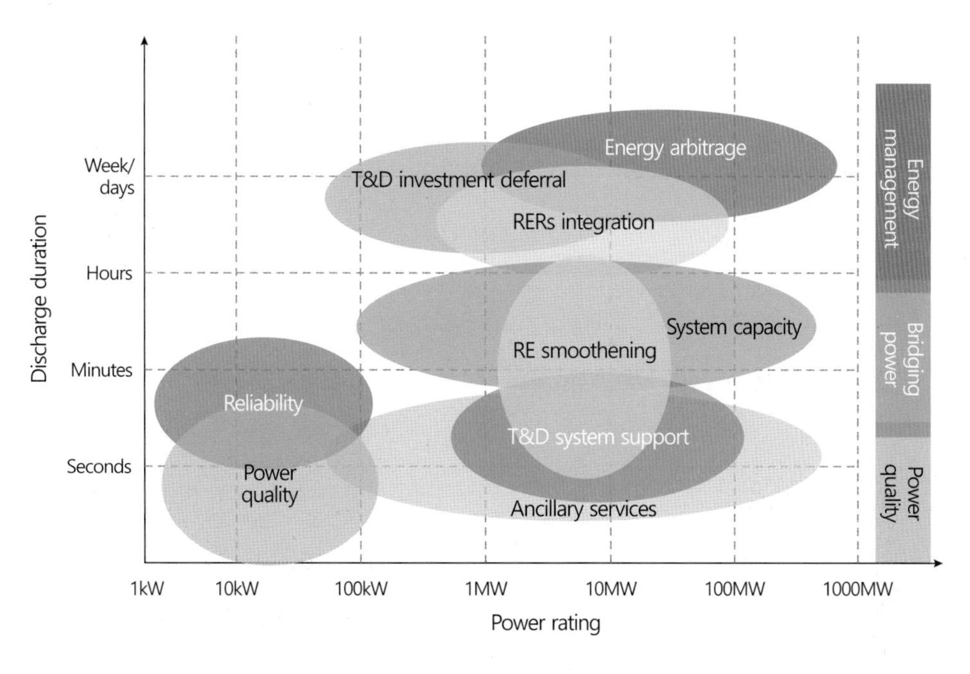

그림 4.32 방전 지속 시간 및 저장 용량에 따른 ESS 적용

장장치는 빠른 반응 시간과 전달성을 보여야 한다. 전압 조절 서비스를 제공하는 에너지 저장장치는 초기에는 소수의 배터리였지만, 최근에는 플라이휠, 유동 배터리, 초전도 자기 에너지 저장장치 및 슈퍼커패시터와 같이 빠른 응답과 높은 사이클 수명을 가진 다른 에너지 저장장치가 등장하여 전압 조절 적용에 사용할 수 있게 되었다.

■ **주파수 조정**

주파수 조정은 발전과 수요의 균형을 유지하도록 안정화하는 역할을 한다. 재생에너지가 포함된 분산 전원 계통에서는 불확실한 기상조건 때문에 기존 계통처럼 발전량이 수요를 따르지 않아 주파수 조정 문제가 더욱 두드러진다. 에너지 저장 시스템은 주파수 조정 서비스에 결정적인 역할을 할 수 있다. 주파수 조정 서비스는 완전 충/방전을 500,000회 이상 굉장히 많은 사이클 동안 높은 증감발 속도로 에너지 저장 시스템의 지속적인 충/방전을 요구한다. 플라이휠 시스템은 높은 사이클 수명, 완전 방전 능력 및 빠른 응답 시간으로 인해 주파수 조정 서비스 및 자기 방전에 가장 적합한 후보 중 하나이다. 일반적으로 주파수 조정에서 원하는 특성을 가진 초전도 자기 에너지 저장장치와 슈퍼커패시터 이외에도 모든 유형의 배터리가 이 서비스에 적합하다.

■ 전력 품질

전압 및 주파수 변동 외에도 재생에너지와 부하 간의 상호 작용으로 고조파 증가, 낮은 역률 및 위상 불균형이 발생할 수 있다. 이러한 전력 품질 문제는 에너지 저장 시스템에 달린 컨버터를 통해 해결할 수 있다. 기술적으로 전력 품질 적용에서 효율과 사이클 수명은 빠른 속도로 최대 전력을 사용할 수 있는 것만큼 중요하지 않다. 평균적으로 전력 품질 적용은 연간 100건의 이벤트를 완화해야 한다. 리튬 이온, 나트륨황, 납 배터리는 기술적 특성으로 전력 품질 적용에 적합하다. 플라이휠, 초전도 자기 에너지 저장장치 및 슈퍼커패시터도 빠른 응답성과 높은 방전심도로 전력 품질 서비스를 제공할 수 있다.

■ LVRT(Low Voltage Ride Through)

LVRT는 고장 또는 큰 부하 변화 또는 발전 시스템의 출력 전력에서 가파른 하강이 발생할 때 발전 시스템이 계통에 계속 연결되도록 하는 기능이다. 이는 전압을 현저하게 감소시킬 뿐만 아니라 장치에서 출력되는 전력을 제한할 수 있다. 그리드 코드는 분산 전원 계통이 그러한 조건 동안 최대 무효 전류를 공급해야 한다고 요구한다. 에너지 저장 시스템은 전력망과의 연결 위치에 자체적으로 통합함으로써 이러한 상황을 예방할 수 있으며, 따라서 전체 전력시스템 붕괴의 위험을 줄일 수 있다. 배터리, 유동 배터리, 초전도 자기 에너지 저장장치 및 슈퍼커패시터와 같은 높은 전력 성능과 빠른 응답을 가진 에너지 저장장치는 LVRT 용도에 매우 적합하다.

■ 변동 억제(Fluctuation suppression)

분산 전원 계통에서 재생에너지는 특히 단독 동작에서 주요 발전원이다. 재생에너지의 간헐적 특성으로 인해 기존 시스템에 비해 낮은 시스템 관성과 결합되어 발전량의 변동으로 인해 계통이 불안정해질 수 있다. 변동을 완화할 목적으로 빠른 응답 시간과 높은 사이클 수명을 가진 에너지 저장 시스템은 필요에 따라 지속적인 작동과 빠른 전력 변조(Power Modulation)를 제공하는 것이 적합하다. 플라이휠, 초전도 자기 에너지 저장장치, 슈퍼커패시터 및 BESS는 하이브리드 조합뿐만 아니라 개별적으로 변동을 억제할 수 있는 잠재력을 가지고 있다.

■ 진동 감쇠(Oscillation damping)

분산 전원 계통에서 재생에너지의 침투는 기존 전원의 유연성으로 어느 정도 관리할 수 있다. 그러나 재생에너지의 침투 수준이 증가하면 시스템의 진동 및 안정성 문제가 발생할 수 있다. 에너지 저장 시스템는 0.5Hz에서 1Hz의 주파수에서 실제 전력을 주입하거나 흡수함으로써 이러한 진동을 감쇠시키는 데 사용될 수 있다. 에너지 저장 시스템에 의한 실제 전력 주입 또는 흡수의 지속 시간은 몇 초에서 몇 분 사이이다. 따라서 증감발률이 높고 응답시간이 빠른 에너지 저장 시스템이 선호된다. 따라서 플라이휠, 초전도 자기 에너지 저장장치, 배터리, 유동 배터리 및 슈퍼커패시터가 이 응용 분야에서 선호되는 옵션이다.

4.5.2 브리지 전력 적용(중기)

■ 송전 지원(Transmission support)

에너지 저장 시스템은 차동공진(Subsynchronous Resonance), 전압 강하 또는 상승, 불안정한 전압과 같은 장애와 불규칙성을 보상함으로써 송전 시스템의 성능과 부하 전달 능력을 향상시키는 데 도움을 줄 수 있다. 송전 지원에 사용될 에너지 저장 시스템은 신뢰할 수 있어야 하며 유효/무효전력을 모두 제공할 수 있어야 한다. 에너지 저장 시스템은 빈번한 충전 및 방전 주기를 가져야 하기 때문에 긴 주기 수명은 바람직한 특성이다. BESS, 유동 배터리, 초전도 자기 에너지 저장장치 및 슈퍼커패시터와 같은 중간 지속시간에서 짧은 지속시간(Short-duration to medium-duration) 특징인 에너지 저장 시스템은 전송 지원에 적용이 된다.

■ 블랙 스타트 기능(Black start capability)

치명적인 고장 발생 시 전력망의 도움 없이 정지 상태 후 동작 상태를 회복할 수 있는 것이 발전기의 능력이다. 그리드에 대한 적절한 접속을 갖춘 에너지 저장 시스템은 시스템 블랙 스타트를 제공할 수 있다. 몇 시간 동안 상당한 양의 유효/무효전력(10MVA 이상)을 제공할 수 있는 에너지 저장 시스템가 이 적용에 적합하다. 저장 기술은 수요가 있을 때 완전히 충전된 상태여야 한다. 압축 공기 에너지 저장장치, BESS 및 유동 배터리는 이러한 서비스에 사용되는 선호되는 기술이다.

■ 고장 대비 예비력(Contingency reserve)

전력 회사 및 독립 시스템 운영자(ISO)는 발전기 또는 송전선의 갑작스러운 중단 또는 고장으로 인한 불안정하고 안전하지 않은 작동을 방지하기 위해 다양한 수준에서 비상 예비력을 유지한다. 고장 대비 예비력은 필요한 응답시간에 따라 순동 예비력(spinning reserve)과 비순동 예비력(non-spinning reserve)으로 나눌 수 있다. 순동 예비력은 제일 처음 응답하여 1차 대응책으로 사용된다. 그것의 용량은 그 지역에서 가장 큰 단위기와 같다. 이 예비력은 요구사항이 발생하는 즉시 제공할 수 있다. 비순동 예비력은 유사한 유형으로 10분 이내에 운용이 가능한 2차 대응책으로 사용된다. 압축 공기 에너지 저장장치, 양수 발전, 수소 에너지 저장장치, BESS 및 유동 배터리와 같은 에너지 저장 시스템이 해당 적용 방법에 적합하다.

■ 전기 서비스 신뢰도(Electric service reliability)

전력 품질 적용과 마찬가지로 전기 서비스 신뢰도는 전력망이 작동하지 않는 경우에도 민감한 부하에 전력을 공급하는 데 도움이 된다. 또한 이 서비스를 통해 장비의 손실 및 손상을 제한할 목적으로 장비 및 프로세스를 적절히 종료할 수 있다. 빠른 응답과 몇 분의 방전 지속 시간이 에너지 저장 시스템을 사용하여 정전의 부작용을 최소화할 수 있다. BESS, 유동 배터리, 플라이휠, 수소 에너지 저장장치는 전기 서비스 신뢰성을 유지하는 데 적합한 기술이다.

■ 재생에너지 연계 이슈 완화

재생에너지의 계통연계는 독립화, 장비 제어 및 보호와 같은 다른 기술적 문제를 일으킨다. 더욱이 고장의 발생 가능성이 높은 상황에서 계통이 독립화되는 것은 불필요한 정전을 초래할 수 있고 결과적으로 분산전원 계통을 신뢰할 수 없게 만들 수 있다. 분산 전원 계통이 독립 계통을 지속적으로 공급할 수 있는 능력을 갖췄다면 이러한 상황을 없앨 수 있고, 에너지 저장 시스템을 도입하면 이를 효과적으로 달성할 수 있다. BESS, 유동 배터리, 수소 에너지 저장장치 및 압축 공기 에너지 저장장치와 같은 중간 방전 지속 시간(Medium discharge duration) 에너지 저장 시스템은 재생에너지 통합 문제를 완화하는 데 기여할 수 있다.

4.5.3 에너지 관리 적용(장기)

■ 송배전 시스템 신규 구축 지연 문제 완화

송배전 시스템 신규 구축 지연은 상대적으로 작은 크기의 에너지 저장 시스템(송배전 장비의 부하 부담 능력의 4~5%)을 이용하여 느린 이용률 증가와 비싼 시스템 구축 비용이 드는 송배전 시스템 업그레이드에 대한 투자를 연기하는 것이다. 또한 대부분의 배전 인프라의 매일 몇 시간씩 가장 높은 부하가 발생하므로 이러한 적용 방법에 사용되는 에너지 저장 시스템은 다른 적용 방법에도 동시에 사용할 수 있다. 양수 발전, 압축 공기 에너지 저장장치, 열에너지 저장장치, 수소 에너지 저장장치, BESS 및 유동 배터리는 이 적용 방법에 상당한 이점을 제공할 수 있는 기술이다.

■ 에너지 요금 차익 거래

전력시장에서 전기 요금은 시간별로 차이가 있고 에너지 요금 차익 거래는 피크 시간이 아닐 때 전기를 싸게 구매해 에너지 저장 시스템을 충전한 뒤 전기 요금이 비싼 피크 시간에 에너지 저장 시스템을 방전하여 판매하는 방식이다. 대안으로, 에너지 저장 시스템은 재생에너지로부터 초과 에너지를 저장하여 나중에 수요가 있을 때 사용할 수 있으며, 그렇지 않을 경우 감축되고 낭비되므로 차익 거래의 의무가 생긴다. 자기 방전이 낮은 장기적 에너지 저장 시스템, 특히 양수 발전, 압축 공기 에너지 저장장치, 열에너지 저장장치는 에너지 요금 차익 거래에 적합하다.

■ 첨두 부하 감소

첨부 부하 감소의 목적은 에너지 차익 거래 적용 방법과 매우 유사하지만, 에너지 차익 거래에서는 경제적 목표를 달성할 수 있는 반면, 여기서는 에너지 저장 시스템이 부하 곡선의 피크 지점을 감소시키기 위해 사용된다는 단 하나의 차이점이 있다. 첨부 부하 감소에 사용되는 에너지 저장 시스템은 유틸리티 시스템의 피크 용량 작동을 효과적으로 줄여 수명을 늘릴 수 있다. 수요가 없고 재생에너지 발전원이 발전을 할 때 저장해 두어 결과적으로 전체적인 효율을 증가시킨다. 이러한 적용 방법에 적합한 에너지 저장 시스템에는 양수 발전, 압축 공기 에너지 저장장치, 열에너지 저장장치, BESS, 유동 배터리 및 수소 에너지 저장장치가 있다.

■ 부하 추종

부하 추종 기능은 수요 부하의 변화에 따라 출력을 변경할 수 있는 기능이다. 에너지 저장 시스템은 발전기들에 비해 부하 변동(상승 및 하강 모두)을 커버하는 빠른 응답을 제공한다. 이 적용 방법에 사용되는 에너지 저장 시스템은 시간 단위로 실행되어야 한다. 압축 공기 에너지 저장장치, 양수 발전, BESS, 유동 배터리 및 수소 에너지 저장장치와 같은 대규모 에너지 저장 시스템이 이 서비스의 주요 공급 방법이다.

■ 전기 요금 절감

수요자는 수요 충전 기간(보통 피크 시간) 동안 유틸리티에서 발생하는 전력을 줄임으로써 전기 요금을 줄일 수 있다. 에너지 저장 시스템은 전기 요금 관리에서 중요한 역할을 할 수 있다. 전기 요금이 부과되지 않는 기간에는 전기를 저장하고 전기 요금이 부과되는 기간에는 방전을 한다. 방전 기간이 5~6시간인 에너지 저장 시스템은 이 적용 방법에 적합하다.

4.6 국내외 ESS 활용 동향 및 사례

4.6.1 국내 현황

국내에서 2018년 상반기까지 설치된 ESS의 총 용량은 1.8GWh로 지속적으로 빠르게 증가하고 있다. 계획상으로는 연간 3.7GWh가 설치될 전망이다. 이는 ESS 특례 요금제, 공공기관 ESS 설치 의무화, 재생에너지 연계 ESS의 공급인증서 가중치 확대 등 정부의 ESS 정책 시행에 따라서 수요가 지속적으로 발생할 전망에 근거한다. 또한 대량생산으로 인한 ESS의 가격 하락 및 탄소중립을 위한 핵심 기술로서 성장세가 유지될 것으로 전망되고 있다.

■ 국내 주파수 조정용 ESS 개요

국내 계통의 ESS 적용 특수사례로는 한국전력공사의 주도로 송전망에서는 양수 발전 등과 더불어 배터리 에너지 저장장치(BESS)가 주파수 조정용으로 설치되어 사용되고

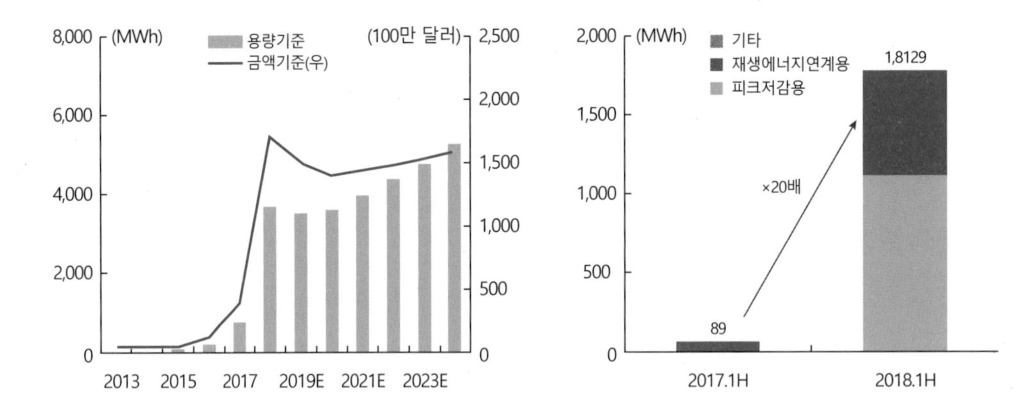

그림 4.33 국내 ESS 보급 동향

출처: SNE research, 하나금융경영연구소, 산업통상자원부

있다. 해당 주파수 조정용 ESS의 콘셉트는 아래 그림과 같다. 평상시 모든 발전기들은 주파수 조정을 위해 일정 용량(약 5%)을 비상시 전력으로 확보하고 남은 전력만 계통으로 공급하고 있는 상태이다. 하지만 ESS를 활용하게 된다면 저원가 발전기들이 자체 용량의 100%를 항시 출력하게 됨으로써 경제성을 확보할 수 있게 된다. 따라서 효율적인 국내 발전원 운영과 부하급증 시간대 안정적인 전력계통운영이 가능하게 된다. 또한 ESS의 경우 빠른 응동 속도로 인해 부하급증 및 발전탈락 등 비정상적인 상황에 효율적으로 대응 가능함으로써 화력발전기 대비 주파수 조정 자원으로서 상대적 가치가 높다고 평가되고 있다.

■ 국내 주파수 조정용 ESS 설치 현황

주파수 조정용 ESS는 최종적으로 GW급 용량으로 설치되어 운영될 계획에 있었으나 최근 몇 년간 화재 등의 이슈로 인해 해당 사업은 1단계까지만 완료되어 있다. 1단계 사업은 2014년부터 2016년까지 376MW의 용량에 해당되고 설치 위치는 그림 4.35와 같다.

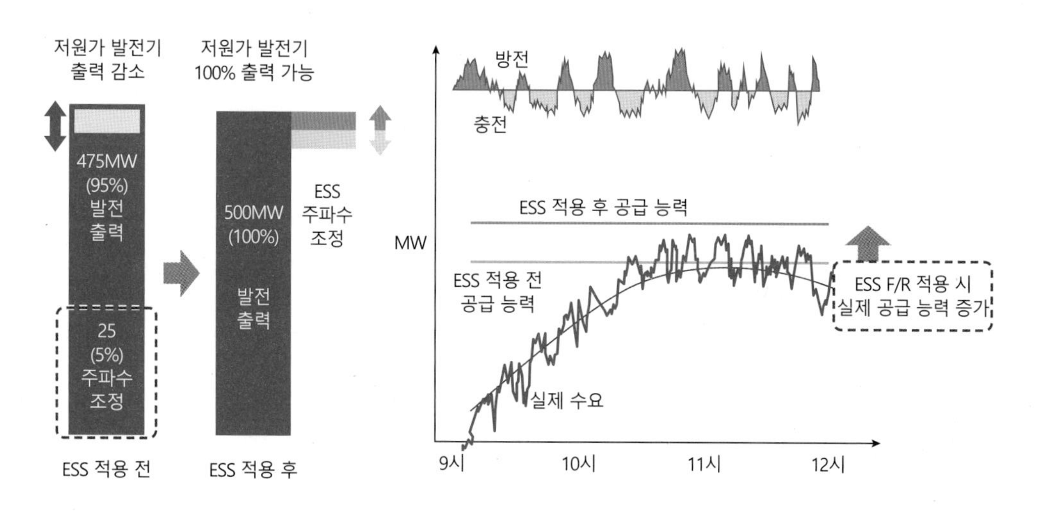

그림 4.34 국내 계통에서 ESS의 주파수 조종 개념

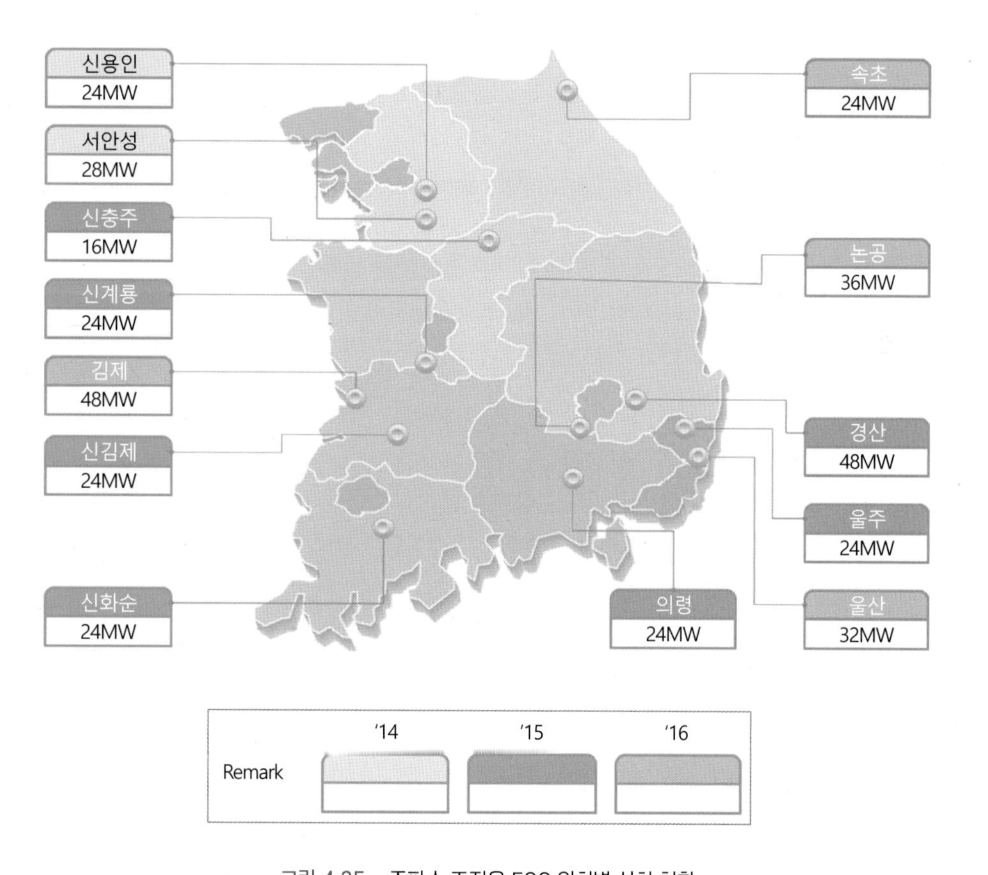

그림 4.35 주파수 조정용 ESS 위치별 설치 현황

4.6.2 해외 동향

전 세계의 ESS 설치 용량은 2017년 기준 4.8GWh에서 연평균 40%씩 증가하여 2025년에는 약 71GWh까지 늘어날 전망이다. ESS의 최대 시장인 미국에서는 전력 설비 노후화로 인한 전력망 불안정, 탄소중립 달성을 위한 재생에너지 확대로 ESS 수요가 지속적으로 증가할 예정이다. 또한 유럽 및 호주의 경우는 전기 요금 절감, 재생에너지 확대, 정전사태 대응 및 전력계통 불안정성 완화 등의 목적으로 주로 ESS가 보급되고 있다. 중국의 경우도 2060년 탄소중립 에너지 정책에 따라 기존 오염물질 배출이 많은 석탄 발전원들을 재생에너지로 대체할 목표에 따라 ESS의 보급 또한 지속적으로 증가할 것으로 전망되고 있다.

생각해 보자! **뉴스에서 보았던 에너지 저장장치의 화재 원인과 대책은 무엇일까?**

현재 국내의 경우 주파수 조정용 및 신재생에너지 출력 변동 완화를 위한 에너지 저장장치의 보급이 2018년까지 가파른 성장세를 보이다가 2019년 이후로 다소 부진하다. 주요 원인 중 하나는 에너지 저장장치에서 발생했던 수십 건의 화재 때문이다. 외국에서도 수십 차례 발생했고 최근 2021년 7월 호주 테슬라 대형 에너지 저장장치에서 화재가 발생해 수일에 거쳐 진압한 사례가 있다.

이는 리튬 이온 전지의 온도 상승이 에너지 방출을 증가시켜 온도 상승을 더욱 가속화시키는 '열폭주' 현상이 주요 원인으로 꼽힌다. 이러한 현상을 개선하기 위해 베터리의 제조 품질 개선, 소재 자체를 전고체 형태나 다른 소재로 대체하기 위한 연구, 보호관리 시스템을 개선하기 위한 연구 및 안전 관리 제도의 제·개정 등이 다각적으로 진행 중에 있다.

신재생에너지 생각

1. 세계적으로 ESS를 신재생에너지원 보상용으로 많이 활용하고 있는 사례를 조사해 보자.

2. 신재생에너지원별 특성을 고려하여 어떠한 타입의 에너지 저장장치를 함께 적용하는 것이 계통 연계 안정성을 높일 수 있을지 고민해 보자.

3. 타입별 특성을 고려하여 주파수 조정용 ESS로 어떤 타입의 에너지 저장장치가 적합할지에 대해 고민해 보자.

4. 에너지 저장장치의 출력 특성과 관련하여 기존의 발전원의 조속기 운전 대비 장점이 무엇일지 생각해 보자.

5. 전력계통의 유효전력 수급 측면에서 에너지 저장장치가 기여할 수 있는 측면을 정리해 보자.

6. 전력계통의 무효전력 수급 측면에서 에너지 저장장치가 기여할 수 있는 측면을 정리해 보자.

7. 송전급 전력계통에서와 배전급 전력계통에서 에너지 저장장치의 활용 목적에 어떤 차이가 있을지 고민해 보자.

8. 에너지 저장장치의 위치와 용량을 결정할 때 어떤 점들을 고려해야 할지 생각해 보자.

참고문헌

- Alhamali, A., Farrag, M. E., Bevan, G., & Hepburn, D. M. (2016). Review of energy storage systems in electric grid and their potential in distribution networks. In 2016 Eighteenth International Middle East Power Systems Conference (MEPCON) (pp. 546–551). IEEE.
- Awadallah, M. A., & Venkatesh, B. (2015). Energy storage in flywheels: An overview. Canadian Journal of Electrical and Computer Engineering, 38(2), 183–193.
- Bracco, S., Delfino, F., Trucco, A., & Zin, S. (2018). Electrical storage systems based on Sodium/Nickel chloride batteries: A mathematical model for the cell electrical parameter evaluation validated on a real smart microgrid application. Journal of Power Sources, 399, 372–382.
- Faisal, M., Hannan, M. A., Ker, P. J., Hussain, A., Mansor, M. B., & Blaabjerg, F. (2018). Review of energy storage system technologies in microgrid applications: Issues and challenges. Ieee Access, 6, 35143–35164.
- Ibrahim, L. O., Sung, Y. M., Hyun, D., & Yoon, M. (2020). A Feasibility Study of Frequency Regulation Energy Storage System Installation in a Power Plant. Energies, 13(20), 5365.
- IEA (2021) Energy Storage Tracking Report (https://www.iea.org/reports/energy-storage).
- Jo, B. K., Jung, S., & Jang, G. (2019). Feasibility analysis of behind-the-meter energy storage system according to public policy on an electricity charge discount program. Sustainability, 11(1), 186.
- Jung, S., Yoon, Y. T., & Jang, G. (2016). Adaptive curtailment plan with energy storage for AC/DC combined distribution systems. Sustainability, 8(8), 818.
- Kim, C., Muljadi, E., & Chung, C. C. (2018). Coordinated control of wind turbine and energy storage system for reducing wind power fluctuation. Energies, 11(1), 52.
- Krishan, O., & Suhag, S. (2019). An updated review of energy storage systems:

Classification and applications in distributed generation power systems incorporating renewable energy resources. International Journal of Energy Research, 43(12), 6171–6210.

- Lee, H., Jung, S., Cho, Y., Yoon, D., & Jang, G. (2013). Peak power reduction and energy efficiency improvement with the superconducting flywheel energy storage in electric railway system. Physica C: Superconductivity, 494, 246–249.
- Lee, K., Yoon, M., Park, C. H., & Jang, G. (2017). Utilization of Energy Storage System based on the Assessment of Area of Severity in Islanded Microgrid. Journal of Electrical Engineering and Technology, 12(2), 569–575.
- Lei, M., Yang, Z., Wang, Y., Xu, H., Meng, L., Vasquez, J. C., & Guerrero, J. M. (2017). An MPC–based ESS control method for PV power smoothing applications. IEEE Transactions on Power Electronics, 33(3), 2136–2144.
- Li, B. (2020). Build 100% renewable energy based power station and microgrid clusters through hydrogen–centric storage systems. In 2020 4th International Conference on HVDC (HVDC) (pp. 1253–1257). IEEE.
- Libich, J., Máca, J., Vondrák, J., Čech, O., & Sedlaříková, M. (2018). Supercapacitors: Properties and applications. Journal of Energy Storage, 17, 224–227.
- Suh, J., Yoon, M., & Jung, S. (2020). Practical Application Study for Precision Improvement Plan for Energy Storage Devices Based on Iterative Methods. Energies, 13(3), 656.
- Sun, Y., Wei, M., Wang, L., Xu, W., Sheng, J., Xie, X., & Nan, H. (2019). The role of pumped hydro storage in supporting modern power systems: A review of the practices in China. In 2019 IEEE Innovative Smart Grid Technologies–Asia (ISGT Asia) (pp. 1613–1617). IEEE.
- Vulusala G, V. S., & Madichetty, S. (2018). Application of superconducting magnetic energy storage in electrical power and energy systems: a review. International Journal of Energy Research, 42(2), 358–368.
- Wang, J., Lu, K., Ma, L., Wang, J., Dooner, M., Miao, S., ... & Wang, D. (2017). Overview of compressed air energy storage and technology development. Energies, 10(7), 991.
- Yoo, Y., Jang, G., & Jung, S. (2020). A Study on Sizing of Substation for PV with

Optimized Operation of BESS. IEEE Access, 8, 214577–214585.

- Yoo, Y., Jang, G., Kim, J. H., Nam, I., Yoon, M., & Jung, S. (2019). Accuracy improvement method of energy storage utilization with DC voltage estimation in large-scale photovoltaic power plants. Energies, 12(20), 3907.
- Yoo, Y., Jung, S., & Jang, G. (2019). Dynamic inertia response support by energy storage system with renewable energy integration substation. Journal of Modern Power Systems and Clean Energy, 8(2), 260–266.
- Yoo, Y., Jung, S., Kang, S., Song, S., Lee, J., Han, C., & Jang, G. (2020). Dispatchable substation for operation and control of renewable energy resources. Applied Sciences, 10(21), 7938.
- Yoon, M., Lee, J., Song, S., Yoo, Y., Jang, G., Jung, S., & Hwang, S. (2019). Utilization of energy storage system for frequency regulation in large-scale transmission system. Energies, 12(20), 3898.

5

신재생에너지와 전력시스템

ENERGY

지구 온난화와 자원고갈, 그리고 개발도상국의 경제성장에 의한 에너지 소비 증가에 따라 신재생에너지는 석탄, 석유 등의 화석연료를 대체할 대체에너지로 각광받고 있으며, 신재생에너지 설비는 전 세계적으로 매년 증가하는 추세이다.

신재생에너지 전환은 오염 물질 및 탄소 배출 저감을 통해 미세먼지와 지구 온난화 등 세계적으로 직면한 환경문제를 해결할 수 있을 것으로 보이며, 연료비 지출의 하락과 설비 비용의 하락으로 인한 발전단가의 저감 및 에너지 전환에 따른 일자리 창출 등의 효과로 경제적인 이득을 가져다주는 등의 장점이 있다.

하지만 신재생에너지는 바람이나 일조량 등 날씨 혹은 설비 위치에 큰 영향을 받는 변동적 에너지로 분류된다. 변동적 에너지는 출력을 예측하기 어려운 불확실성과 출력의 변화폭이 큰 변동성을 지니기 때문에 계통과 연계될 경우 계통의 유연성, 계통 안정도 등에 악영향을 미치게 된다.

전력계통의 유연성은 주로 수요 변동, 예기치 못한 설비 고장 등, 계통 상황의 변화에도 수요와 공급의 균형을 맞추기 위해 발전과 부하를 조절할 수 있는 능력으로 정의된다. 변동적 신재생에너지의 계통 병입은 출력 불확실성을 증대시켜 주파수 및 관성 예비력 산정에 어려움 주는 등 계통 유연성을 저해하는 요소로 작용하여 수급 균형에 문제를 야기한다. 또한, 신재생에너지는 낮은 발전효율에 따른 발전설비 증가라는 단점을 갖는다. 석탄, 가스, 원자력 발전소 등 기존 화석연료 발전은 피크 발전효율이 100%로 알려진 반면, 신재생에너지의 발전효율은 15% 정도에 불과하다. 즉 동일 용량의 전력을 생산하기 위해 기존설비용량보다 6배 이상의 설비용량을 확보해야 한다는 것을 의미하며, 이는 초기 투자 자본의 증가라는 단점을 의미한다.

5.1 신재생에너지의 전력시스템 영향

5.1.1 전력수급 불균형의 심화

교류 전력계통에서 대부분의 발전기는 출력 예측과 주파수 및 전압 제어가 가능하기 때문에 전력수급의 불균형이 발생하더라도 비교적 대응하기 용이하다. 그러나 계통에 신재생에너지 설비가 증가하면서 전력수요의 변동에 대응할 수 있는 공급력의 변화도 더 심화된다. 변동성 재생에너지는 출력 예측에 대한 오차가 크고, 제어가 어렵기 때문에 계통관리하에서 수급운영이 복잡하고 어려워진다.

태양광 발전의 경우 전력수요의 수준이 높지 않은 봄, 가을철이나 주말 낮 시간대에 태양광 발전의 발전량이 증가하여 부하량의 일부를 차감함으로써 순부하는 급격히 감소하고, 저녁 무렵 다시 급격하게 증가하는 패턴을 보인다. 전력계통에서는 부하가 증가하는 낮 시간에 태양광 발전량을 최대한 수용하기 위해 기존 발전기의 출력을 최소로 낮추고, 저녁 무렵 발전기의 출력을 최대한 상승시키는 등 출력의 변동성이 커진다.

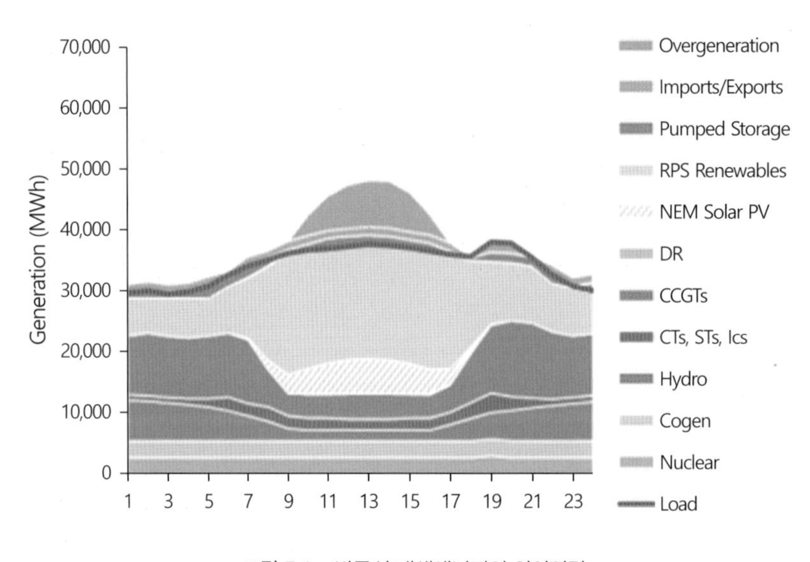

그림 5.1 변동성 재생에너지의 잉여전력

기존 발전기의 최소출력 운전에도 불구하고 그 이상으로 태양광의 발전량이 증가하면 잉여전력이 발생하게 된다.

계통의 부하와 신재생에너지 발전량의 증감이 비슷할 때는 수급 균형을 유지하는 데 어려움이 덜하지만, 증감이 서로 반대 방향으로 움직일 때 수급 불균형이 심화된다. 신재생에너지가 확대되어 전원믹스에서 비중이 높을 때, 부하수준과는 반대 방향으로 움직일 가능성이 높고, 변동성이 더 커지기 때문에 수급의 불균형은 확대될 가능성이 크다.

표 5.1 부하 수준과 변동성 신재생에너지 발전량 수준의 관계

구분		재생에너지 발전량 수준	
		높음	낮음
부하량 수준	높음	• 수급 불균형, 미세조정	• 수급 불균형, 공급력 부족 • 주파수 하락, 예비력 확보
	낮음	• 수급 불균형, 공급력 과잉 • 주파수 상승, 출력 제한	• 수급 불균형, 미세조정

5.1.2 주파수 변동 심화

신재생에너지 설비 비중 확대로 인해 전력수급 불균형이 심화되면 계통의 주파수 변동도 심화될 것이다. 전력계통이 정상적인 상황 속에서도 신재생에너지 발전의 출력 예측에 대한 오류와 실시간 출력 변동의 심화는 자연조건에 따라 예기치 않은 공급력의 과잉과 부족으로 이어질 수 있기 때문이다. 신재생에너지의 공급이 과잉될 경우 주파수 상승으로 이어지고, 주파수 상승에 따라 설비 보호장치의 작동으로 신재생에너지 설비가 계통에서 탈락하게 된다. 이는 공급 부족으로 이어져 주파수 하락으로 귀결될 수 있으며, 파급 방지를 위한 저주파수 계전기의 작동으로 일부 지역 혹은 전 계통 정전으로 이어질 수 있다.

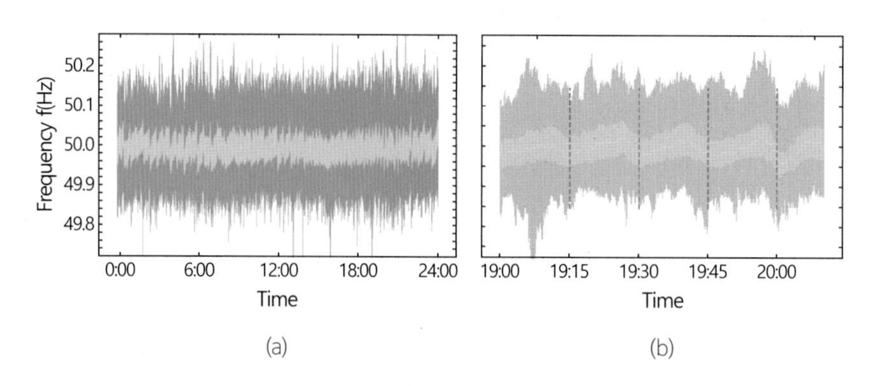

그림 5.3 영국의 재생에너지 적용 후 주파수 변동율 증가. (a) 낮 (b) 밤

5.1.3 배전계통의 전압 상승

전기사업법에 따라 전기사업자는 배전계통의 전압을 적정 범위 내로 유지할 의무가 있다. 전압관리는 전력조류가 단방향이라는 전제 조건 아래에서 이루어지고 있으며, 부하의 변동으로 배전망에 흐르는 전류가 변화하여 전압이 변동하더라도 전압의 단조 감소로 전압조정은 쉽게 이루어진다. 하지만 배전선로에 연결되는 신재생에너지가 증가하면, 역조류(Reverse Power Flow)가 발생하여 연계지점의 전압 상승 때문에 기존의

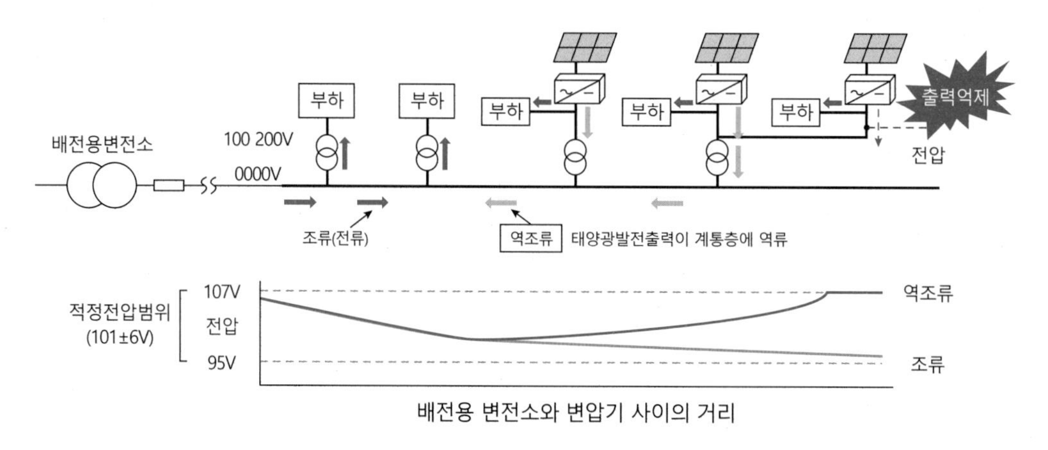

그림 5.2 신재생발전설비의 배전선로 연계에 따른 전압상승

전압제어방식으로는 적정전압 조정능력을 상실할 수 있으며, 배선 설비 혹은 기기 이상이 발생할 가능성을 높인다.

신재생에너지 투입에 따른 전압 변동은 투입되는 유효전력과 무효전력에 의해서 계통의 전압 상승으로 나타나는데 무효전력을 흡수하여 전압 상승을 완화할 수 있다.

5.1.4 전력시스템의 관성력 약화

기존 화력발전 혹은 수력발전과 같은 동기발전기는 터빈의 기계적 회전력으로 발전하기 때문에 관성력이 존재한다. 하지만 신재생에너지 발전은 인버터를 통해 계통에 전력을 공급하는 비동기전원으로서 관성력이 존재하지 않는다. 따라서 신재생에너지 설비의 증가는 전력계통 전반의 관성을 감소시킨다. 이는 계통에서 사고나 이상 발생으로 인한 수급 불균형이 발생하여 주파수 혹은 전압에 변동이 발생할 경우 즉각적이고 수초 이내의 짧은 시간 동안 변동성에 저항할 수 있는 물리적인 힘이 약해져 안정적인 전력망 유지가 어려워진다는 것을 의미한다.

전력계통에는 여건에 맞는 적정 규모의 관성력이 항시 존재해야 하므로, 신재생에너지 병입 확대에 따른 계통 관성력 유지에 대한 문제가 대두된다.

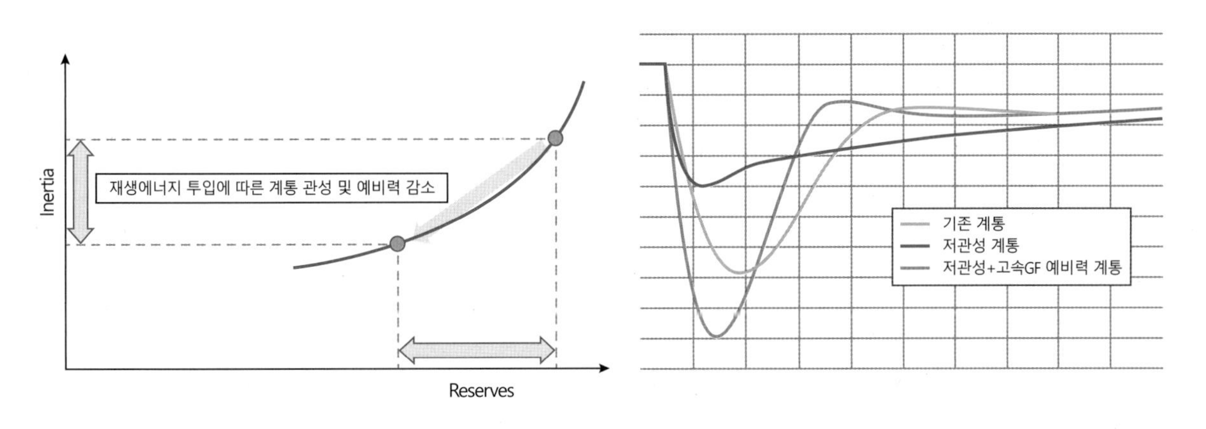

그림 5.4 재생에너지 투입에 따른 계통 관성 감소에 따른 주파수 불안정성

5.1.5 일부 배전계통 고장전류 증가 및 공진

계통에서 사고가 발생할 경우 교류 발전설비인 동기발전기 및 유도발전기, 보조 여자 발전기에 단락전류가 공급된다. 신재생에너지 병입 증가에 따라 계통에 인버터 설비가 증가할 경우, 인버터를 통해 공급되는 단락전류의 증가로 기설 차단기의 정격용량 초과가 발생할 수 있으며, R-L-C 공진 현상에 따른 계통의 교란 현상이 나타날 수 있다.

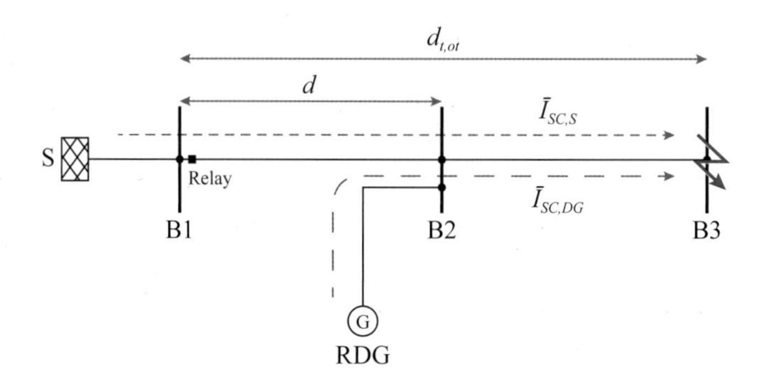

그림 5.5 신재생에너지원 및 분산전원의 고장전류 기여

5.1.6 대규모 정전의 위험성 가중

신재생에너지의 비중이 높은 전력계통에서 대형 발전기의 고장 및 탈락 등의 사고 발생, 큰 부하변동, 그리고 순시 전압강하 등에 대해서 신재생에너지 설비는 설비 손상 및 인버터 고장 등의 위험으로부터 보호하기 위해 즉각 계통에서 분리된다. 신재생에너지 발전설비가 분리됨에 따라 전원 공급이 차단되어 추가적인 주파수 하락, 일부 혹은 전 계통 정전의 위험에 직면할 수 있다.

전압 강하 이후 차동기 영역에서의 resonance 감쇠가 충분히 되지 않아서
발생한 풍력 터빈 제어 시스템의 예상치 못한 오류로 인한 출력 저감
(출처 : Hornsea 소유자인 Ørsted 발표)

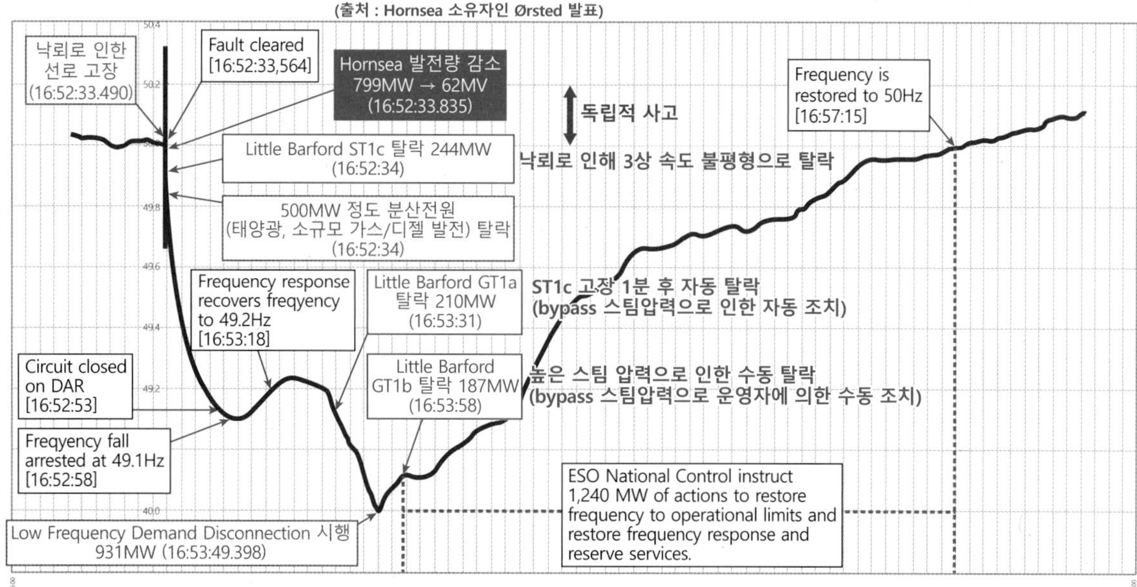

1,000MW 예비력이 있었지만, 예비력을 상회하는 발전력 감소로 인해 주파수 감소, 결국 LFDD 931MW 시행
(Hornsea 737MW+Little Barford sT1c 244MW+GT1a 210MW+분산전원 추정량 500MW>예비력 1,000MW)

그림 5.6 영국의 대규모 정전 시간별 주파수 하락에 따른 사건 정리

생각해 보자! 고립된 한국 전력시스템의 특성과 신재생에너지의 전력시스템 영향을 고려해 보자

국내 전력시스템의 경우 타 국가와의 전기적 연계는 없이 자체적으로 수급 균형을 맞추어 운영하고 있으므로 전기적으로는 섬(island)과 같다고 한다. 이는 지정학적인 여건의 영향이 크다. 신재생에너지의 투입률이 높은 유럽의 경우에는 국가 간의 전력시스템 연계 및 전력거래를 통해서 서로의 변동성을 완충해주고 필요할 때는 긴급한 출력 제어를 통해 외란의 영향을 감쇄시켜주는 시스템을 운영 중에 있다. 따라서 그 규모와 안정성이 크게 차이 난다고 할 수 있다.

5.2 신재생에너지와 전력수급 균형

5.2.1 수급 균형의 개념

The North American Electric Reliability Corporation(NERC)에서는 수급 균형을 다음과 같이 정의한다. '수급 균형'이란 전기 시스템이 항상 소비자의 총 전력 및 에너지 요구량을 공급할 수 있는 능력을 일컫는다. 전력시스템에서의 수요량은 계속 바뀌기에 계통 운영자는 전기 공급과 수요 사이의 균형을 유지하여야 한다. 운영자는 발전 사업자에 신호를 보내 수요 상황에 맞추어 공급량을 늘리거나 줄인다. 갑작스러운 발전단의 탈락이나 수요의 급작스러운 변동이 생길 경우 운영자는 반드시 추가적인 자원을 확보하거나 통제 가능한 부하를 적절한 시간에 에너지 사용을 줄일 수 있도록 지시해야 한다. 일반적으로 공급량이 수요량보다 많을 경우 기준 주파수 60Hz보다 커지며 반대의 경우에는 60Hz보다 작아진다. 국내에서는 60Hz의 전기사용을 전제로 하여 제작된 공장 내의 각종 회전기기의 회전속도가 이상이 생겨 정상운전을 할 수 없게 되는 등 여러 문제가 발생하기에 전력 수급 균형은 기본적으로 안정적으로 유지해야 한다.

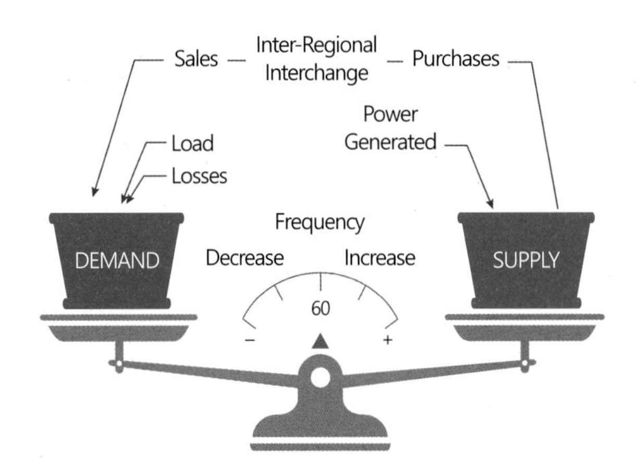

그림 5.7 공급 수요의 관계와 수급 균형에 따른 주파수 안정도

5.2.2 신재생 발전량 증가에 따른 계통 영향

최근 미국 캘리포니아 지역의 태양광 발전량이 증가하면서 일출에서 일몰 사이인 Daytime에 순부하가 급감하여 나타나는 부하곡선이 오리 모양과 비슷하다 하여 2013년 캘리포니아 계통운영기구인 CAISO가 발견해 덕 커브(Duck Curve)로 명명하였다. 태양광 발전설비 보급이 급속히 확대된 이후 태양광 발전량 급증으로 일출 수요의 대부분을 태양광이 담당하게 되면서 일출에서 일몰 사이 순부하량 급감과 늦은 오후 출력 급증과 늦은 오후 출력 급증과 같은 수요 불확실성이 증가하는 등 전력망을 안정적으로 운영해야 하는 계통운영자와 기존 유틸리티는 전력망 운영과 화력발전 등 기저발전원의 운전 측면에서 다양한 문제에 노출되었다. 기저전원이 담당하던 부하 수준까지 재생 발전원이 점유하게 될 경우 하루 단위로 기저 전원을 가동 정지 및 재가동해야 하는 문제가 발생한다. 또한 석탄, 원자력 대비 단시간에 기동 및 정지가 가능한 가스발전을 일몰 후 저녁 피크 부하 충당을 위해 운전함에 따라 운영유지비의 부담이 가중된다. 이러한 덕 커브로 인한 문제점은 향후 태양광 발전 보급 확대에 따라 점차 심해질 것으로 예상된다.

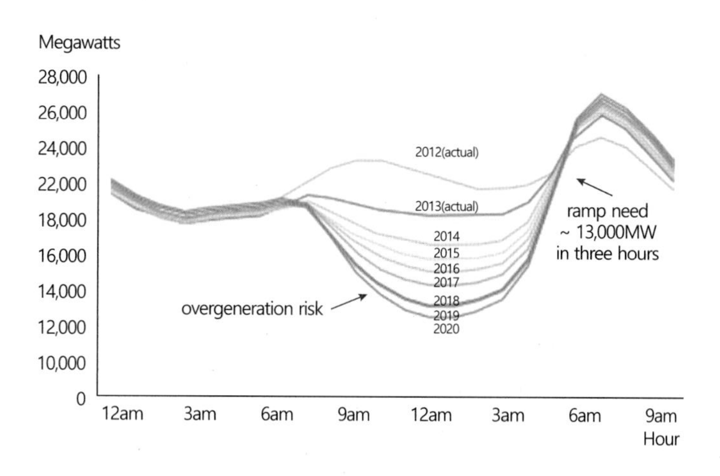

그림 5.8 캘리포니아의 봄철 순부하 덕 커브

5.2.3 날씨 데이터를 통한 정확한 신재생 발전량 예측

전력망에 연계된 태양광과 풍력 발전의 정확한 예측은 전력망 운영의 신뢰도에 있어서 가장 중요한 요소이다. 장기적인 관점에서 재생에너지원 발전의 예측은 해당 자원의 신뢰도를 결정하는 데 매우 중요하다. 해당 발전원의 출력과 투입 비율에 따라서 수요 패턴이나 시간대별 부하 탈락과 같은 요소에 영향을 주기 때문이다. 미국 전력운영사인 PJM사는 2020년에 제출한 예측 프로그램을 통해 향후 10년간에 예상되는 재생에너지원 비중 투입 비율을 연구 중에 있다. 단기적인 관점으로 날씨에 민감한 재생에너지원은 당일 시장에서 공급량을 결정하고 수요량을 충족하기 위한 다른 자원의 효율적인 경제 급전에 영향을 준다. 향후 재생에너지원 출력의 불확실성을 해결하고 소비자의 공급을 만족하기 위해서는 충분한 전력 예비력 운영과 예비력 시장에서의 가격 설정을 위해 예비력 수요 곡선의 운영을 결정해야 한다.

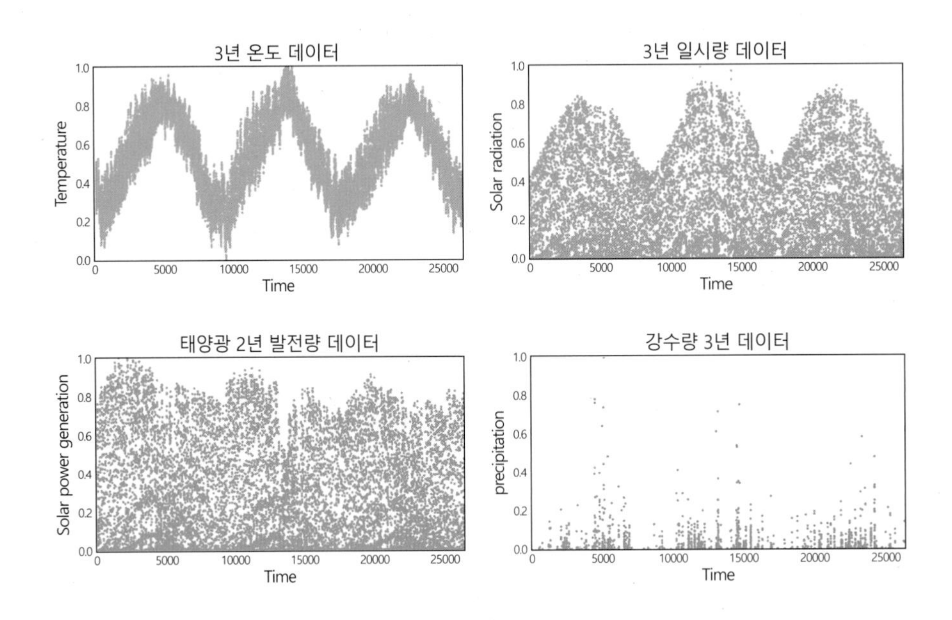

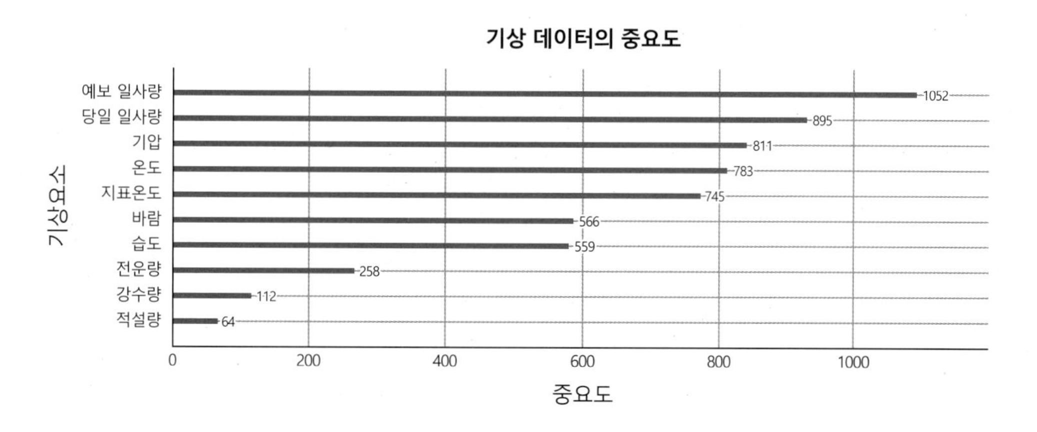

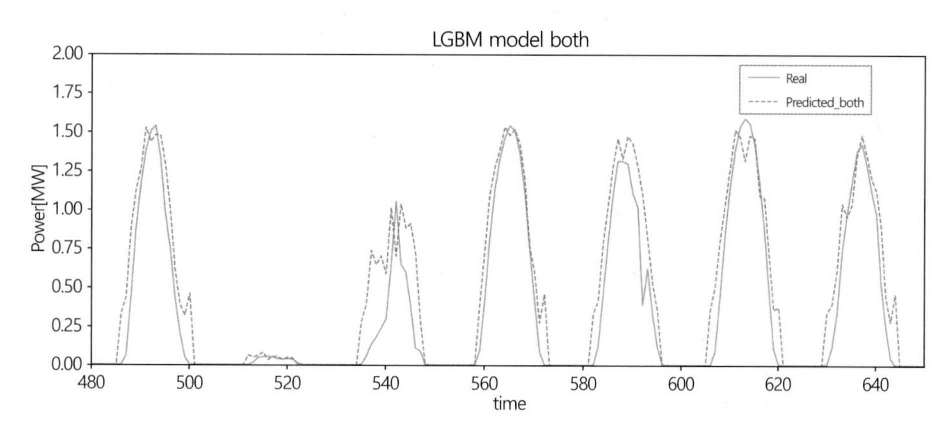

그림 5.9 기상 데이터와 머신 러닝 기법을 이용한 태양광 출력 예측

5.2.4 장기간의 고객 행동 분석을 통한 부하 예측

장기간 수요 예측이란 피크 부하, 다양한 종류의 운전자, 기후 변화, 분산 에너지 자원 분석을 포함하는 것을 의미한다. 추가적으로 부하 예측에 대한 경제적 영향 분석과 분산된 태양광 발전에 대한 분석이 필요하다. 최근 증가하고 있는 분산된 태양광 발전은 가정이나 빌딩에 설치된 태양광 발전으로 해당 부하의 수요량을 감소하는 효과를 가진다. 또한 증가하는 전기차에 대비하여 운전자 충전 패턴 분석을 통해 최대 피크 수요 시점을 고려해야 한다.

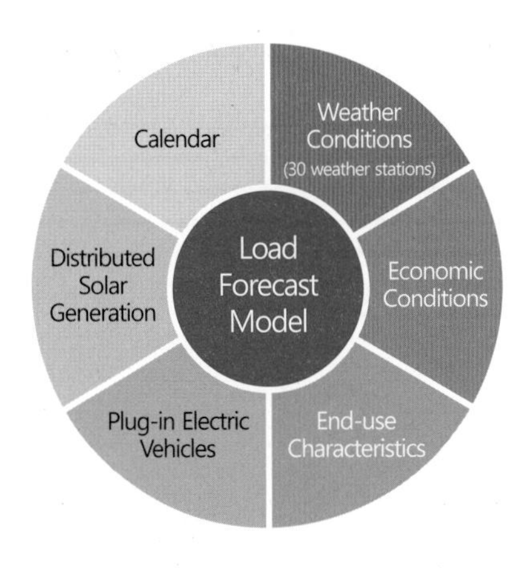

그림 5.10 장기간의 고객 행동 분석을 위해 고려해야 할 요소들

5.2.5 실시간으로 변하는 신재생 발전원의 공급 능력에 대비한 단기간 부하 예측

일반적으로 단기간의 신재생 발전원의 예측은 전력 시장에서 하루 전 시장이나 실시간 시장에서 사용된다. 머신 러닝 알고리즘을 사용하는 신경망 모델, 유사한 과거 데이터를 찾는 패턴 매칭 알고리즘을 사용하는 모델 두 가지를 활용한 혼합 모델을 이용하여

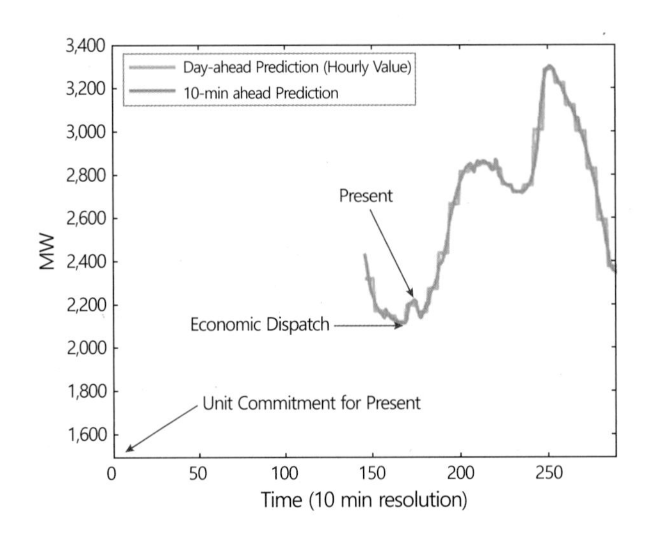

그림 5.11 장·단기 전력 수요 예측

단기 부하 예측을 진행한다. 해당 예측 프로그램은 일반적으로 날씨, 부하 변동 특성, 자가용 태양광 발전 데이터를 이용하여 전력 운영자에게 예상 부하 수요량을 제공한다.

5.2.6 발전기의 증감발률에 따른 수요 공급 균형화 유지

재생에너지원 비중 확대에 따라 발생하는 불안정한 수급 균형 유지를 위해서는 발전기의 증감발률을 통한 계통운영이 필요하다. 현재 사용되는 자원별 동기 발전기의 증감발률 특성 분석을 통한 향후 발전원의 구성 계획이 필요하다.

그림 5.12에서 보면 알 수 있듯이 일반적으로 원자력 발전기는 기저 발전원이며 이들 위를 메우고 있는 것이 석탄화력이다. 하지만 발전기의 출력 변동 특성을 나타내는 'ramp rate'(출력 증감발률) 차이 표를 보면 알 수 있든이 석탄발전기의 출력 증감발률은 평균 2.3%로 복합발전기의 평균 증감발률(4.9%)의 약 50%밖에 되지 않는다. 재생에너지 발전량을 예측해서 발전 계획 수립 시 재생에너지의 출력만큼 다른 출력을 줄여야 하는데 석탄 발전기만으로는 출력을 빨리 줄일 수 없기 때문에 새벽 시간대부터 석탄발전기를 감발하고 복합발전기를 가동하여 필요한 경우 출력을 빠르게 줄일 수 있게 한 결과다. 이는 결국 새벽 시간대 SMP 가격 상승의 원인이 된다. 따라서 재생에너지

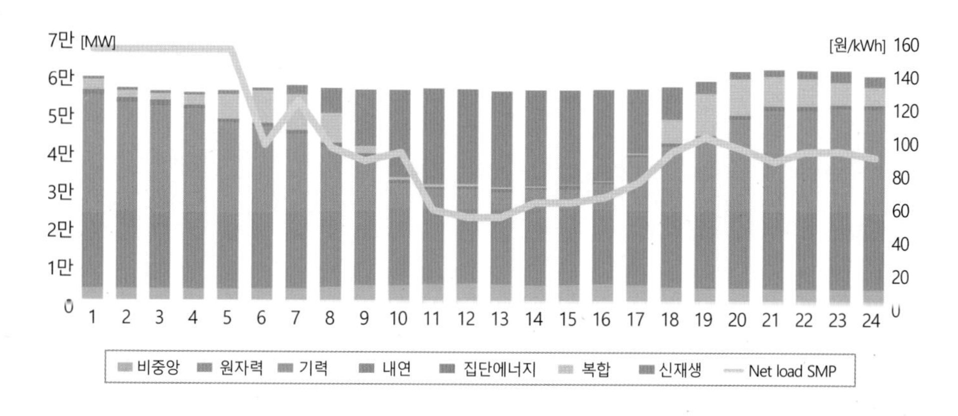

그림 5.12 가동 발전원 비중에 따른 SMP 결정 그래프

구분	석탄화력	복합	양수	수력
Ramp-rate 범위(설비용량 대비 %)	0.5~3.1	1.7~16.7	22.5~37.5	16.9~32.8
Ramp-rate 평균(설비용량 대비 %)	2.3	4.9	30.8	32.8

그림 5.13 발전원별 출력 증감발률 분석 표

원 비중 확대에 따라 각 자원별 발전기의 출력 증감발률 분석을 통해 발전기의 최적화된 발전량을 구성해야 한다.

5.2.7 기존 전원(석탄, 가스, 원자력) 유연성 개선

앞서 언급했듯이 일반적으로 석탄화력발전은 기저 발전으로서 출력 증감발률이 다른 발전원에 비해 매우 낮은 편에 속한다. 하지만 새로운 기술을 도입하여 기존 발전원의 유연성을 높일 수 있다. 새로운 석탄 또는 갈탄 화력을 이용하면 분당 7%의 출력 증감발률을 낼 수 있다. 또한 독일 사례의 경우 두 개의 갈탄 화력을 이용한 2,200MW의 발전소에서 15분에 500MW까지 증감발이 가능함을 증명하였다. 그러나 증가한 출력 증감발률에 따른 유연성의 증가는 연속적인 기동 및 정지 운전, 비용 증가, 장비의 짧은 수명, 더 많은 유지 비용이라는 단점을 지니고 있다. 원자력 발전 역시 기저 발전이고 가장 비탄력적 발전원이다. 대다수의 원자력 발전은 고정 최대 출력으로 운영되며 정기적 보수나 연료 교체 시에만 기동 정지된다. 하지만 프랑스의 경우 몇몇의 원자력 발전은 부하 추종 모드로 변경 시 출력 용량의 30~100% 출력을 1시간 이내에, 60~100%의 출력을 30분 이내에 증감발할 수 있다. 미국의 경우, 원자력 발전과 양수발전을 연계하여 유연성을 증대시켰다. 수요가 낮을 때 원자력 발전의 출력은 양수 발전에서 펌프모드로 에너지를 저장하고 반대로 수요가 증가할 경우 저장된 에너지를 저장된 물의 위치에너지를 이용하여 공급한다. 천연가스 발전원 역시 유연성을 증대시킬 수 있다. 현재 가장 흔히 사용되는 복합화력 발전기는 용량 선택의 다양성, 높은 효율, 저비용의 이유로 계통 수급 균형 유지에 사용된다. 비록 유지 비용 및 운영 비용이 비싸다는 단점이 있으나 기동 시간이 짧다는 큰 장점이 존재한다.

5.2.8 유연성 복합발전(CHP) 구성

덴마크의 열병합 발전의 운영 사례를 보면, 재생에너지원 발전이 낮고 지역 난방 수요가 높은 화석연료를 사용하여 난방과 전력을 공급한다. 그 후 재생에너지원 발전 비중이 높고 난방 수요가 감소하면 발전소의 출력은 감소한다. 마지막으로 재생에너지원 발전 비중이 높아지고 수요 대비 공급량이 많아지면 전기 보일러에서 'Thermal Storage'로 잉여 전력이 사용된다. 해당 모드별 운영 메커니즘은 그림 5.14를 참고할 수 있고 세 가지 제어 모드를 이용하여 CHP의 유연성을 증대할 수 있다.

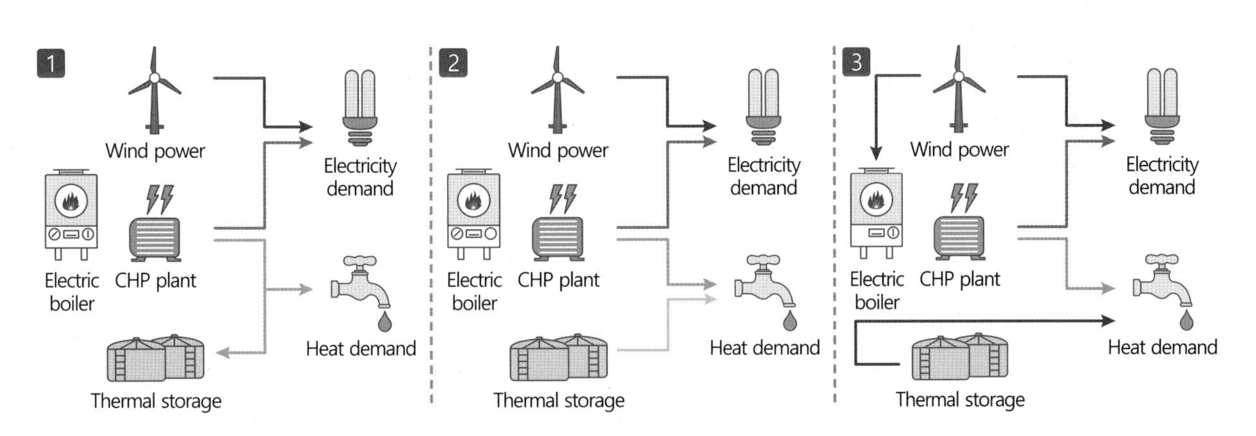

그림 5.14 Flexible combined heat and power plants(CHP)의 구성

5.2.9 수요반응(DR)을 통한 수요 공급 균형 유지

수요반응 시장이란 수요관리사업자가 인센티브에 따라 자발적으로 단기적 전력부하 감축을 시행하고자 하는 전기소비자를 모집하고 수요반응자원을 구성하여 전력시장에 참여함으로써 수익을 창출하는 시장으로, 수요관리사업자는 빌딩, 아파트, 공장 등에서 고객이 아낀 전기를 모아 전력시장에 판매하고 판매수익을 고객과 공유한다. 수요반응자원 참여고객은 아낀 전기를 수요관리사업자에게 제공하고, 아낀 양만큼 수익이 발생하는 제도이다.

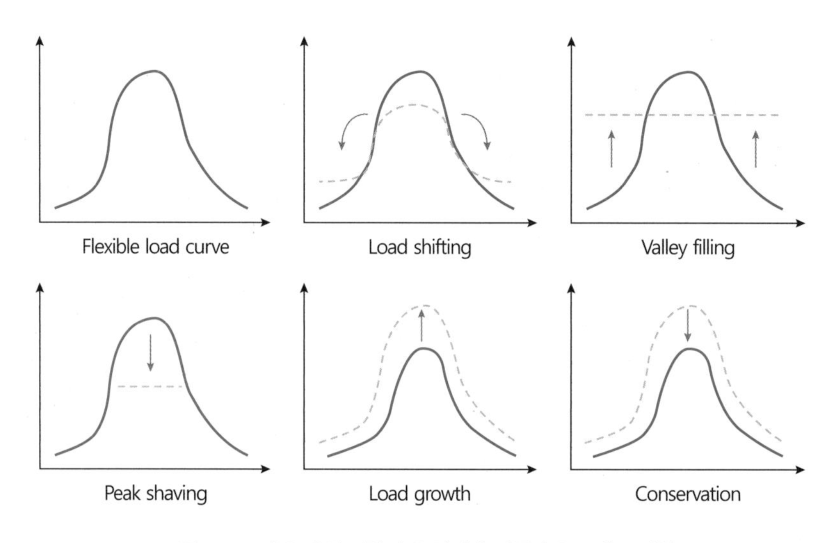

그림 5.15 수요 측의 전력 수요 관리에 따른 수요 그래프 변화

5.2.10 신재생에너지원 비중 확대에 따른 수요 반응 대응

전력시스템 운영자는 높은 재생에너지원 출력 기간과 높은 수요 기간을 일치시켜야 한다. 이러한 방식으로 전기 수요는 더 이상 감소하지 않을 것이며 소비 패턴은 계통 운영 관점에서 더 편리한 시간대로 변경될 것이다. 풍력 단지의 발전량과 피크 부하가 동시에 높다면 풍력 발전 출력이 감소하는 시스템의 심각한 문제로 이어진다. 이러한 경

우에 전력 운영자는 소비자 측에 수요 관리를 요청하여 수급 균형을 유지할 수 있으나 풍력, 태양광과 같은 출력 변동량이 큰 발전원으로부터의 수요 반응은 난항이 이어질 것이라 예상된다.

5.3 신재생에너지와 전력계통 신뢰도(Reliability)

'신뢰도'란 전력계통을 구성하는 제반 설비 및 운영체계 등이 주어진 조건에서 의도된 기능을 적정하게 수행할 수 있는 정도로, 정상상태 또는 상정고장 발생 시 소비자가 필요로 하는 전력수요를 공급해 줄 수 있는 '적정성'과 예기치 못한 비정상 고장 시 계통이 붕괴되지 않고 견디어 낼 수 있는 '안정성'을 의미한다.

대표적으로 상용화되고 있는 신재생 발전원인 태양광, 풍력 발전은 일조량, 풍속 등 기후 변화에 따라 출력이 가변적인 변동성 자원이다. 출력변동의 정도는 설비 규모에 따라 다르지만 이러한 변동성 자원이 계통과 연계되었을 때 전력수급의 불균형, 주파수 변동, 배전계통의 전압 상승, 전력수급 감소, 계통의 관성력 약화, 고장 전류 증가 및 공진 등의 문제를 야기한다.

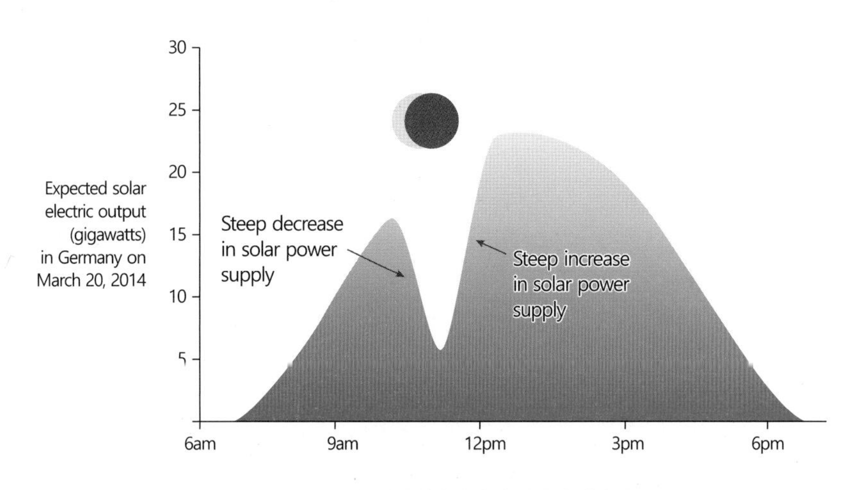

그림 5.16 독일, 개기일식에 의한 태양광 발전량

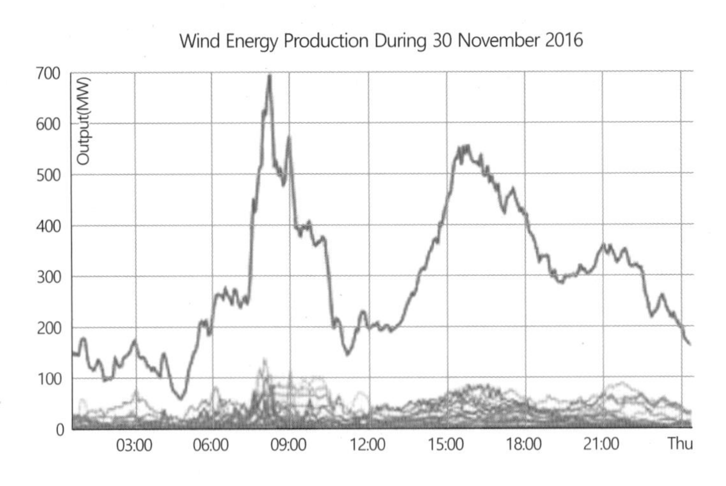

그림 5.17 남호주, 풍력발전기의 출력 변동성

5.3.1 우리나라 전력계통 신뢰도 및 전기품질 유지기준

우리나라는 전력산업 구조개편 이후, 산업통상자원부가 다수의 전기사업자가 안정적으로 전력을 공급할 수 있는 장치를 마련하기 위해 전기사업법 제18조를 근거로 '전

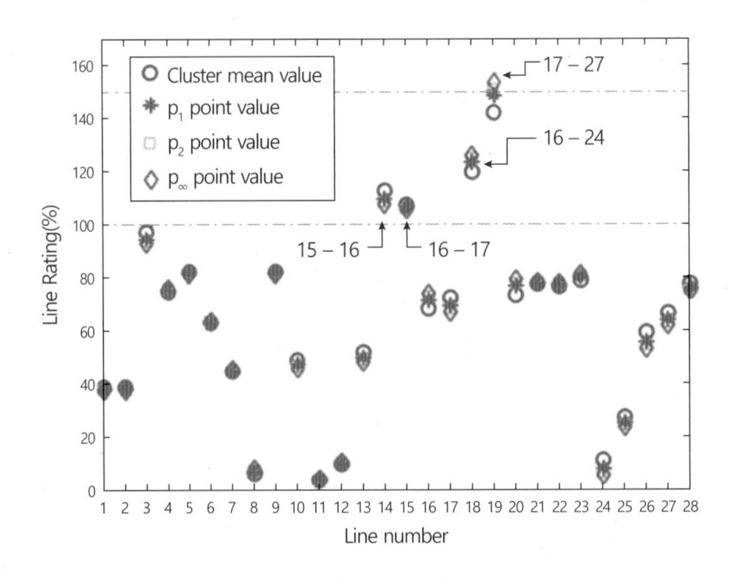

그림 5.18 재생에너지 출력 변동에 따른 송전선로의 부하율 그래프

력계통 신뢰도 및 전기품질 유지기준' 고시를 제정하여 발표하였다. 이 고시에서는 전력품질유지기준, 전력계통 안정성 유지, 계통운영, 신뢰도 평가 및 관리 등 11개 항목에 대한 기준을 제시한다. 특히 신재생에너지원의 투입률이 높아지면서 대두되고 있는 송전급 계통의 주요 문제로는 선로나 설비의 과부하 또는 모선의 과전압이 있다. 이는 기존의 발전원들과는 달리 불확실성 및 간헐성의 특징을 가지는 재생에너지원의 발전 특성이 야기하는 주요 문제이다. 국내 계통 또한 해당 문제를 안고 있으며 그에 대한 분석 결과 사례를 그림 5.18과 5.19에 나타내었다. 그림 5.18의 경우 재생에너지 출력 변동에 따른 송전선로의 부하율이 얼마나 변동할 수 있는지를 분석한 결과이다. 그

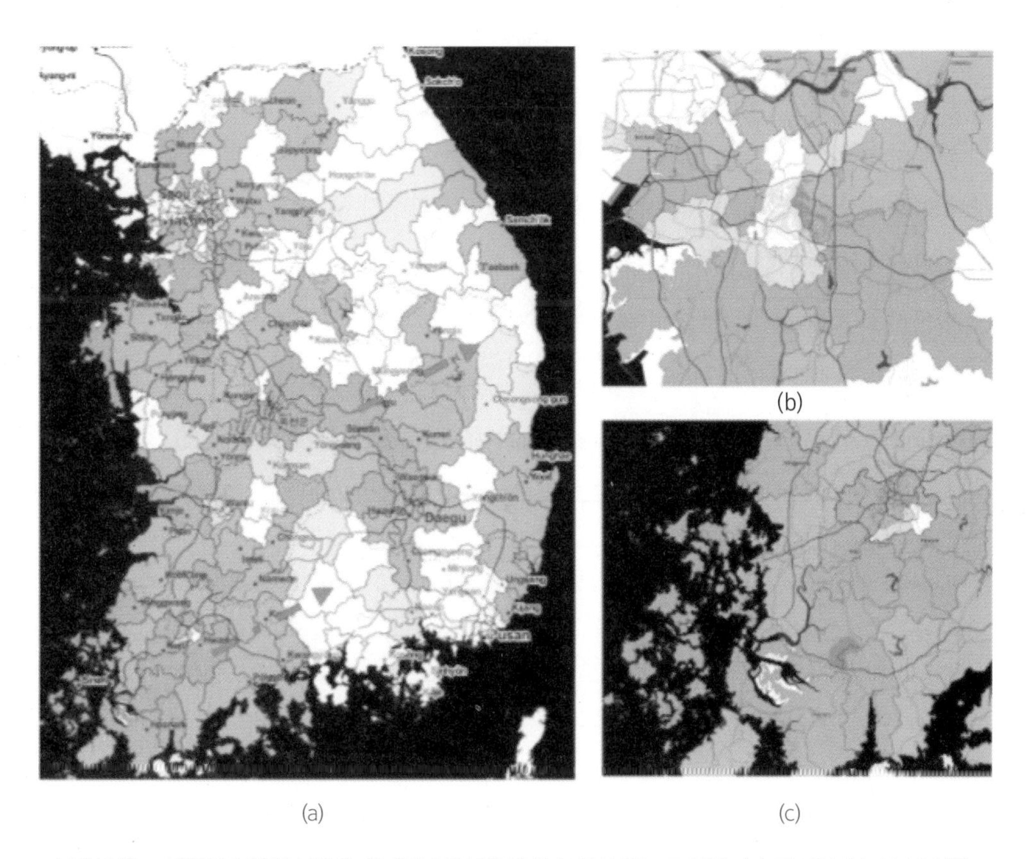

그림 5.19 재생에너지원을 반영한 확률론적 해석에 기반한 계통 전압 프로파일. (a) 전 지역 (b) 수도권 지역 (c) 호남 지역

림 5.19의 경우 재생에너지 출력 변동에 따라 국내 계통의 특정 지역, 주로 재생에너지원의 투입 비율이 높은 호남 지역에 과전압 문제가 발생할 수 있다는 결과를 보여준다. 이 외에도 전력계통 신뢰도 및 전기품질 유지기준에는 다른 여러 요소가 있는데 관련된 상세한 내용은 6장에서 다루도록 한다.

5.3.2 재생에너지원의 출력 제약 문제

과도한 풍력 및 태양광 발전의 출력은 송전 및 운영 제약 조건을 일으킨다.이는 시스템 운영자로 하여금 더 적은 재생에너지 출력을 수용하도록 강요한다. 이러한 현상을 출력 제약이라 한다. 낮은 수용 요소들을 포함하고 있는 풍력 단지는 송전 시스템 디자인에 영향을 준다. 장기간의 전력 통합 운영 관점에서 풍력 발전의 운영 시간은 짧아지고 이용 가능한 풍력 에너지 대비 송전 네트워크망을 이용할 수 없기에 비경제적인 결과를 초래한다. 또한 배전 시스템에서 역조류 현상을 방지하기 위해 화력 및 수력 발전소의 최소 운전이 필수이다. 마지막으로 소규모 계통망에서 시스템 주파수 형성을 위해 비동기 발전을 제한해야 하는 요구사항이 존재하기에 제한적 운영이 필요하다.

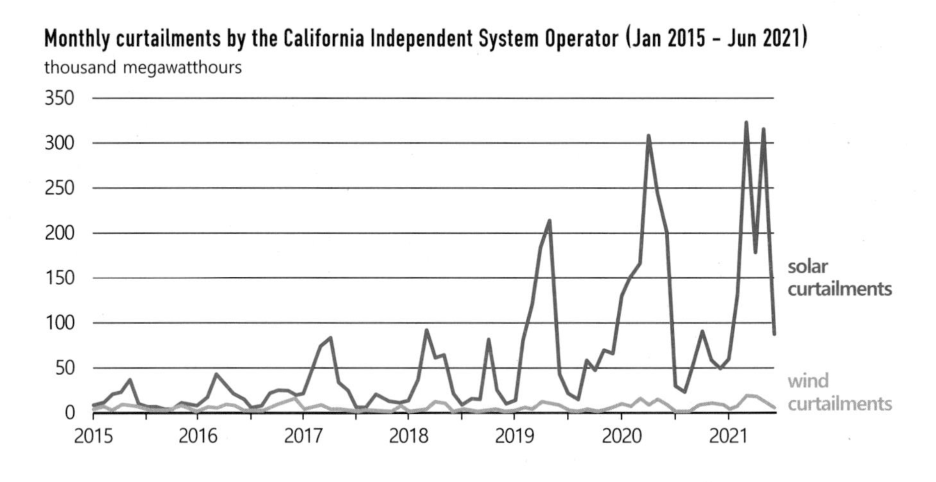

그림 5.20 캘리포니아 지역의 풍력 및 태양광 지역의 출력 제약

5.3.3 국내 제주도 재생에너지원의 출력 제약

국내 제주의 전력계통의 경우 최근 5년간 태양광 발전 용량이 5배 이상 늘어나면서 낮 시간에 재생에너지 출력이 전체 부하의 60%를 넘는 경우도 발생하고 있으며 그로 인해 풍력뿐만 아니라 태양광 발전도 출력 제한을 통해 전압 안정도를 유지한다. 이때 제주도의 계통 안정성을 책임질 HVDC 송전과 MUST RUN 발전기를 반드시 운전해야 하

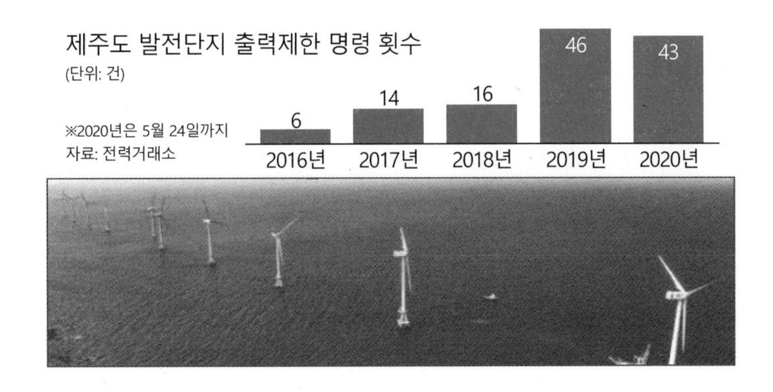

그림 5.21 2020년 기준 제주도 발전단지 출력 제한 명령 횟수

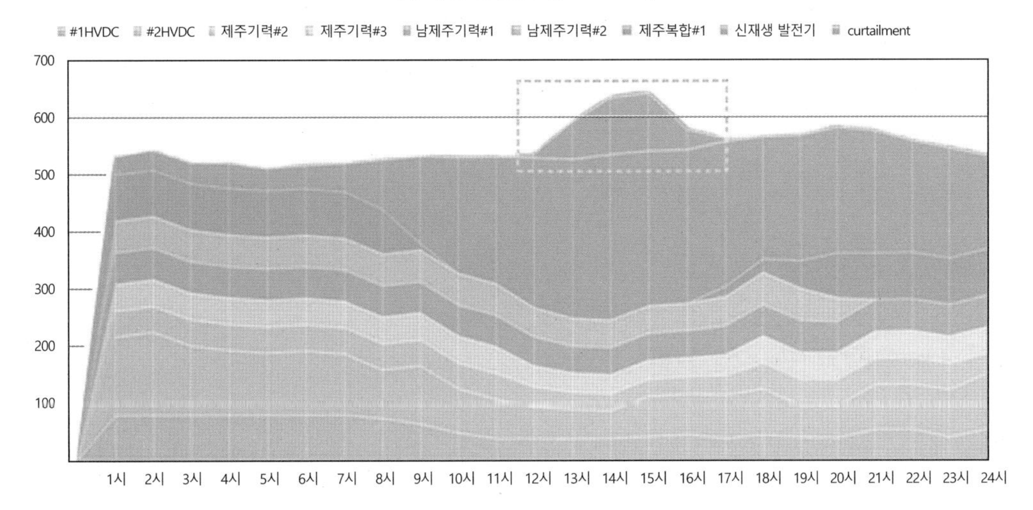

그림 5.22 2020년 기준 제주계통 발전 실적 그래프에 따른 재생에너지원 출력 제약 발전량

므로 풍력과 태양광 발전량이 부하 변동에 따라 출력 제한을 받게 된다. 20년 기준 제주본부의 풍력발전 출력을 제한한 것은 상반기에만 44회였으며 평균 4일에 한 번꼴로 발생하였다. 출력 제한은 전력수요가 적은 3~5월과 9~11월에 태양광 발전량이 급증하면서 전력공급 과잉이 우려될 때 주로 내려진다. 현재 제주도에서 발생하는 출력 제한은 그만큼 남는 전기를 육지로 송전할 수 있어 육지와 제주도 사이 쌍방향의 제3연계선 건설이 진행 중에 있다.

5.3.4 신재생에너지원 확대에 따른 송전망 문제점

광대한 지역에 걸친 발전 균형, 주변국과의 교류 활성화, 국제 전력시장 연계 등 유연성 강화를 위해 송전망을 강화하는 것은 재생에너지원 비중 확대 투입의 핵심 요소이다. 또한 재생에너지원의 전력망 투입에 있어 문제점이 존재하는데 그중 하나는 재생에너지원은 지리적으로 넓게 분포한다는 것이다. 이는 갑작스러운 출력 증가 또는 수요 발생 시 송전망 계획에 불확실성을 야기한다. 더욱이, 외딴 지역의 풍력발전단지는 송전망 접근 없이는 재정상 지어질 수 없는데 송전선로의 건설 계획은 5~10년 소요되기 때문에 송전선로는 선로의 필요성을 입증하기 전까지는 승인될 수가 없다. 경제적인 관점에서 외딴 지역의 재생에너지원의 연결은 기존 시스템보다 비용이 많이 들며 송전선로를 경제적으로 운영하기 위해서는 고비용 지역과 저비용 지역 사이의 가격 차이가 1년 투자 비용 및 운영 비용보다 커야 경제적이라 볼 수 있다. 이를 해결하기 위해서는 저비용의 많은 에너지를 수송할 수 있는 능력이 요구된다.

5.3.5 송전망 보강 및 확장 대책

기술적으로 몇 가지의 네트워크 토폴로지와 연계 계획이 존재한다. 그림 5.23의 각각 외딴 지역의 발전 단지가 송전망에 직접 연결되는 망은 비효율적이고 비경제적이다. 그

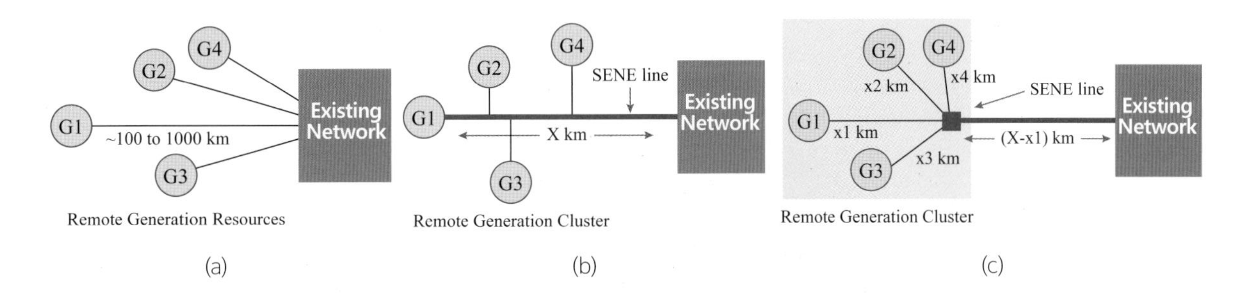

그림 5.23 외딴 지역에서의 발전 단지 연계 송전 네트워크망의 다양한 토폴로지

림 5.23b의 SENE(scale-efficient network extension) 구성은 각 지역의 발전 단지가 초고압의 전압 선로로 연계되어 있으며 이는 미래에 건설 예정인 발전 단지를 고려했을 때 효율적이다. 마지막 방법은 그림 5.23c의 SENE에 추가적인 중심을 연결하는 것이다. 출력 발전이 많을 경우 해당 지역의 HVDC 송전선로를 연계하여 네트워크망을 확장할 수 있다.

5.3.6 송전망 보강 및 확장 해외 사례

독일의 경우, 풍력발전단지가 북쪽 지역에 중점적으로 분포하고 집중 부하 지역은 남쪽에 위치한다. 이러한 장거리 송전의 많은 송전량은 네트워크에 병목현상을 일으킨다. 이 문제를 해결하기 위해 남쪽에서 사용되는 전력은 자국의 송전망을 이용하지 않고 이웃 나라인 폴란드, 벨기에, 네덜란드 등의 송전 네트워크망을 이용하여 문제를 해결한다. 또한 독일은 특정 지역의 공급 안정도를 유지하기 위해 추가적인 송전 용량이 요구되는데 2025년까지 두 개의 장거리 HVDC 송전선로를 이용하여 네트워크망을 강화할 예정이다.

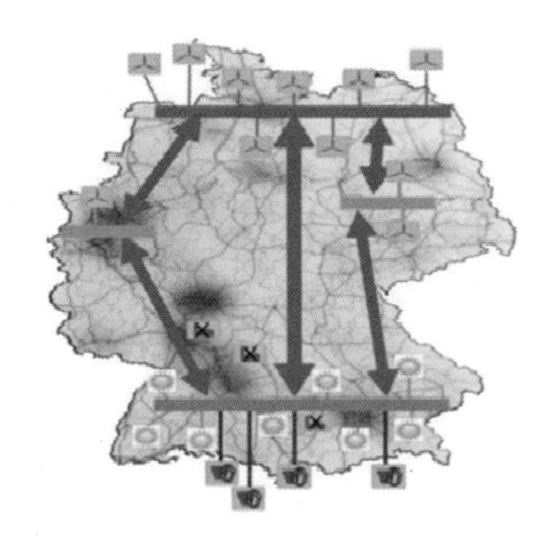

그림 5.24 독일의 송전 네트워크망 확장 운영 계획

5.3.7 송전망 보강 및 확장 국내 사례

■ 에너지 고속도로(DC Highway)

에너지 고속도로는 대규모 해상풍력을 전력계통 내 분산 접속하기 위한 MTDC 시스템 실증 및 실제 시스템을 구축하는 프로젝트이다. 탄소 중립 달성을 위해서는 대규모 해상풍력의 도입이 시급한데 현재와 같은 AC 선로 연계나 PTP(Point–to–Point) HVDC 연계를 통해서는 전력계통에 접속할 수 있는 해상풍력 양이 매우 적은 문제를

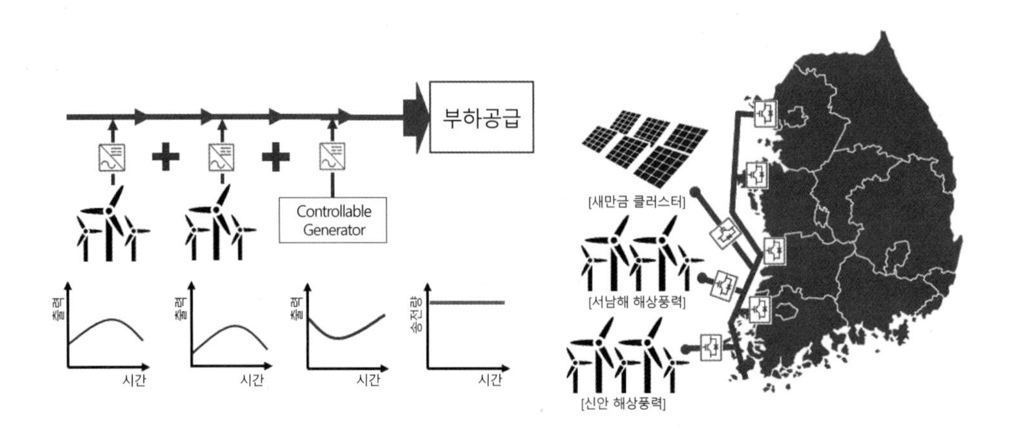

그림 5.25 서해안 DC Highway 개념도 및 부하 공급 방안

해결하기 위한 프로젝트이다. 더불어 AC 연계는 장거리 송전이 불가능하기 때문에, 수용력이 낮은 전북/전남 지역으로의 연계만이 현실적이고 이는 수도권 지역의 재생에너지 수용력을 활용할 수 없는 구조이기에 이를 근본적으로 해결하기 위한 방법으로 서해안 해안가를 관통하는 DC Highway나 남해안 DC 해상풍력 클러스터 구축과 같은 MTDC(Multi Terminal HVDC)가 논의되고 있다.

■ 내륙지역 하이브리드 AC/DC 송전망 구축

재생에너지 수용량을 극대화하기 위해서는 해변 지역뿐만 아니라 내륙지역에도 GW급 재생에너지 연계가 필요하다. 내륙지역 송전급 모선으로의 재생에너지 접속과 조류 제어 기능을 활용한 재생에너지 수용력 극대화를 위해서 내륙지역 DC 기반 시스템 구

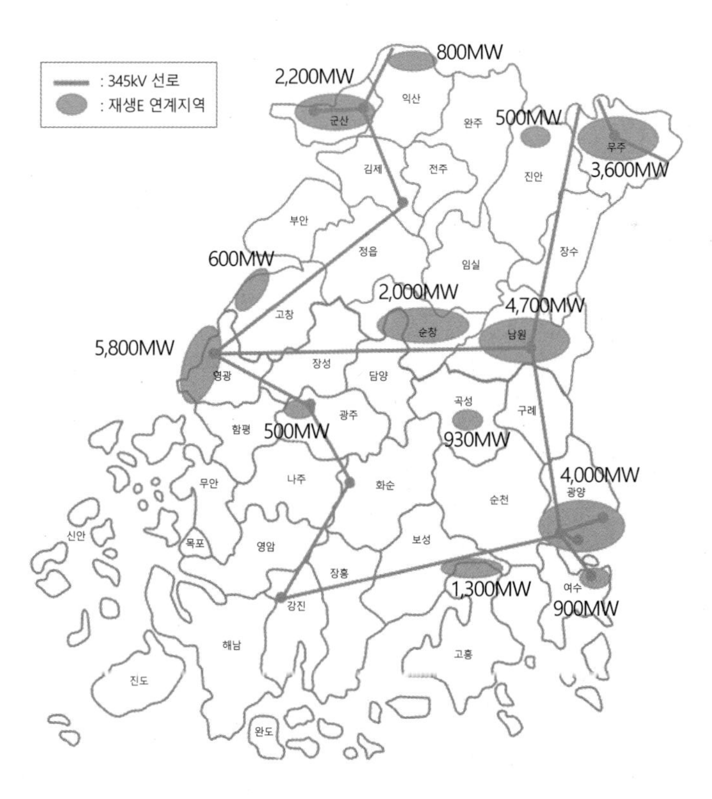

그림 5.26 호남 지역 최대 재생에너지 수용을 위한 수용량 분포도

축을 위한 프로젝트가 논의되고 있다. 이는 전국에 분포된 모선들의 재생에너지 수용능력을 극대화하고, AC 전력망이 수행할 수 없었던 조류 제어능력을 활용하기 위해서는 내륙지역에 DC 선로(HVDC 및 MTDC)를 도입하여, 통합 운영할 수 있는 환경을 조성하기 위함이다.

■ 배전급(특고압) MVDC 시스템 구축

현재 국내 특고압(22.9kV) 전력망에 선로 혼잡, 변압기 용량 한계 도달 등으로 재생에너지 접속 대기 물량이 넘쳐나고 있으며, 이로 인해 재생에너지 수용량 증대에 큰 차질이 있다. 송전망과 마찬가지로 배전망에서도 재생에너지 수용성을 극대화할 수 있는 시스템이 필요한 실정이다. 이에 특고압(22.9kV)에 연계되는 재생에너지 수용성을 증대시키기 위한 배전급 MVDC 시스템을 구축하는 계획이 논의 중이다. 관련 연구 논문 등을 참고해 보았을 때 MVDC 기술 적용 시 부하율을 30% 정도 상승시킬 수 있는 것으로 알려져 있다. 세계적으로도 상징이 될 만한 MVDC 시스템을 국내에서 빠르게 구축한다면, 현재 배전망이 직면하고 있는 재생에너지 수용성 문제를 해결할 수 있을 뿐만 아니라 국내 기업체들이 관련 산업을 육성하는 데 큰 도움이 될 것으로 기대되고 있다.

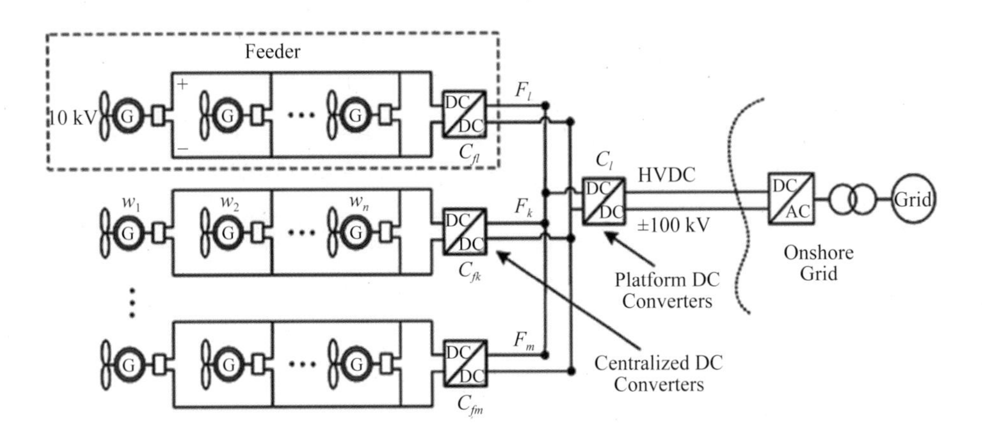

그림 5.27 해상풍력 연계용 MVDC 시스템 구조

5.4 신재생에너지와 전력계통 안정도

The North American Electric Reliability Corporation(NERC)에서는 안정도를 시스템 구성 요소의 손실이나 탈락과 같은 갑작스러운 외란 발생 상황을 견디는 능력으로 정의한다. 따라서 전력시스템 안정도에 관해서 적절한 수준의 신뢰도를 보장하는 것이 필요하다. 정전 상황이나 전력 수급 불균형 문제에 대해 완벽히 신뢰할 수 있더라도 계통운영자 입장에서는 경제적 또는 기술적으로 실현 불가능한 기준이 될 수도 있기에 적절한 기준을 잡는 것이 중요하다. 예를 들어 국내 계통에서는 발전기 2기 고장이 발생하거나 고장파급방지장치에 의하여 발전기가 탈락 시 계통 주파수를 59.2Hz 이상 유지하여야 하고, 1분 이내에 50Hz로, 10분 이내에 59.8hz로 회복시켜야 한다.

5.4.1 주파수 안정도

■ 주파수 불안정에 대한 계통 영향

주파수 유지 범위 내로 주파수가 복귀하지 않으면 시스템 운영자는 안정적인 계통 운영을 기대할 수 없다. 이에 따라 특정 지역의 비자발적인 부하 탈락과 같은 수요를 급작스럽게 줄이면서 문제를 해결할 수 있으나 해당 지역의 국지적 정전으로 인한 경제적, 시간적, 인적 손실의 결과를 낳을 수 있다. 만약 특정 발전기 탈락과 같은 큰 외란 발생 시 응급상황에 대해 적절한 반응이 이루어지지 못하면 계통에서 동기 발전기는 연속적으로 차단 장치에 의해 계통에서 탈락되고 해당 시스템은 전체 블랙아웃의 상황까지 갈 수 있다.

■ 전력계통 주파수 응답(Frequency Response)

주파수 응답 특성은 연계 지역의 신뢰도를 알 수 있는 지표이다. 그중 외란 발생 시 주파수 하락이 일어나는 초기에 발전원과 부하 사이의 내재된 응답 특성을 통해 주파수 제어를 하는 첫 단계가 일차 주파수 응답이라 한다. 이는 시스템 저주파수 문제에 따른 부하 탈락 또는 정전으로 이어질 수 있는 주파수 하락 문제를 방지하기 위한 1차 방어선이라 볼 수 있다. 전력계통 내의 일차 주파수 응답은 가장 대표적으로 발전기 조속기의 동작이다. 평상시에 시스템의 주파수 편차를 측정하여 지령값에 해당하는 출력을 유지하다 외란 발생 시 주파수 편차에 대한 출력을 더 보상함으로써 더 큰 주파수 하락을 방지하며 이를 주파수추종 운전(Governor Free)이라 부른다. 그 이후의 두 번째 단계에서 이차 제어를 통한 주파수 응답 특성이 이루어진다. 대표적으로 자동발전제어운전(AGC)이 여기에 포함된다. 자동발전제어운전은 에너지관리시스템(EMS)에서 계통 부하와 발전기별 주파수 조정 참여율 등을 계산하여 발전기별로 출력을 다시 지령하여 제어신호를 송출하고 응답을 받아 처리된다. 본 과정을 통해 계통 주파수는 다시 기준 주파수인 60Hz로 복귀하여 정상적인 계통운영이 가능하다.

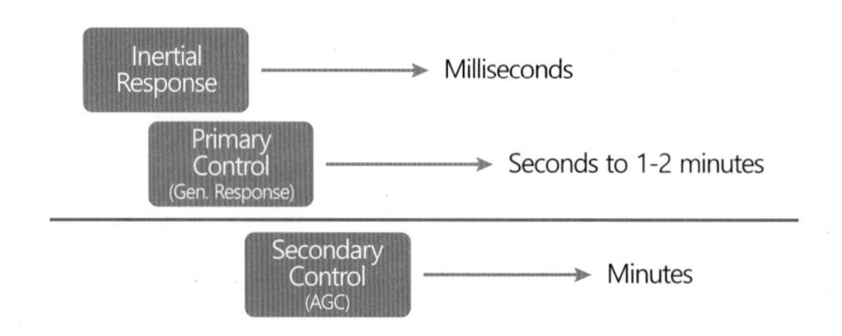

Control	Service	Timeframe
Inertia Control	Inertia	0-10 Seconds
Primary Control	Primary Frequency Response	10-60 Seconds
Secondary Control	Regulation / Reserves	1-10 Minutes
Tertiary Control	System Re-dispatch(SCED)	10-30 Minutes

그림 5.28 계통 주파수 응답 특성에 대한 분류

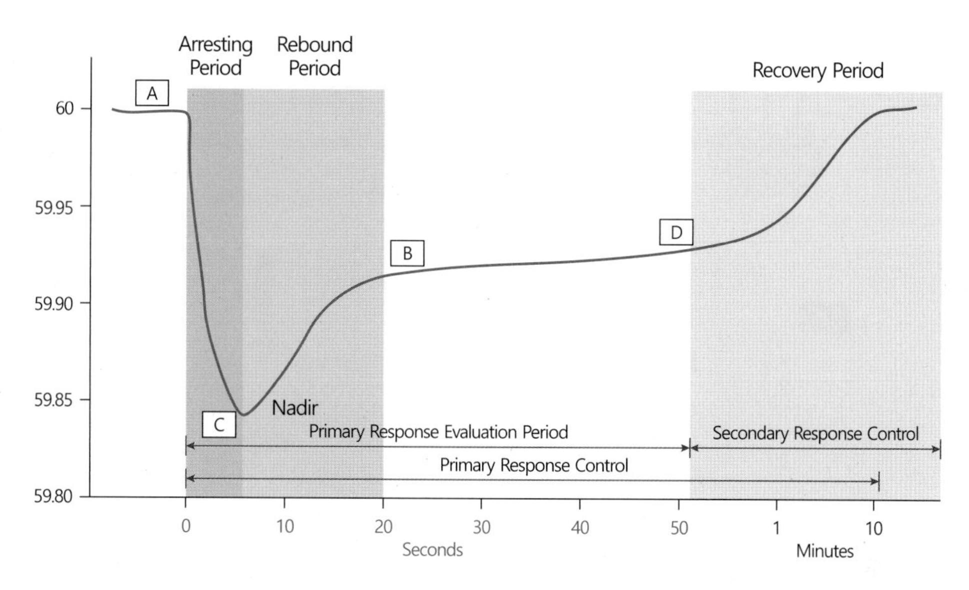

그림 5.29 전력시스템의 외란 발생 시 주파수 응답 특성

■ 신재생에너지원 비중 확대에 따른 계통 관성 감소

신재생에너지원은 계통 관성력이 거의 없다는 것이 특징이다. 여기서 계통 관성이란 현재 속도와 방향의 변동에 대해 저항하는 특성이고 이는 계통에서 사고 발생 시 주파수가 크게 흔들리는 것을 막는 중요한 요소이다. 기존 발전기의 회전하는 터빈과 발전기는 사고가 나도 회전하는 특성을 유지하려는 특징, 즉 관성이 크기 때문에 계통의 주파수를 일정하게 유지하는 데 도움을 준다. 하지만 신재생에너지원은 이러한 관성이라는 내부 에너지가 매우 작기에 송전선로 사고 등 계통에 이상이 발생할 경우 계통 회복력이 낮은, 즉 주파수 회복 능력이 낮은 문제를 내포하고 있어 ESS의 운용이 대안으로 떠오르고 있다.

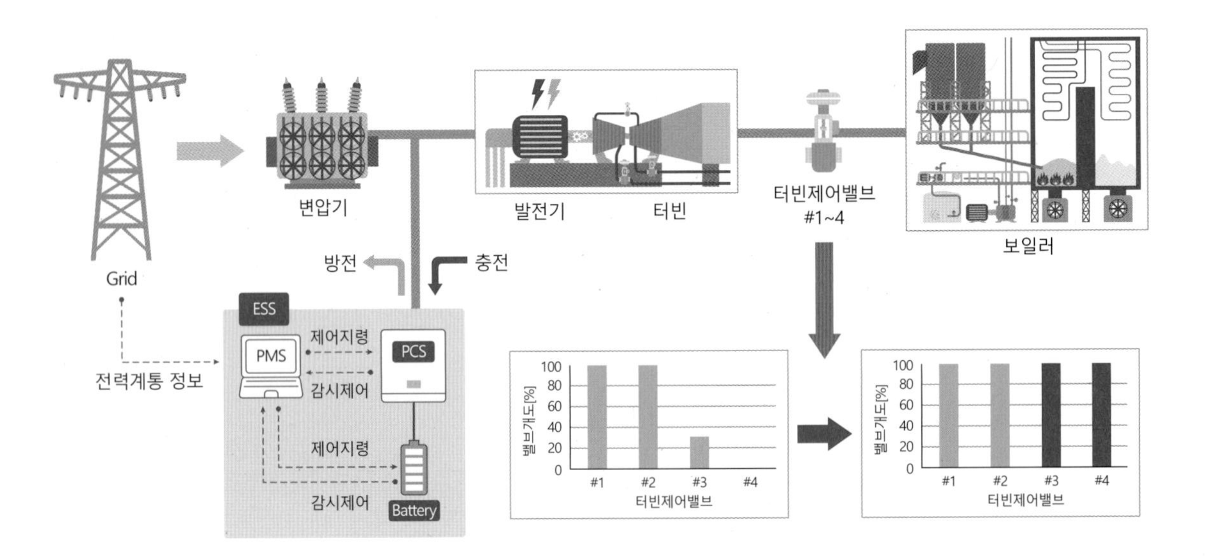

그림 5.30 발전소-ESS 협조 제어를 이용한 효율, 안정성 향상

■ 관성 주파수 응답(Inertia Frequency Response)의 중요성

최근 전 세계적인 저탄소 전환 정책에 따라 신재생에너지원 발전 비중이 높아지고 있는 상황이다. 신재생에너지원은 기존의 회전체를 가지는 동기발전기를 대신하여 전력전자 설비인 인버터로 구성되어 있기에 계통 관성이 떨어진다. 이는 시스템의 관성 주파수 응답을 떨어뜨리는 문제를 야기한다. 향후 전력시스템에 적절한 공급을 보장하고 안정적인 서비스를 제공하는 자원을 적절히 보상하기 위해 관성 주파수 응답 특성을 장려하는 방법에 대한 고려가 중요해지고 있다. 시스템의 관성 계수는 계통 외란 발생 시 주파수의 기울기(RoCoF)와 최저 주파수 지점(Frequency Nadir)에 영향을 준다. 따라서 시스템 주파수 기울기 RoCoF(rate of change of frequency)에 따른 관성 주파수 응답 제어 기법을 기존의 인버터 설비에 적용하여 계통 안정도를 향상시켜 계통 주파수 운용 기준에 적합한 최저 주파수, 1분 이내 수렴 주파수를 유지하고 있다.

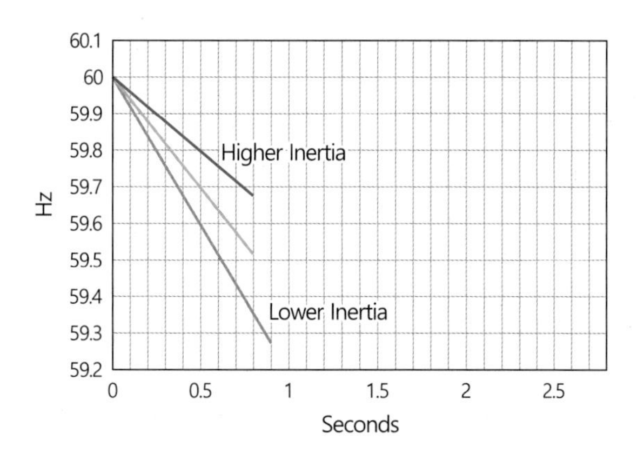

그림 5.31 계통 관성에 따른 주파수 기울기 분석 표

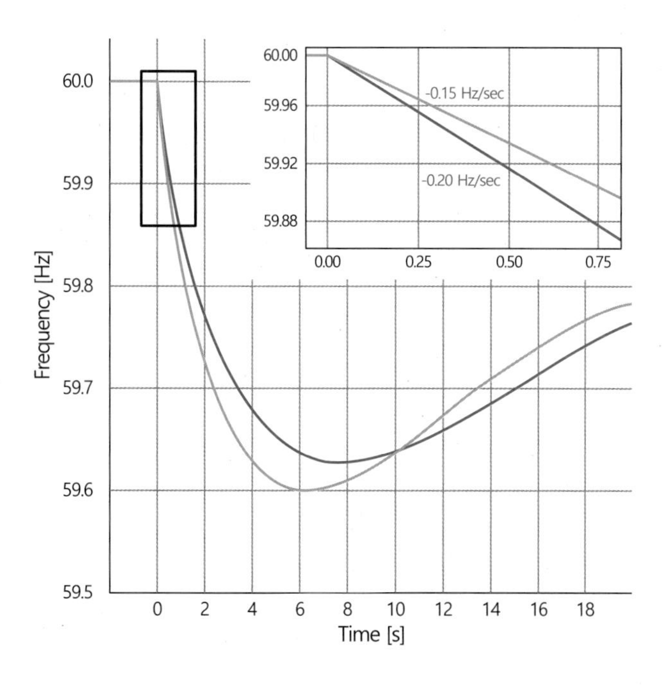

그림 5.32 계통 관성 감소에 따른 계통 최저 주파수 비교 표

■ 주파수 응답 보조 서비스를 통한 주파수 안정하

북미 전력회사인 PJM과 CAISO는 인센티브 제공과 참여기준 완화를 통해 고성능 자원인 ESS의 주파수 조정서비스 시장 참여를 유도하고 있다. 두 회사는 주파수 조정 예

비력 공급용량 및 공급성과 입찰가격, 기회비용, 성과지수 및 마일리지, 유효용량지수, 급전우선순위, 시장가격 결정 및 보상금액 산정 등으로 구성된다. 현재 국내에서는 주파수 조정 예비력 시장이 도입되지 않았으나 두 회사의 메커니즘을 토대로 국내 시장에 도입할 경우 인센티브를 고려한 주파수 조정 예비력 조정 시장이 형성되어야 한다.

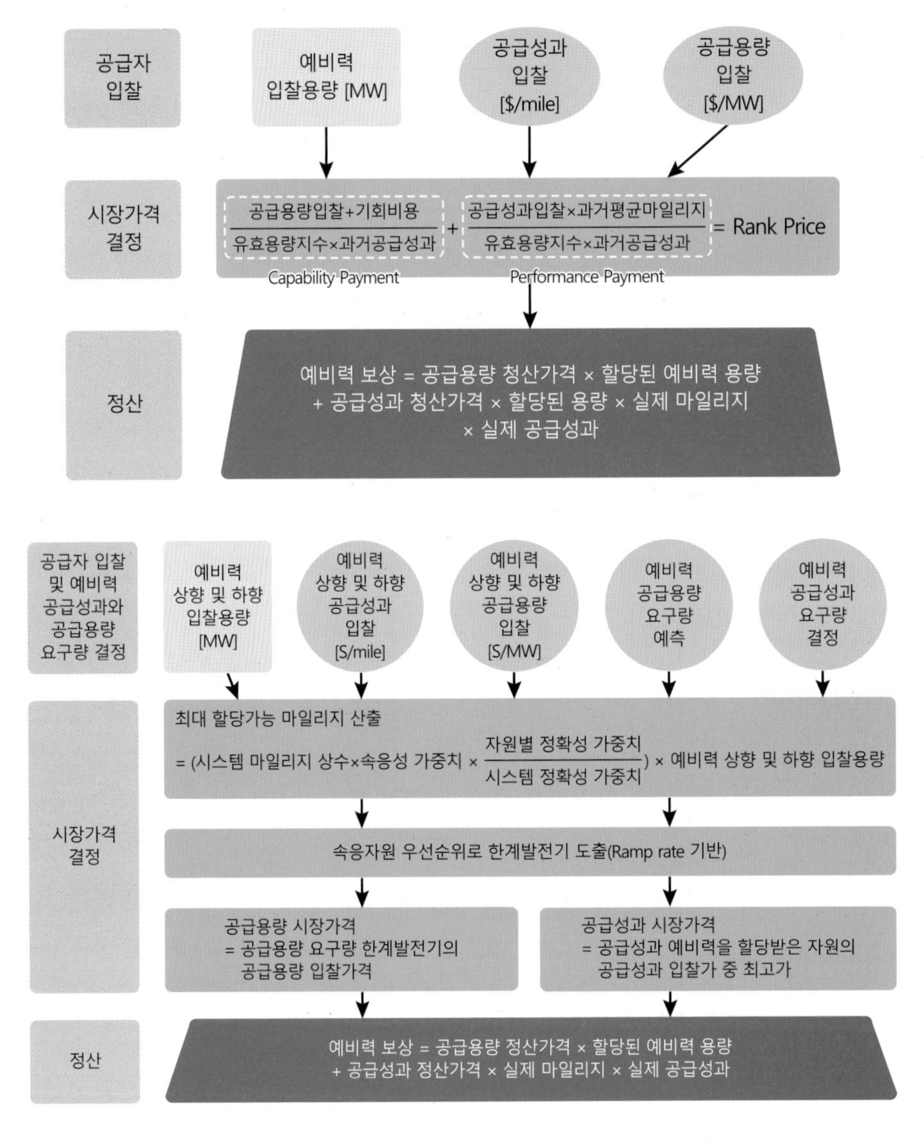

그림 5.33 주파수 조정 예비력 조정시장 운영 메커니즘(위 : PJM, 아래 : CAISO)

5.4.2 전압 안정도

■ 재생에너지원 비중 확대에 따른 전압 안정도 고려

일반적으로 컨버터 기반의 재생에너지원은 부하 집중 지역보다 멀리 떨어져 전력을 생산하기 때문에 장거리 송전 능력 여부를 고려해야 한다. 하지만 대부분의 재생에너지원 특히 해상풍력단지는 장거리 송전에 따라 송전선로 손실이 발생하여 더 많은 무효전력을 생산해야 한다. 최근 전력시스템은 전압 안정도를 위한 두 가지 관점을 고려 중에 있다. 바로 과도한 신재생에너지원 발전의 출력 제약과 전압 안정도 유지를 위한 전압 제어 시스템 구성이다.

■ 저전압 발생 시 시스템의 연쇄사고 발생 가능성

전력계통에서 외란 발생 시 차단되지 않은 특정 선로의 선로 조류가 증가하게 되고 이는 무효전력 손실 증대를 일으킨다. 선로 조류가 증가한 만큼 전류의 크기가 증가하므로 선로 리액턴스의 무효전력 소모량이 증가하게 된다. 이는 발전기의 무효전력 출력 제한이 진행되고 무효전력 저하에 따른 발전기 단자의 전압이 저하가 된다. 이는 결국 계통 전압이 기준치보다 감소하여 보호시스템 동작, 즉 선로탈락, 발전기/부하 탈락을 일으키고 이는 광역 정전까지 진행될 수 있다.

■ 계통 전압 안정도를 위한 FACTS 설비 운용

일반적으로 FACTS 설비는 전력용 반도체 스위칭 소자를 이용한 전력 제어 기술을 도입해 전기의 흐름을 능동적으로 제어함으로써 송전 선로의 설비 이용률을 극대화하고, 송전용량을 증대시키며 전압 변동을 최소화하는 송전 시스템 방식을 말하며 정지형 무효전력 보상장치, 동기조상기, STATCOM 등이 존재한다. FACTS 설비를 통해 무효전력을 투입하여 송전 선로의 조류를 보조 제어함으로써 기준 전압을 유지하여 전압 안정도를 기대할 수 있다.

■ FACTS 설비 운용을 통한 계통 안정도 증대

일반적으로 FACTS 설비는 고속의 사이리스터 밸브 기술과 전압형 컨버터로 구성된 전력전자 설비이다. 대규모 송전탑을 추가로 건설하지 않고 반도체 소자를 이용, 전기의 흐름을 능동적으로 제어해 송전용량을 증가시키고 계통을 안정시키는 새로운 개념의 송전기술이다. FACTS 설비에는 정지형 무효전력보상장치(SVC), 무효전력보상장치(STATCOM) 등을 이용하여 송전선로의 전력 조류에 무효전력을 투입함으로써 전력 조류와 계통 전압을 안정적으로 유지할 수 있다. FACTS 설비는 1980년대 이후로 연구가 진행되었으며 그 이후로 PJM 운영사에 도입되어 전압 역률, 고조파, 주파수 안정도를 유지하는 데 사용되었다. 2013년 이후로 PJM에서는 SVC 장비가 총 5,360MVAR의

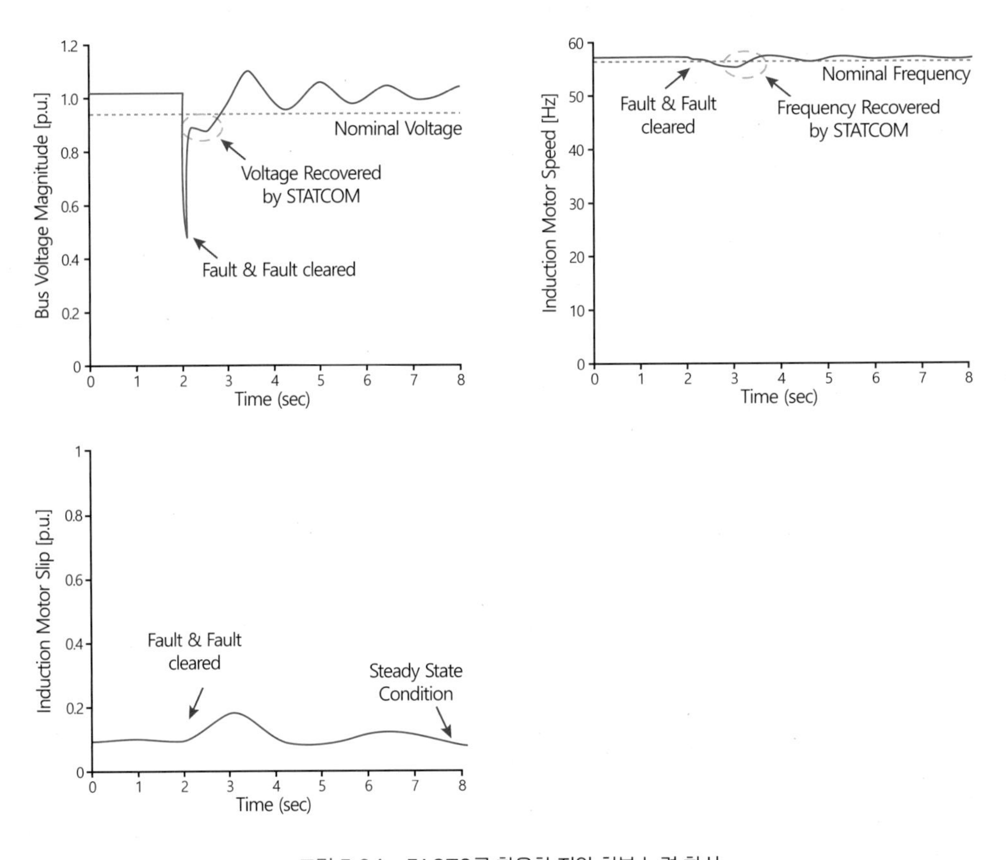

그림 5.34 FACTS를 활용한 전압 회복 능력 향상

용량이 도입되었으며 전압 제어에 있어서 유연성을 향상켰다. 추가적으로 PJM은 525 MVAR 용량의 STATCOM 설비 운영 계획에 있으며 STATCOM은 전압형 컨버터와 사이리스터 밸브의 특징을 종합하였기에 동적 반응에서 우수한 반응을 보인다.

■ FACTS 설비 운용을 통한 계통 안정도 증대 국내 사례

한전은 지난 2016년 대규모 발전단지로부터 전력을 공급하는 과정에서 송전용량이 부족한 지역의 계통 안정을 위해 FACTS 기술 적용 확대를 발표하였으다. 그 시작으로

그림 5.35 MMC 기술을 이용한 STATCOM 실증을 위한 시범 운영(경남 창원)

그림 5.36 MMC STATCOM 컨버터실 내부 모습

2017년 신영주 변전소에 효성중공업의 STATCOM을 설치하여 가동에 들어갔다. 또한 한전은 동해안–수도권 초고압계통 안정도 향상을 위해 FACTS 설비적용 적용방안을 세우고 신영주 및 신제천에 약 2,134Mvar 용량의 TVSC 설비를 건설하였으며 신영주, 동해 및 신충주 등지에 STATCOM 또는 SVC 설비 약 1,800MVar 용량을 설치하고 있다. 특히 효성이 개발한 MMC 타입의 STATCOM은 기존 변압기를 통해 전압을 합성하는 방식과는 달리 개별 모듈을 용량에 맞게 여러 개의 STATCOM을 쌓아 전압을 만드는 방식으로 대용량화에 유리하고 손실을 최소화할 수 있으며 반응 속도가 빠르고 설치면적이 기존의 70% 내외 수준으로 전력 시장의 기대가 크다.

생각해 보자! **신재생에너지 수용률을 향상시키기 위한 한국 전력시스템 대책은?**

앞서 언급했듯이 한국의 전력시스템은 신재생에너지를 수용하기 유리한 여건에 있지 않다. 신재생에너지의 투입률이 높아짐에 따라 전력수급 균형, 전력계통의 신뢰도, 안정도 등의 문제를 해결하기 위한 특단의 대책이 필요한 상황이다. 기본적으로는 AC 혹은 DC 망 보강을 통해 망 자체를 강건하게 만드는 방안이 명확하나 민원 등 사회적 수용성에 문제가 있다. 이를 위해서 한전 및 전력거래소 등에서 다양한 대책을 고민 중에 있으며 그리드 스케일 에너지 저장장치가 핵심 해결책 중 하나이다. 필요할 때 부하 혹은 발전원으로서 역할해 줌으로써 전력수급 균형 안정에 기여하고, 에너지 저장장치가 가진 유효전력, 무효전력의 적절한 제어 기능을 통하여 전력계통의 신뢰도 및 안정도 향상에 기여할 수 있다. 사회적 수용성 측면에서 문제가 되는 송전선로의 건설을 피하기 위해 여러 기의 에너지 저장장치 사이에 협조 운영 방식으로 송전선로의 부하 부담을 줄여주는 방안(Non-wire alternative)과 최근에는 대용량 발전소 인근에 에너지 저장장치를 설치해 과도안정도 향상용(Generator Stabilization)으로 사용하는 방안도 추진 중에 있다.

신재생에너지 생각

1. 전력계통의 수급 균형, 신뢰도, 안정도에 대해 정리해 보자.

2. 신재생에너지원의 출력 특성이 수급 균형에 어떠한 영향을 미치며 이에 대한 신재생에너지 전원 측, 그리고 계통 측의 대책은 무엇일지 고민해 보자.

3. 신재생에너지원 출력 특성이 전력계통 신뢰도에 미치는 영향을 과부하와 전압 측면을 구분하여 정리해 보자.

4. 전력계통 신뢰도에 대한 영향을 줄이거나 향상시키기 위한 신재생에너지 전원 측, 그리고 계통 측의 대책은 무엇일지 생각해 보자.

5. 전력계통의 주파수 안정도와 전압 안정도 측면에서 각 타입의 신재생에너지원이 어떤 영향을 미칠 수 있는지 구분하여 정리해 보자.

6. 주파수 안정도를 확보하기 위한 신재생에너지 전원 측, 그리고 계통 측에서의 대책을 고민해 보자.

7. 전압 안정도를 확보하기 위한 신재생에너지 전원 측, 그리고 계통 측에서의 대책을 고민해 보자.

8. 신재생에너지 투입률을 높이기 위한 전력계통의 보강 방안과 보강 없이 적용할 수 있는 방안을 기술성, 경제성 측면 등에서 비교해 보자.

9. 탄소중립을 달성하기 위해 구상할 수 있는 미래 전력망의 형태를 제안해 보자.

참고문헌

- ENTSO-e (2020) System dynamic and operational challenges.
- Impram. S. (2020) Challenges of renewable energy penetration on power system flexibility : A survey, Energy Strategy Reviews.
- Jung, S., & Jang, G. (2016). A loss minimization method on a reactive power supply process for wind farm. IEEE Transactions on power systems, 32(4), 3060-3068.
- NERC (2020) Fast Frequency Response Concepts and Bulk Power System Reliability Needs.
- PJM (2017) Demand Response Fact Sheet.
- PJM (2017) Primary Frequency Response Stakeholder Education Part 1 of 2.
- PJM (2019) The Benefits of the PJM Transmission System.
- PJM (2021) Reliability in PJM : Today and Tomorrow.
- Song, S., Han, C., Jung, S., Yoon, M., & Jang, G. (2019). Probabilistic power flow analysis of bulk power system for practical grid planning application. IEEE Access, 7, 45494-45503.
- Song, S., Hwang, S., Jang, G., & Yoon, M. (2019). Improved coordinated control strategy for hybrid STATCOM using required reactive power estimation method. IEEE Access, 7, 84506-84515.
- Sun, R., Abeynayake, G., Liang, J., & Wang, K. (2021). Reliability and Economic Evaluation of Offshore Wind Power DC Collection Systems. Energies, 14(10), 2922.
- U. of London (2018) Impact of renewables and trading on power grid frequency fluctuations.
- Xie, L., Carvalho, P. M., Ferreira, L. A., Liu, J., Krogh, B. H., Popli, N., & Ili⊠, M. D. (2010). Wind integration in power systems: Operational challenges and possible solutions. Proceedings of the IEEE, 99(1), 214-232.
- Yoon, M., Yoon, Y. T., & Jang, G. (2015). A study on maximum wind power penetration limit in island power system considering high-voltage direct current

interconnections. Energies, 8(12), 14244-14259.

- Zayandehroodi, H., Mohamed, A., Shareef, H., Farhoodnea, M., & Mohammadjafari, M. (2013). Effect of Renewable Distributed Generators on the Fault Current Level of the Power Distribution Systems. In Advanced Materials Research (Vol. 622, pp. 1882-1886). Trans Tech Publications Ltd.
- 박대현 (2020), A Case Study in Korea Electricity Market Considering North American Frequency Regulation Market Rules, KIEE.
- 산업통상자원부 (2019), 전력계통 신뢰도 및 전기품질 유지기준 개정안(전문).
- 송승호 (2021), 제주 계통출력 제한 문제 · 곧바로 실행해볼 일들, 투데이에너지(http://www.todayenergy.kr/news/articleView.html?idxno=235653).
- 전기저널 (2019), 한전, 송전 품질 높이고 구입전력비용 낮췄다…FACTS 설비 갖춘 신영주 변전소를 가다(http://www.keaj.kr/news/articleView.html?idxno=2549).
- 전영환 (2019), 석탄발전기는 지속가능하지 않다, 이투뉴스(http://www.e2news.com/news/articleView.html?idxno=217201).

CHAPTER

6

계통연계기준

ENERGY

신재생에너지는 바람이나 일사량과 같은 기후에 영향을 받으므로, 전력공급 측면에서의 변동량을 예측하기 어렵다. 매 순간 수요와 공급을 균형 있게 조절해야 하는 전력계통에서는 부하 변동에 더해 변동성의 지속적인 파악이 부담으로 작용할 수 있다. 전력계통에서 수요 공급의 불균형은 기준주파수(우리나라의 경우 60Hz)를 벗어나게 하며, 공급의 불안정성은 이러한 현상을 가속할 수 있다. 무엇보다 신재생에너지가 중앙급전지령에 적절히 응답하지 않거나, 사고가 발생했을 때, 전력계통의 안정성을 무시하고 계통과 분리하게 되면, 전력계통의 안정적인 운영에 장애가 될 수 있다.

따라서 신재생에너지도 전력계통의 안정적인 운영을 위해, 전력을 판매하기 위해서는 계통에 접속할 수 있는 기본 조건을 갖추어야 하는데, 이를 일반적으로 그리드코드(Grid code), 국내에서는 '신재생 발전기 계통연계 규정'으로 한국전력에서 명시하고 배

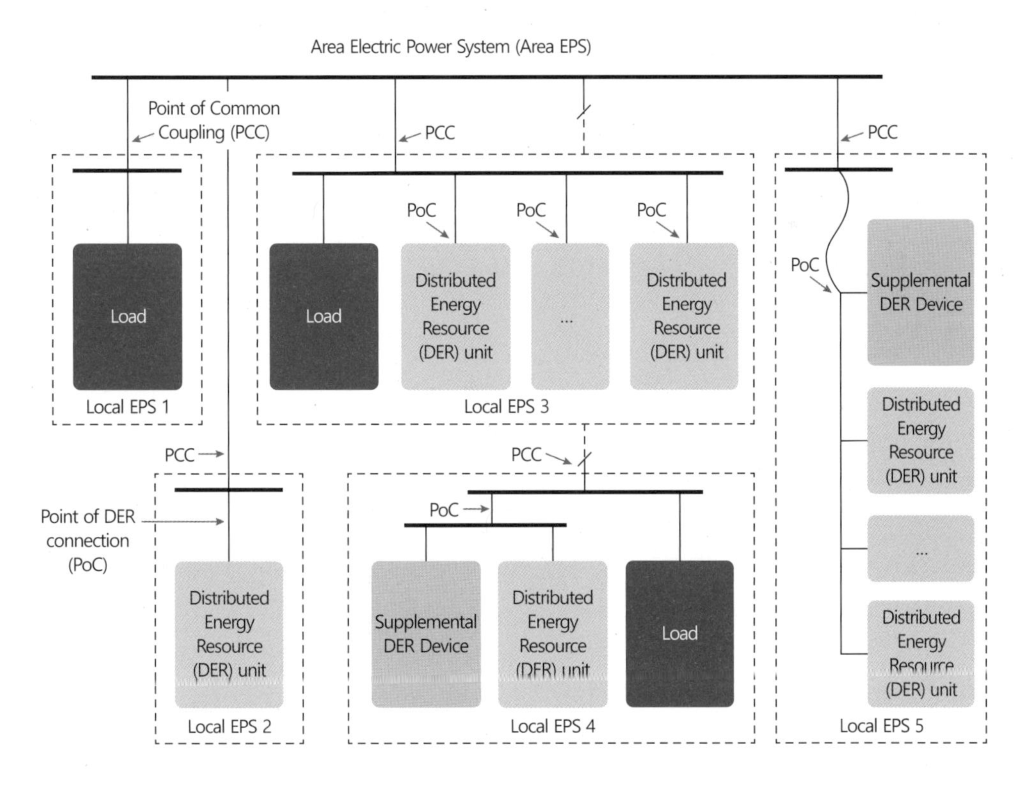

그림 6.1 최근 개정된 IEEE 1547 적용대상 개요도

포하고 있다. 과거에는 신재생에너지가 전체 전력공급에서 차지하는 비중이 작았기 때문에, 별도의 규정을 중시하지 않았으나, 최근 태양광발전 등 대규모 설비 공급이 가속화되고, 정부에서 공격적인 신재생에너지 보급 계획을 수립함에 따라, 규정에 대한 강화가 이루어지고 있다.

해외 신재생에너지 선진국에서는 그리드코드를 상세하게 작성하여 전력계통 접속 기준을 강화하였으며, 약 4년 주기로 규정을 제정하고 있다. 특히 전력계통 간 연계가 강화되어 있는 유럽의 경우, 국가별 그리드코드가 유사하게 구성되어, 전력계통운영에 유기적으로 활용하고 있다. 반면에 우리나라의 경우 타 국가와 연계가 없는 고립계통이므로, 그리드코드 즉 신재생 발전기 계통연계 규정(이하 계통연계기준)을 세부적으로 조정해야 하는 것은 불가피한 숙제로 평가되고 있다.

본 교재에서는 2020년 7월에 개정된 계통연계기준을 분석하여 최근 중시되고 있는 규정과 이유, 주요 고려사항을 이해하고, 신재생에너지 시스템 설계에 반영할 수 있는 능력을 배양하고자 한다. 주요 신재생에너지에 적용되는 계통연계기준의 기술적 의미를 확인하고, 해당 규정의 필요성을 이해하도록 하자.

6.1 적용범위

국내에서 신재생발전기의 접속 규정은 연계지점의 전압별 연계대상의 용량별로 구분되어 있다. 우선으로 내륙계통과 제주계통을 구분하고, 154kV 이상의 송전전압, 송전영역(송전용 변압기의 접속점)으로 구분되는 70kV 및 22.9kV, 22.9kV 이하의 배전용 전압으로 연계전압을 구분한다.

연계지점 전압이 같아도, 설비용량을 구분하여 세부규정을 적용한다. 내륙계통에서는 154kV 이상의 연계전압에서 20MW 초과 설비와 20MW 이하 1MW 초과 설비를 구분하고, 제주계통에서는 22.9kV 이상의 송전영역에서 20MW 초과 설비와 20MW 이하

1MW 초과 설비를 구분한다.

표 6.1 국내 계통연계기준 적용범위

구분	연계전압	설비용량	정보제공설비
육지 계통	154kV 이상	20MW 초과	원격소장치(RTU)
		1MW 초과 ~ 20MW 이하	신재생자료취득장치 수준 이상
	70kV 및 22.9kV 송전용	1MW 초과 ~ 20MW 이하	신재생연계단말장치 수준 이상
	22.9kV 이하 배전용	100kW 이상	신재생연계단말장치 수준 이상
제주 계통	22.9kV 이상 송전용	20MW 초과	원격소장치(RTU)
		1MW 초과 ~ 20MW 이하	신재생자료취득장치 수준 이상
	22.9kV 이하 배전용	100kW 이상	신재생연계단말장치 수준 이상

배전용 전압에 연계되는 신재생에너지의 경우, 발전사업용이 아닌 자가 활용(지붕형 태양광)과 같은 소규모 연계가 일반적이며, 본 교재에서는 계통 측면에서 분석이 요구되는 송전용전기설비 접속기준의 적용대상에 주목한다.

해당 규정의 적용대상이 되는 풍력발전기의 발전기 형태는 '이중여자 유도형 발전기 또는 동등 이상의 발전기 설치를 원칙으로 함'이라고 특수하게 명시되어 있다. 이는 3장에서 기술한 바와 같이, 전력계통에 무효전력을 공급할 수 있는 능력과 기동상의 문제점을 고려한 결과로 판단할 수 있다.

국내 계통연계기준에는 또한 신재생발전기의 계통접속 형태로, 대규모로 전력계통에 연계할 시에는 출력 변동의 감쇄 효과(Smoothing Effect)를 얻기 위해 발전력을 모을 수 있는 집합모선(Collector Bus)을 설치하는 것을 원칙으로 하는 것을 명시하고 있다.

6.2 전압 유지범위 및 무효전력 제어

6.2.1 전압 유지범위

전력시스템은 공급되는 전력의 전압을 정해진 범위로 유지하기 위한 제어를 수행하지만, 실시간으로 변동하는 수요와 공급으로 인해 완벽히 유지할 수는 없다. 이러한 관점에서 계통연계기준은 전기설비를 계통에 연계할 때 특정한 값(공칭값)에서 허용되는 오차 범위 안에서 동작할 수 있어야 함을 규정하고 있다.

우리나라 전력계통에서는 신재생발전기의 전압 유지범위를 아래와 같이 제시하고 있다.

- 765kV : 765 ± 5% (726kV ~ 800kV)
- 345kV : 345 ± 5% (328kV ~ 362kV)
- 154kV : 154 ± 10% (139kV ~ 169kV)
- 22.9kV : 22.9kV - 9.2% ~ 3.9% (20.8kV ~ 23.8kV)

일반적인 조건에서 발전기의 접속점은 해당 범위 내에서 운전되어야 하며, 이를 벗어날 경우, 계통으로부터 분리되어야 하는 것이 원칙이다. 반대로, 해당 조건이 유지되는 한 발전기는 연속적으로 운전되어야 하며, 임의로 분리되어서는 안 된다.

전기사업자 측면에서는 연계지점의 전압 유지범위 내에서만 운전하는 것이 전기설비를 안정적으로 운영할 수 있다(전기장치의 손상 등을 방지). 그러나 계통운영자 측면에서는 발전기의 특정 규모 이상의 발전기의 임의적인 계통분리는 공급의 불안정성을 야기할 수 있어, 일정 기준안에서 연속적인 운전을 규정하고 있다. 특히 저전압에서 신재생에너지원의 대규모 탈락을 방지하기 위해, Low voltage ride-through(LVRT) 혹은 Fault ride-through(FRT) 구간을 정의하고 계통연계 유지를 위한 근거임을 다음과 같이 정의하고 있다.

풍력, 태양광 및 연료전지 발전기는 계통 고장으로 인한 순시전압강하 시 전력계통의 안정적 복구를 위하여 고장 시와 고장 발생 후 아래의 기준 이상의 연계 운전을 유지할 수 있는 능력을 갖추어야 함.

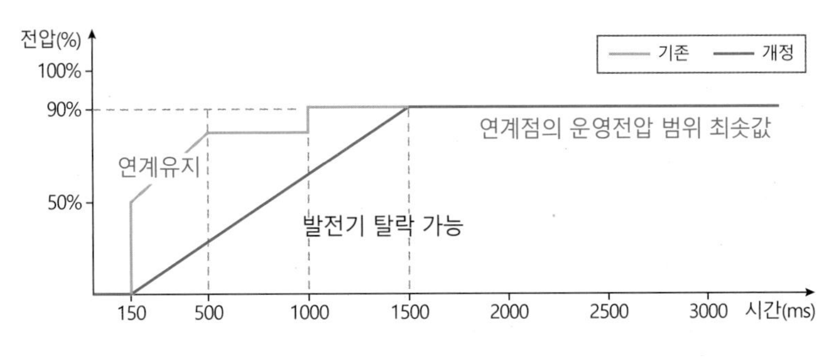

그림 6.2 Low voltage ride-through 곡선

그림 6.2는 국내에 적용되는 LVRT 곡선의 개정된 범위를 도시한다. 도시된 곡선의 윗부분에서는 신재생발전기가 연속운전을 유지해야 하며, 곡선의 아랫부분에 도달하게 되면, 발전기 보호를 위해 계통에서 분리가 가능하다. 즉 곡선의 윗부분이 넓어질수록 신재생발전기의 연계유지 규정이 강화됨을 의미한다. 전기사업자는 해당 규정을 준수해야 하며, 계통 측에서 고장이 발생할 시 유효전력공급을 유지함으로써, 계통에서 2차적으로 발생할 수 있는 수급 문제를 보조해야 한다. 해당 규정은 해외에서 파생된 규정으로 독일의 E.ON Netz의 규정이 대표적으로 준용되고 있다.

그림 6.3에 도시된 E.ON Netz의 규정은 국내 계통연계기준에 비해 다양한 조건을 고려하며, 주요 신재생에너지 자원으로 분류되는 풍력발전기에 주목하여 적용이 이뤄지고 있다. 해당 규정을 정리하면 아래와 같다.

- 3상 단락 사고나 고장으로 인한 대칭전압강하에서 Limit Line1의 위쪽 영역의 사고에 대해서는 풍력발전기는 반드시 안정 상태이거나 계통에서 분리되어서는 안 됨
- Limit Line1 위쪽 영역 내의 사고에 대해서는 사고 회복 시 유효전력증가율이 정격 전력기준 20%/sec 이상이 되어야 함
- Limit Line1과 Limit Line2 사이 범위에 해당하는 전압강하 발생 시 풍력발전기는 계통과 연계되어 있어야 하지만 풍력발전기가 불안정해지거나 발전기 보호 장치가 동작한 경우 2초 내 짧은 시간 내에서 분리가 가능함
- 분리 후 재접속된 경우 사고 회복 시 유효전력증가율은 정격 전력기준으로 10%/sec 이상이 되어야 함
- Limit Line2 밑의 영역에 해당하는 전압강하에 대해서는 풍력발전기는 계통으로부터 분리가 가능
- 사고 동안 계통과 분리되지 않고 연계 운전을 한 모든 풍력발전기는 사고 회복 시 유효전력증가율이 정격 전력의 20%/sec 이상이 되어야 함
- 풍력발전기는 연계점전압이 정격 전압의 0%로 강하된 경우 150ms(7.5cycle)까지 계통과 연계되어 있어야 함
- 연계점전압이 정격 전압의 85% 이하이며 무효전력을 흡수하고 있는 경우 풍력발전기는 0.5초의 시간 지연 후 계통과 분리되어야 함

해당 규정을 바탕으로, 유럽의 여러 국가가 개별 LVRT 곡선을 보유하고 있으며, 사고 시 신재생에너지의 독단적인 분리를 방지하고 있다. 특정 국가(영국 등)는 해상풍력의 확장을 고려하여, 해상풍력발전기와 육상풍력발전기에 대한 LVRT 곡선을 별도로 작성하기도 한다.

개정된 국내 계통연계기준에는 사고 시에 계통에서 분리되지 않는 규정뿐 아니라, 계통 전압을 효과적으로 관리하기 위해 신재생발전기 무효전력(무효전류) 공급 능력을 다음과 같이 명시하였다.

- 풍력, 태양광 및 연료전지 발전기는 계통 전압 지원을 위해서 고장 발생 후 3 Cycle 이내에 아래 그림을 만족하는 무효전류 공급 능력을 갖추어야 함

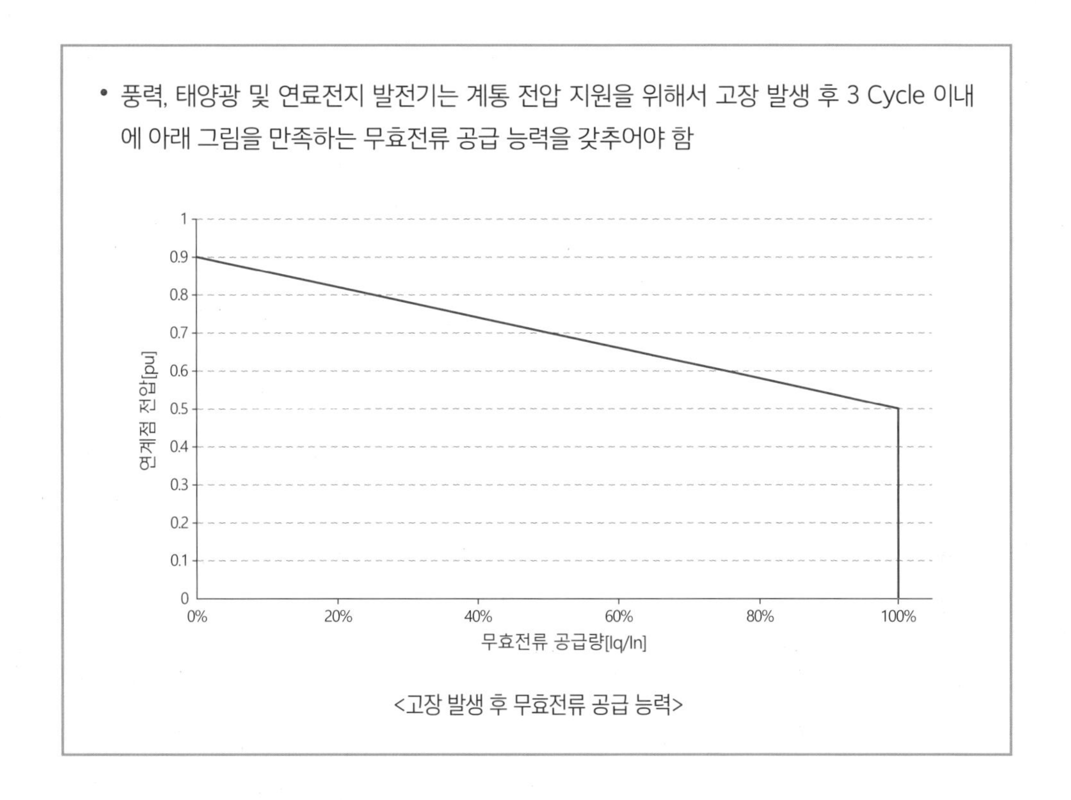

<고장 발생 후 무효전류 공급 능력>

이는 계통에서 저전압 사고 발생 시 전압강하 크기에 비례하여 무효전류를 공급함으로써 전압 유지에 기여하기 위함이다. 무효전력제어는 국지적인 성격을 보이는 계통의 전압을 유지하는 데 있어서 필수적인 능력으로 분류되고 있다.

6.2.2 무효전력제어

전압 유지범위를 효과적으로 관리하기 위해서는 무효전력제어가 필수적이다. 그러나 고전적인 신재생발전기 중에는 직접적인 무효전력공급이 어려운 설비도 있어, 전압 유지에도 어려움이 있었다. 최근의 계통연계기준은 계통연계대상 신재생발전기는 일정 기준의 무효전력공급용량을 갖춰야 하고, 필요할 경우 추가적인 보상설비 연계가 요구됨을 명시하고 있다.

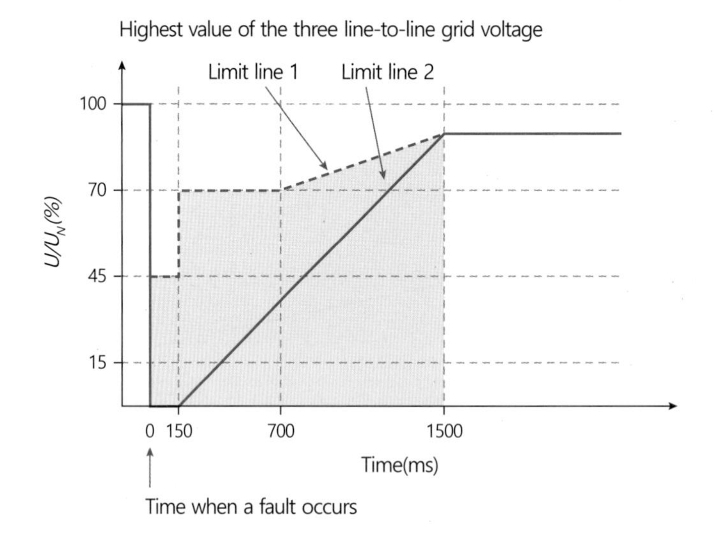

그림 6.3　E.ON Netz LVRT 규정 (영역을 3곳으로 구분하여 계통분리 허가)

국내 계통연계기준은 다음과 같은 세 가지 무효전력 제어 방식을 갖춰야 함을 명시하고 있으며, 그림 6.34와 같은 무효전력공급범위를 확보해야 함을 제시하고 있다.

- 일정 무효전력 출력제어(Mvar 제어 모드)
- 일정 역률 제어(PF 제어 모드)
- 전압 조정을 위한 무효전력 제어(V - Q 제어 모드)

기존 규정에도 유효전력공급상태에 따른 무효전력공급범위를 명시하였으나, 2020년에 개정된 규정에서는 해당 제어범위를 확대하였다. 개정된 규정에서는 유효전력공급이 정격이 아닌 상황에서도 무효전력공급을 정격의 33% 수준까지 제어할 수 있어야 한다. 이는 신재생에너지에 탑재된 전력변환기 운용을 확대 요구하는 부분이다. 즉 생성되는 전력을 변환하는 과정에 있어서, 신재생발전기를 소유한 전기사업자는, 계통운영자의 요구를 만족하는 무효전력공급을 3가지 무효전력 제어(일정 무효전력 출력제어, 일정 역률 제어, 전압 조정을 위한 무효전력 제어)를 이용해 달성하도록 명시되어 있다.

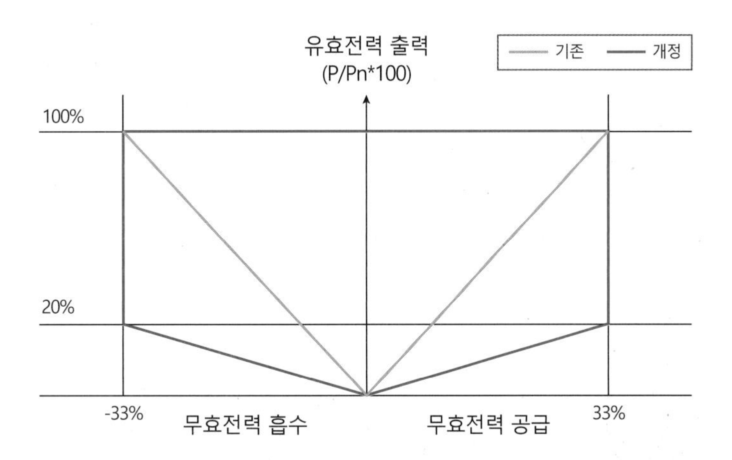

그림 6.4 유효전력 출력에 따른 국내 신재생발전기 무효전력공급범위

생각해 보자! 배전계통 전압제어 일반

한국전력에 등록한 전기 사업자는 발전기 공급전압을 전기사업법에서 정한 적정범위로 유지할 의무가 있어, 신재생발전기를 계통에 접속할 때 해당 규정 범위를 준수해야 한다. 현재 배전계통의 전압관리는, 변전소에서 부하에 이르기까지의 전력조류가 단방향이라는 사실을 전제조건으로 하고 있다. 단방향 전력조류 상황에서는 연계된 부하에 의해 말단 전압이 변동하더라도, 전체 전압은 변전소 인출부로부터 배전선 말단까지 순차적으로 감소하기 때문에, 전압조정은 주상변압기의 탭 제어와 같은 방식으로 비교적 쉽게 수행될 수 있다.

하지만 배전선로의 도중에 분산형전원이 도입되면, 계통으로의 역조류가 발생하는 상황이 있을 수 있다. 이러한 상황에서는 연계지점의 전압이 높아져 배전선로상의 전압분포는 단조감소의 형태만 존재하지 않는다. 해당 상황에서는 기존의 전압제어방식으로는 조정 능력을 상실하게 될 가능성이 있다. 특히, 태양광발전이나 풍력발전 등과 같은 분산형전원에서는 발전량의 변동을 쉽게 예측하기 어려우므로 전압조정에 어려움이 있을 수 있다. 이와 같은 문제는 배전선로에 연계되는 분산형전원의 도입용량을 제한함으로써 어느 정도 대처가 가능하지만, 이는 분산형전원의 보급을 저해할 수 있다.

6.3 주파수 유지범위 및 유효전력 제어

6.3.1 주파수 유지범위

전력의 공급과 소비에 직접적인 영향을 받는 것은 주파수이다. 우리나라 계통연계기준에 명시된 신재생발전기의 주파수 유지범위는 아래와 같다.

> 주파수 조정 및 유지범위는 58.5Hz ~ 61.5Hz 범위 내에서 연속운전 가능 (다만, 계통주파수가 58.5Hz ~ 57.5Hz 범위에서 최소한 20초 이상 운전 가능)

해당 주파수 범위 안에서는 전압의 경우와 마찬가지로, 신재생발전기가 연속운전이 가능해야 한다. 다만, 단서 조항의 경우 공칭주파수의 하단 영역에 대해서 추가적인 연속운전 구간을 정의하고 있는데, 이는 전력의 수요/공급과 주파수의 연속성을 보여준다. 전력계통의 부하에 비해 발전량이 부족하게 되면 공칭주파수를 기준으로 하락이 진행된다. 이러한 상황에서 최저 주파수 유지범위(58.5Hz)를 초과한다고 신재생발전기가 대규모로 분리된다면 이는 추가적인 발전력 부족으로 인한 주파수 하락을 초래할 수 있다. 따라서 단서 조항을 이용해 20초간 신재생발전기의 분리를 방지하여 전력공급의 안정성을 도모하고자 하였다.

주파수 유지범위는 전압 유지범위에 비해 단조로워 보이나, 유효전력을 제어하여 전력의 수요와 공급을 안정화할 수 있도록, 계통연계기준에 신재생발전기의 제어 요구사항을 다양하게 명시하고 있다.

6.3.2 유효전력 제어 요구사항

■ 급출력 감소(급감발) 조정

국내의 계통연계기준에 따르면 계통에 접속되는 신재생발전기(연료전지 제외)는 전력의 공급 조정을 위해 유효전력 출력을 5초 이내에 정격의 20%까지 감소시킬 수 있어야 한다고 규정한다. 다시 말해서 전력계통에 발전량이 과잉되어 공급 전력을 신속하게 줄여야 할 때, 계통운영자가 신재생발전기의 출력량을 최대 80%까지 저감시킬 수 있다.

■ 주파수 조정

개정된 계통연계기준에 명시된 주파수에 따른 신재생발전기의 제어 요구사항은 다음과 같다.

> 풍력, 태양광 및 연료전지 발전기 인버터는 과·저주파수 시 주파수 추종 운전이 가능해야 하며, 주파수 변화에 따라 다음과 같이 정정할 수 있는 제어성능을 구비해야 함
>
> - 주파수 변화에 따른 속도조정률 : 3.0~5.0%
> - 불감대 : 최대 0.06% 이내

여기서 주파수 추종 운전이란, 높은 주파수 영역에서는 발전력을 주파수의 상승폭에 비례하여 줄이고, 낮은 주파수 영역에서는 발전력을 주파수의 하락폭에 비례해서 늘리는, Droop 형태의 제어를 의미한다. 불감대는 일종의 완충 영역으로, 신재생발전기가 주파수 변화에 민감하게 반응하지 않도록 설정한 것이다. 높은 주파수 영역에서의 발전력 저감은 기계적인 제어나 전력변환장치 활용으로 달성할 수 있으나, 낮은 주파수 영역에서 발전력을 증가시키는 능력은 신재생에너지 특성상 어려운 요소로 평가되고 있다. 다만 대규모로 신재생발전기를 설치하는 데 있어, 추가적인 보상설비(에너지 저장장치 등)를 포함함으로써, 계통의 안정적인 전력공급을 담당하는 데 이바지하도록 유도하기 위한 조항이라 판단할 수 있다.

■ 출력의 상한 조정

국내에 연계되는 신재생발전기는 10분 평균값을 기준으로, 유효전력 발전량이 규정된 값(Set point)을 초과하지 않도록 출력상한 제어가 가능해야 한다. 이는 계통운영자가 임의로 출력제한을 설정할 경우, 신재생발전기가 실제 출력할 수 있는 전력이 기준값보다 높더라도, 계통의 전력수급을 안정적으로 유지하도록 출력량을 제한(Curtailment)하기 위한 규정으로, 연계지점에 초점을 맞추어 발전사업자가 직접적인 제어를 수행하여 전력공급을 관리할 수 있는 능력을 갖추어야 함을 의미한다.

■ 유효전력 증감률 조정

공급하는 전력량을 증가시키거나 감소시키는 능력은 전력계통에서 부하의 변동에 대처할 수 있는 중요한 능력으로 평가된다. 일반적으로 속응성으로 표현되며, 국내 전력계통에서는 가스터빈이나 양수발전이 속응성이 높은 발전기로 분류된다. 기존의 동기발전기 출력 변동률은 0.5%/분, 가스터빈 발전기의 출력 변동률은 20%/분 정도로 평가된다.

신재생에너지의 출력 변동률도 기준 규정에서는 증발률에 한하여 '정격의 10%/분'으로 명시함으로써 기존 발전기의 속응성 부담을 완화하고자 하였으나, 개정된 계통연계기준에 따르면 '계통운영자의 지시에 따라 유효전력 출력 증감률 속도를 정격의 10% 이내/분까지 제한하는 것이 가능한 제어 성능'을 명시하였다.

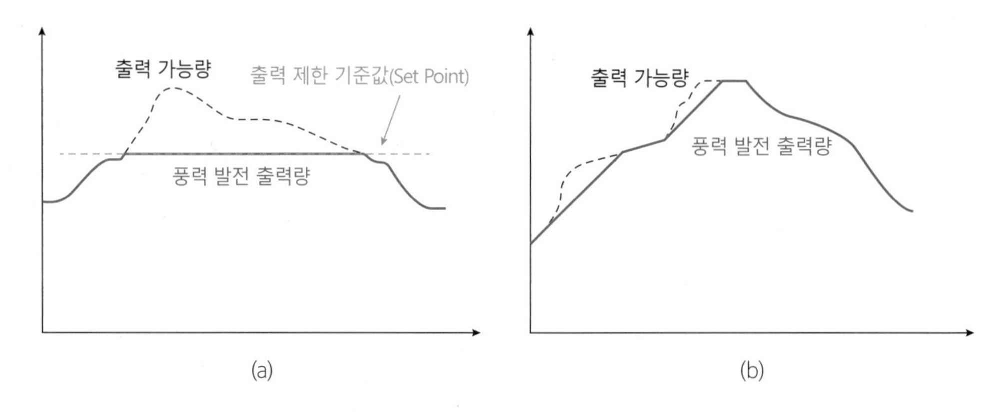

그림 6.5 출력의 상한조정(a) 및 증발률 조정(b)

'주파수 조정'의 경우와 같이 신재생에너지의 발전량 증가 과정에서 출력을 일정 속도로 끌어올리는 것은 기계적인 제어나 전력변환기를 이용하여 달성할 수 있으나, 환경적인 영향을 받는 신재생에너지의 발전량 감소율 설정은 추가적인 보상설비를 요구할 수 있는 어려운 요소로 평가되고 있다. 예를 들어, 태양광발전 출력이 정격인 상황에서, 갑작스러운 문제로 인해, 태양에너지가 전혀 공급되지 않는 상황을 가정해 보자. 에너지 저장장치와 같은 보상설비 없이 전력량 감소 속도를 정격의 10% 이내/분으로 유지하는 것은 달성하기 어렵게 된다. 이러한 규정 강화는 미래 전기사업자에게 안정적이고 효과적인 전력공급 의무가 부과될 것을 암시하고 있다.

6.4 기타 기술적 요구사항

■ 전압변동

전력계통의 유지범위는 계통운영자에 의해 유지되나, 신재생발전기의 출력 변동은 계통에 전압변동을 일으킬 수 있다. 따라서 계통연계기준에서는 신재생발전기 접속 시 순시 전압 변동에 대한 허용 횟수를 변동 크기별로, 연계지점을 기준으로 설정하고 있다.

- 5% 미만 : 일일 4회 이하
- 3% 미만 : 1시간 내 2회 이하
- 2.5% 미만 : 1시간 내 2회 초가 10회 미만

■ 고조파

태양광, 풍력발전기와 같이 직류 변환과정을 포함한 발전 시스템은 인버터로 직류/교류변환을 수행하기 때문에 고조파가 발생하게 된다. 고조파의 발생량은 인버터의 방식에 따라 다르지만, 계통의 허용량을 초과하게 될 경우는 전력계통에 접속된 타 부하기

의 동작에 악영향을 초래할 우려가 있다. 따라서 이러한 분산형전원의 경우에 대해서는 고조파 억제대책을 확실히 강구해 둘 필요가 있다. 국내 계통연계기준에서는 신재생발전기 계통연계 시 접속점에서 다음 기준의 고조파를 초과하여 발생시켜서는 안 됨을 명시하고 있다.

- 154kV 초과 : 1.5% 미만
- 70kV 이상 154kV 이하 : 2.5% 미만
- 22.9kV 전용선로 : 5% 미만

■ 기동 및 정지 기준

3.3절에 언급된 풍력발전기 한계풍속은 특정 풍속에서 발전기의 보호를 위해 계통에서 분리되어야 함을 기술하고 있다. 그러나 전력계통 입장에서 발전기의 급격한 분리는 전력의 수요/공급 문제를 야기할 수 있음이 반복적으로 제시되었다. 국내 계통연계기준은 풍력발전기에 대한 특별 규정으로 한계풍속에서 특정 조건 시 임의로 분리할 수 없도록 아래와 같은 규정을 제시하고 있다.

풍력발전기는 최대 한계풍속 이상으로 증가 시에도 일정 시간 동안 계통에서 분리 또는 정지되지 않도록 설계되어야 함(단, 분리 기준은 10분 평균 풍속이 최대 한계 풍속을 초과하는 경우)

이와 같은 규정은, 개별 발전기의 안정적인 운영에 앞서, 전력계통의 안정성이 우선하고, 전력계통에 연계하기 위해서는 전력공급에 대한 책임감을 반드시 가지고 있어야 함을 보여준다.

■ 설비 외

신재생발전기는 급전지시, 보호계전, SCADA 등 실시간으로 감시 · 제어가 가능해야 하며, 한전에서 직접적으로 상태를 확인하고 정산할 수 있도록 감시 및 계량 설비를 갖춰야 함이 계통연계기준에 명시되어 있다.

신재생에너지 생각

1. POC와 PCC의 차이점에 대해 기술해 보자.

2. IEEE 1547이 의미하는 바와 규정을 개정하는 위원회에 대해 알아보자.

3. 1MW 이하로 배전용 전력계통에 연결할 경우, 사업자 입장에서 준비해야 할 사항에 대해 알아보고, 해당 과정에서 계통운영자(한국전력)의 역할에 대해 분석해 보자.

4. 이중여자 유도형 발전기의 MW당 단가와 기대 수명에 대해 분석해 보고, 투자 가치가 있는지 확인해 보자.

5. 1MW 태양광 발전 시스템을 설치하기 위해 필요한 부지에 대해 조사해 보자.

6. 감쇄 효과(smoothing effect) 외에 신재생에너지를 대규모 시스템으로 구성할 경우 얻을 수 있는 장점에 대해 알아보자.

7. LVRT와 같은 개념으로, 고전압 발생 시 풍력발전기가 계통에서 분리되지 않는 규정에 대한 명칭을 찾아보자.

8. 영국의 LVRT 규정을 해상과, 육상으로 구분하여 차이에 대해 기술해 보자.

9. 발전사업자가 계통운영자의 요구를 받아들여 발전량을 차감할 경우, 현재 특별한 보상정책이 실현되고 있지 않다. 해당 상황에 대한 타당성을 기술해 보고, 개선이 필요한 부분에 대해 기술해 보자.

10. 신재생에너지가 전기적인 출력 외에 측정해야 하는 데이터를 생각해 보고, 조사해 보자. 또한, 일반적으로 몇 초 단위로 측정이 이루어지고 있는지를 알아보자.

참고문헌

- Allen, M., Frame, D., Frieler, K., Hare, W., Huntingford, C., Control of DFIG Wind Turbines Based on Indirect Matrix Converters in Short Circuit Mode to Improve the LVRT Capability, Advances in Power Electronics, 2013.
- Eirgrid, DS3 System Services Review: TSO recommendations, 2012. [Online]. Available: www.eirgridgroup.com.
- IEEE Standard for interconnection and interoperability of distributed energy resources with associated electric power systems interfaces-amendment 1: To provide more flexibility for adoption of abnormal operating performance category III, IEEE Std. 1547-2018 (Revision of IEEE Std. 1547-2003), pp.1-138, Apr. 2018.
- 한국전력, 송 · 배전용 전기설비 이용규정.

7

신재생에너지 응용 실습

ENERGY

전력계통을 대상으로 신재생에너지 연계 학습을 진행하는 방법은 해석 환경으로 분류하면 크게 두 가지가 있다.

- Electromagnetic Transient Program, EMTP(순시치 기반 해석)
- Transient Stability Program, TSP(실효치 기반 해석)

순시치 기반 환경에서는, 전력계통에서 파라미터의 순시값을 기반으로 하며, 기본적으로 3상 모델링 과정을 거쳐 각 전력 설비의 전자기 과도현상을 모의한다. 따라서 대규모 시스템보다 단일설비에 관한 연구에 초점을 두며, 모든 현상에 대한 순시 응답을 위해 us 단위의 해석이 요구된다. 시스템이 커지면 커질수록 연산에 필요한 데이터 처리 부하 · 사양이 급격하게 증가하게 되며, 일반적으로 소규모 시스템 해석에 활용된다. 대규모 시스템을 대상으로 분석을 진행할 때는 등가화 과정을 거쳐, 해석에 필요한 연산 과정을 줄이는 방안이 요구된다.

실효치 기반 환경에서는, 전력계통에서의 파라미터의 실효값을 기반으로 하며, 기본적으로 3상 평형 시스템을 전제로 모델링을 진행한 후에, 전력계통의 과도 안정도 평가를 모의하게 된다. 따라서, 평형 시스템을 기반으로 한 조류계산, 고장계산, 상정고장, 안정도 모의 기능에 적합하며, ms 단위의 해석을 기본으로 한다. 3상 평형을 배경으로 모델링이 진행되기 때문에, 전력 설비의 상세 해석에 제한이 존재하게 된다.

7.1 신재생에너지 설계 요구사항

신재생에너지 설비와 전력계통 관점에서 적정한 실습 방안은 무엇일까? 기술한 바와 같이, 순시치 기반 해석은 전력전자를 포함한 특수설비의 고정밀 모델링과 전압 · 전류 파형 분석에 장점이 있으므로 소규모 연계 시스템에 대한 상세한 분석 측면에서는 강점이 있다. 특히 일반적인 신재생에너지 연계가 3상 시스템에 직접 연계되는 점을 고려한다면, 파형 분석 측면에서 순시치 분석이 쉬울 수 있다(그림 7.1). 대규모 신재생에너지에 의한 계통 영향 분석을 생각한다면, 실효치 분석 또한 신재생에너지 설계에 활용될 수 있다. 이러한 측면에서, 설계 대상이 되는 신재생에너지의 사양, 용량, 규모 등을 고려하여 해석 환경을 선택하고 설계를 진행해야 한다.

일반적으로는 해석 환경에 맞추어 설계 · 제작된 프로그램을 이용하여, 전력계통에 대한 학습을 진행할 수 있다. 한국전력, 전력거래소, 전기연구원과 같은 국내 공공 · 연구기관을 포함하여 효성, 현대중공업, LS 등 민간기업에서 해석 환경별 상용 프로그램을 구매 · 활용하고 있다.

국내에 유통되고 있는 순시치 기반, 실효치 기반 해석프로그램은 아래와 같다.

- 순시치 기반: PSCAD, OPAR-RT, RTDS, ATP-EMTP, EMTP-RV 등
- 실효치 기반: PSS/E, DSAT 등

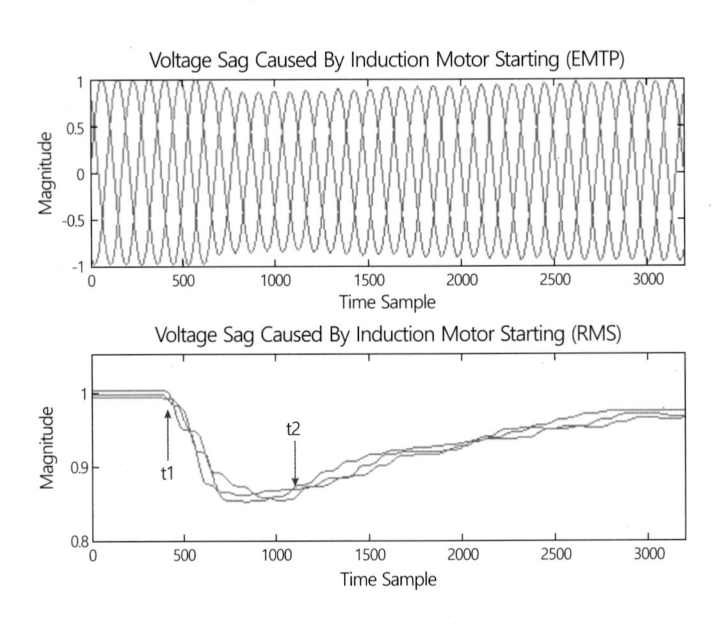

그림 7.1 3상 순시치와 실효치 모의 그래프 비교

본 교재에서 신재생에너지 설계 및 실습은, 대규모 발전 시스템에 의한 전력계통 영향보다, Open source 활용 등 현실적인 측면을 고려하여 순시치 해석프로그램을 이용하고자 한다. 대규모 발전 시스템을 해석하기 위해서는 대용량 및 대규모 노드에 의한 라이선스 구매 등이 요구되기에 설계·실습에 어려움이 있다. 여기서는 신재생에너지 변동성에 주목하여 실습을 진행하는 것이 주된 목표이며, 풍력발전 시스템, 태양광발전 시스템을 구성하고 설계하여 전력계통에서의 변동성을 확인하는 기본적인 프로세스를 학습하도록 한다.

순시치 기반 해석프로그램을 정리하면 표 7.1과 같다. 프로그램별 특징과 기반 Code를 참고하여 설계를 진행하도록 한다. 각 프로그램의 open source를 제공하는 사이트가 기재되어 있으며, 해당 사이트에서 프로그램을 내려받아 응용할 수 있다.

표 7.1 전력계통 순시치 해석 도구 비교

	PSCAD	OPAL-RT	ATP-draw	EMTP-RV
운영체제	Windows, SaaS	Windows	Windows	Windows
특징	Fortran 기반(자체 Fortran 제공), GUI, Plotting software 고급화, 라이선스별 node 수 제한	타 소프트웨어와 연계 강점(C, Fortran 등 다수 컴파일러 응용 가능), HILS 구성 가능, SimScape, EMTP-RV 연계 가능	EMTP 주요 구성요소(송전선 포함)를 Open source만으로 활용 가능, 전력시스템의 과도현상, 서지 해석 제공	Visula studio, Fortran 컴파일러, Trial version 하에서 대부분의 전력계통 응용해석 가능
사용 가능 여부	Free version (Student only)	Not available	Free version	Trial version available(15 days)
홈페이지	https://mycentre.hvdc.ca/home	https://www.opal-rt.com/	https://www.atpdraw.net/	https://www.emtp.com/try-emtp

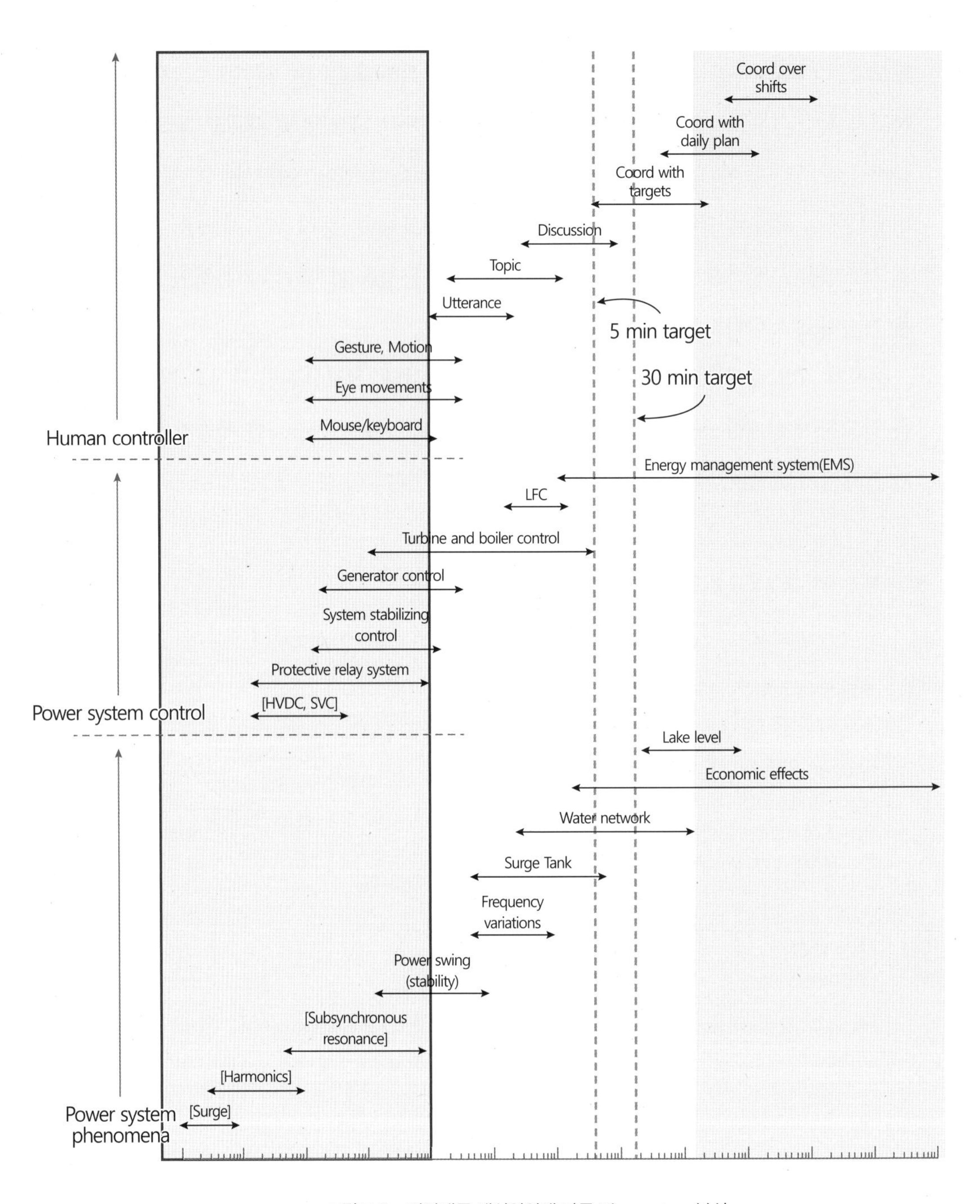

그림 7.2 전력계통 해석영역에 따른 Time-step 분석

생각해 보자!

본 교재에서는 순시치 해석프로그램을 위주로 실습을 진행함이 언급되었다. 그렇다면 실효치 해석은 어떤 식으로 진행될까?

이 외에도 Matlab을 사용하는 사용자라면 SimPowerSystem을 이용하여 순시치 해석을 진행할 수 있다. 해당 툴박스의 경우, Trial version이 Matlab 홈페이지에서 제공되며, 신재생에너지 연계 · 해석의 측면에서 필요한 주요 요소들을 제공하고 있다.

7.2 전력계통 기본

전력계통에서 신재생에너지 분석의 일반적인 목적은, 기존의 화석에너지원에서 주목하지 않은 환경 변수에 의한 변동성을 고려하여, 전기시스템에 미치는 영향을 확인하고, 생산과 소비를 일치시키는 데에 있다. 기존 전력계통에서 전력을 공급하는 발전원의 일반적인 형태는, 주입되는 연료에 대해 에너지의 형태를 변환하는 방식으로 이루어져 왔으며, 그 과정 안에서 물리적 에너지(기계적 회전운동)를 제어함으로써 출력 통제가 가능하였다. 전력계통은 부하의 크기, 부하의 변동, 발전기 고장, 선로 사고와 같은 불확실성을 고려하여 운전을 진행해야 하는데, 기존에 고려하지 않았던 신재생에너지 발전에 의한 불확실성을 추가로 고려해야 함에 따라, 전력시스템의 대응이 더 세부적으로 요구되고 있다.

비교적 큰 규모의 전력계통을 설계하기 위해서는 전기공학적인 배경지식이 요구된다. 발전원에서부터 일반수용가까지의 전력전송을 확인하기 위해 요구되는 전기공학적 배경지식은 전력공학(電力工學)에 기술되어 있으며, 다음과 같이 정리된다.

- 복소전력
- 평형 3상 계통
- Per unit(p.u.)법
- 전력조류계산
- 고장해석

이 중에서 전력조류계산의 경우, 시뮬레이션 해석과정의 기본적인 요소로 탑재되나, 전력공학의 주요 부분으로 분류되어 방법론에 대한 상세한 설명은 배제하였다. 본 교재에서는 전력시스템을 설계하기 위해 기본적으로 요구되는 일반적 사항들에 대해 정리하였다.

■ 복소전력

전력계통에서 정상상태에서의 전력은 유효전력과 무효전력 성분으로 계산할 수 있다. 유효전력은 우리 생활에서 실제로 사용하는 전력을 나타내며, 부하에서는 일반적으로 저항 성분에 의해 소비되는 값을 나타낸다. 우리가 '부하'로 칭하는 전기부하는 전력을 흡수하는데, 부하에 의해 소비되는 순시 전력의 평균값은 다음 식과 같이 나타낼 수 있으며, 해당 P를 유효전력으로 부르게 된다(단위는 W).

$$P = VI\cos(\delta - \beta) \tag{7.1}$$

부하에서 무효전력은 임피던스의 허수 성분(유효전력의 경우, 임피던스의 실수 성분인 저항으로 소비되는 전력을 의미), 즉 리액턴스 성분에 의해 소비되는 순시 전력을 의미한다. 해당 Q를 다음 식과 같이 나타낼 수 있으며, 무효전력으로 부른다(단위는 var).

$$Q = VI\sin(\delta - \beta) \tag{7.2}$$

무효전력은 교류시스템에서 송전선 또는 부하의 커패시턴스와 인덕턴스에 의해 반드시 발생하게 되는 성분으로, 이름과 달리 반드시 공급되어야 전력계통이 안정적으로 운영될 수 있다. 부하의 높은 비중을 차지하는 유도전동기의 경우, 무효전력이 적절하게 공급되지 못하면 작동되지 않으며, 일반적인 대규모 전동기를 활용하는 부하는 이를 안정적으로 공급하기 위해 무효전력 보상설비(전력용 콘덴서, STATCOM 등)를 갖추기도 한다.

생각해 보자! 전력계통에서 무효전력의 역할은 무엇일까?

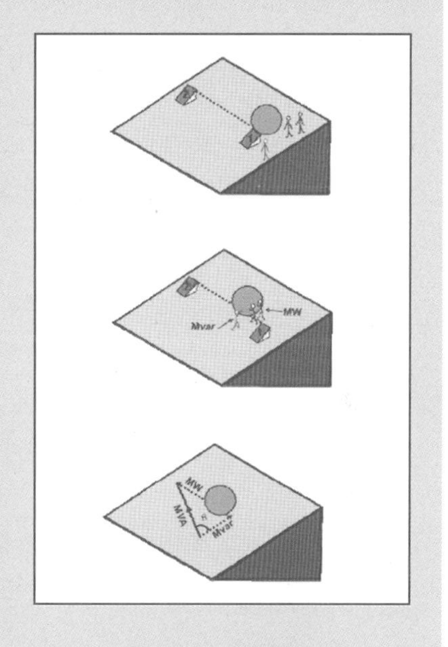

우리가 사용하는 컴퓨터, TV, 에어컨 등의 전자기기에 대해 부과되는 전력은 유효전력에 주목하여 산정된다. 즉, 무효전력은 전압 유지 범위만 만족한다면 사용량에 대해 전기 요금이 부과되지 않으며, 실제로 활용할 수 있는 방법도 없다.

그렇다면, 무효전력공급은 왜 필요할까?

우리가 공을 굴릴 때 미는 힘을 유효전력이라고 생각해 보자. 힘이 센 사람이 더 빨리 굴릴 수 있고, 어느 정도의 힘을 가하지 않으면, 굴러가지 않을 수도 있다. 우리가 생각하는 유효전력의 역할과 비슷하다. 그러나 만약 경사진 지역에서 공을 굴리게 된다면, 공을 굴리는 힘뿐만 아니라, 공이 경사에 미끄러져 내려가지 않도록 공을 받쳐주는 힘도 필요하게 된다. 이렇게 공을 굴리는 방향으로는 아무런 힘을 주지 못하더라도, 공을 받쳐줌으로써 목표지점까지 공이 굴러갈 수 있도록 돕는 것이 무효전력의 역할과 같다고 할 수 있다. 무효전력이 없으면 유효전력을 목표하는 부하까지 전달할 수 없다.

생각해 보자! **전력계통에서 전압을 쉽게 제어하려면 어떻게 할까?**

부하 시 탭절환장치(tap changing transformers)는 주로 송전 및 배전시스템에 설치되어 있어 탭 비 변경으로 주변 모선 전압을 제어할 수 있다. 탭 절환 변압기는 탭 비를 조정하여, 변압기의 1차 측 혹은 2차 측 모선 중 한 모선에서 다른 모선의 전압을 무효전력을 이용하여 제어하도록 동작한다. 탭 절환 장치는 OLTC(On-Load Tap Changers, 일반적으로 ULTC : Under Load Tap Changer와 같은 의미로 쓰임)와 NLTC(no-load tap changers)로 나눌 수 있는데, 이때, OLTC와 NLTC를 간략하게 아래의 표에 비교해놓았다. 국내 계통의 경우 대부분의 발전기 step-up 변압기는 NLTC이며 154kV/22.9kV 변압기의 경우 OLTC가 설치되어 있다. 따라서 운전 상태에서의 발전기 step-up 변압기의 탭 조정은 어렵다.

OLTC	NLTC
• 무부하 탭 절환 장치와 비교해 기구도 복잡하고 고가 • 전압조정범위는 일반적으로 10% 이내 범위 • 가능한 한 소 전류 권선의 중성점에 설치하는 것이 경제적 • 3상, 3각 결선의 권선에 설치할 때는 보통 2조의 OLTC가 설치	• 크기가 소형이며 설치와 보수가 용이하고 가격이 저렴 • 선로가 가압되지 않은 상태에서 조정기를 조작하여야 하는 제약이 있음 • 부하 시 전압조정에 따른 일시적인 순환전류의 발생 등 여러 문제점이 없음 • 초기 전력계통과 송전전압이 안정적이지 못한 계통에 설치된 전력용 변압기에 설치되어 사용

유효전력과 무효전력 성분을 복소수를 이용해 표현한 것을 복소전력(complex power)이라 한다. 이는 전력계통의 구성요소에 인가된 전압을 $V=V\angle\delta$, 흐르는 전류를 $I=I\angle\beta$라고 할 때, 두 페이저의 켤레복소수 곱으로 정의할 수 있다.

$$\begin{aligned} S &= VI^{*} = (V\angle\delta)(I\angle\beta)^{*} = VI\angle\delta-\beta\delta-\beta \\ &= |V\|I|\cos(\delta-\beta)+j|V\|I|\sin(\delta-\beta) \end{aligned} \tag{7.3}$$

여기서 $(\delta-\beta)$는 전압의 위상 각(δ)과 전류의 위상 각(β)의 차이를 나타낸다. 해당 식의 실수 성분을 유효전력, 허수 성분을 무효전력으로 표현하면, 복소전력은 다음 식과 같이 정리된다.

$$S = P + jQ \tag{7.4}$$

복소전력 S의 크기를 피상전력(apparent power)이라 부르며, 단위는 VA(volt-ampere)를 사용한다. 식 (7.3)에 나타난 바와 같이, 전압과 전류의 곱으로 피상전력의 크기를 나타낼 수 있으며, 코사인과 사인의 곱을 이용하여 복소전력을 유효전력(P)과 무효전력(Q) 표현이 가능하다. 식 (7.3)에서의 코사인은 복소전력에서 유효전력이 차지하는 비중을 나타내는 중요한 요소로 활용될 수 있으며, 전력공학에서는 ($\delta-\beta$)를 활용한 코사인 함수를 역률(p.f.=cos($\delta-\beta$))로 정의하고 있다.

한편, 전력공학에서의 부하도 '수동부호규약'을 준수하며, 부하의 양극단자로 전류(I)가 공급된다면, 전력이 소비되는 것으로 판단하며, 발전기의 양극단자에서 전류(I)가 나오는 방향으로 계산이 되면, 전력을 공급하는 것으로 판단하게 된다.

복소전력은 기본적으로 복소수임을 이용해 직각삼각형으로 도식화할 수 있으며, 이를 '전력삼각형'이라는 용어로 표현할 수 있다. 그림과 같이 피상전력 S와 유효전력 P, 무효전력 Q는 직각삼각형의 변을 구성하고, 무효전력의 방향을 복소수 축에 고려한다. 또한 복소전력과 유효전력의 변이 이루는 각이 역률각($\delta-\beta$)이 되며, 해당 관계를 이용해 복소전력, 유효전력, 무효전력을 쉽게 변환할 수 있다.

$$|S| = \sqrt{P^2 + Q^2} \tag{7.5}$$

$$P = |S|\cos(\delta - \beta) \tag{7.6}$$

$$Q = |S|\sin(\delta - \beta) \tag{7.7}$$

생각해 보자! 수동부호규약(passive sign convention)은 무엇인가?

회로해석을 진행하는 데 있어, 전압에 대한 극성과 전류에 대한 기준 방향은 해석하는 사람이 임의로 지정할 수 있다. 그러나 해석자가 하나의 기준을 설정하면, 향후 모든 해석은 해당 기준을 중심으로 진행되어야 한다. 쉽게 말해서, 해석하는 사람에 따라 기준이 바뀔 수 있고, 전달이 어려울 수 있기에 일반적으로 수동부호규약을 준수하게 된다. 수동부호규약을 문구로 정리하면 아래와 같다.

"소자에 흐르는 전류의 방향이 해당 소자를 관통하는 전압강하 방향과 일치할 때는, 전압과 전류가 관계되는 임의의 표현에서 양의 부호(+)를 사용한다. 만약 그렇지 않을 때는, 음의 부호(-)를 사용한다."

해당 문구에서 나타나는 '전압과 전류가 관계되는 임의의 표현'의 대표적인 예시가 전력 계산이다. 전압과 전류의 곱으로 표현되는 전력(유효전력) 계산은 기준 방향에 대한 혼란이 야기될 수 있는 주요 예로 분류된다. 이러한 혼란을 수동 부호규약을 이해하면 쉽게 해결할 수 있다.

아래 그림은 일반적인 부하에서 발생할 수 있는 전압과 전류의 방향에 대한 경우의 수이다. 해당 그림에서 전압강하 방향과 전류의 흐름 방향이 일치하는 것은 (a)와 (d)가 된다. 해당 그림에서 전압과 전류의 곱은 양의 부호(+)를 사용한다. 해당 소자는 '부하'로 분류된 상태에서 양의 부호를 사용했으므로 전력을 소비하는 형태임을 확인할 수 있다. (b)와 (c)는 반대의 경우로서, 수동부호규약에 따르면 전압과 전류의 곱에 음의 부호(-)를 사용하게 된다. 이는 '부하'로 분류되었으나, 계산된 전력값이 음의 부호를 사용하기 때문에 전력을 공급하는 형태임을 의미한다.

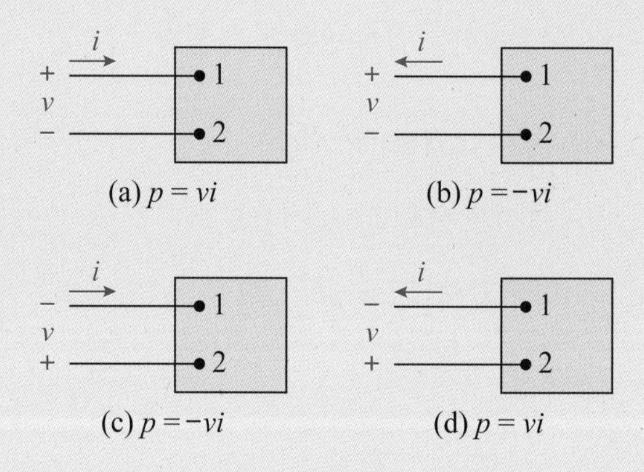

■ 평형 3상 시스템

대규모 전력시스템은 3상으로 구성된다. 3상 시스템에 대한 복합적인 해석은 전력공학 전반에 걸쳐 다루어진다. 전력공학 측면에서의 심도 있는 접근은 어려우나, 전력계통 설계에 대한 실습을 진행하기 위해서는 평형 3상 회로에서의 정현파 정상상태 동작을 이해하는 것이 필요하다. 본 교재에서는 회로이론에서 다루는 일반적인 법칙과 기법들을 중심으로 평형 3상 회로의 기본적인 요소에 대해 이해하고자 한다.

3상 전력시스템의 기본 구조는 발전기와 부하, 그 사이를 연결하는 송전선로와 변압기로 구성되어 있다. 복잡도를 줄이기 위해 변압기를 제외하고 시스템을 도시화하면 그림 7.3과 같다.

각 선로에 인가되는 3상 전압은 같은 주파수를 가지며, 평형 상태에서 같은 크기를 갖게 된다. 또한 정확히 120도의 위상차를 가지는 정현파 교류 전압으로 분류할 수 있다. 3개의 교류 전압을 a상, b상, c상으로 분류할 때, 정(positive)상순에서의 각 전압을 식 (7.8)과 같이 나타낼 수 있으며, 벡터도는 그림 7.4와 같다. a상을 기준으로 시계 방향으로 b상과 c상이 120도의 위상차를 가지고 있음이 표현된다. 해당 그림에서 볼 수 있듯, 세 개의 전압에 대한 벡터합은 영이 되는 것이 3상 평형의 주요한 특징이 된다.

$$V_a = V_m\angle 0°,\ V_b = V_m\angle -120°,\ V_c = V_m\angle 120° \quad (7.8)$$

역(negative)상순에서도 교류 전압의 평형이 발생할 수 있는데, 전압 표현은 식 (7.9)와 같으며, 벡터도는 그림 7.5와 같다. 정상순과 마찬가지로 120도의 위상차를 갖지만

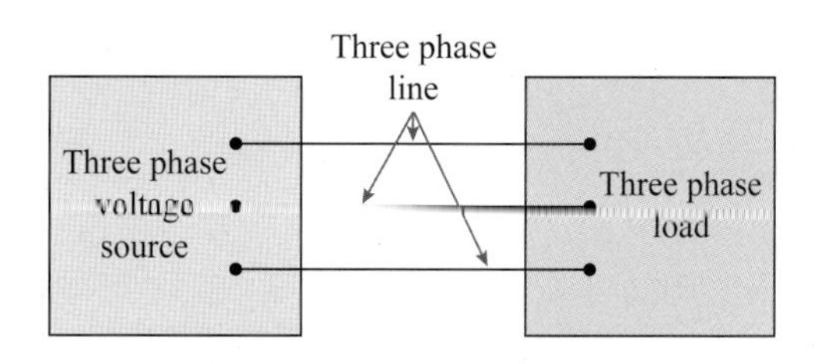

그림 7.3 기본적인 3상 시스템 구성도

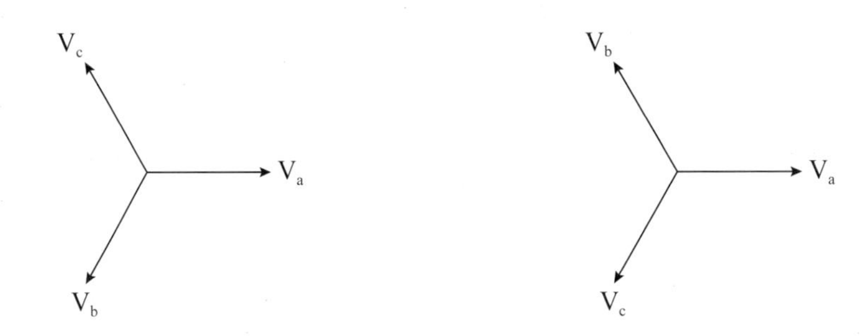

그림 7.4 평형 3상 전압의 정상순 벡터도

그림 7.5 평형 3상 전압의 역상순 벡터도

a상을 기준으로 반시계 방향으로 b상과 c상이 배치된다. 해당 그림에서도 세 개의 전압의 벡터합이 영이 됨을 예상할 수 있다.

$$V_a = V_m\angle 0°,\ V_b = V_m\angle 120°,\ V_c = V_m\angle -120° \qquad (7.9)$$

두 가지 상순 모두에서 3상 평형이 이루어졌다고 볼 수 있다. 그렇다면 전압의 벡터합이 영이 되는 것이 회로해석에 어떠한 이점이 있을까?

그림 7.6은 일반적인 전력시스템의 3상 결선을 도시화한 것이다. 3개의 상으로 발전원과 부하가 표기될 수 있으며, 발전원과 부하의 중심을 연결하여 전류가 돌아올 수 있는 중성선이 구성되어야 하는 점이 반영되었다. 발전원을 전압원으로 표기하고, 부

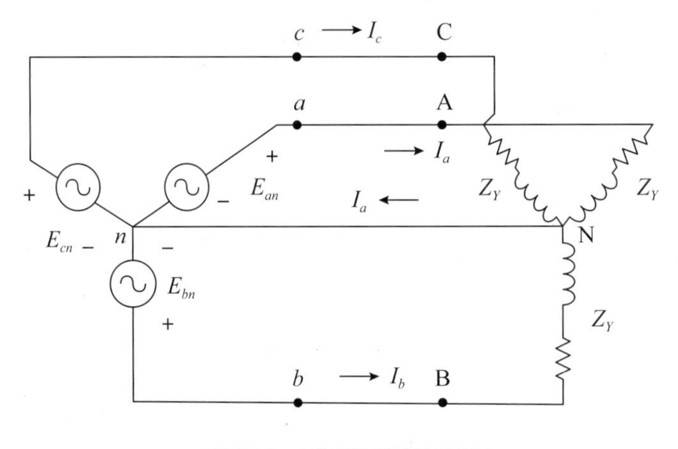

그림 7.6 3상 Y-Y 결선의 개념도

하를 Z_Y로 표기할 시, 각 도선에 흐르는 세 전류를 식 (7.10)~(7.12)와 같이 표기할 수 있다.

$$I_a = \frac{V_a}{Z_Y} \tag{7.10}$$

$$I_b = \frac{V_b}{Z_Y} \tag{7.11}$$

$$I_c = \frac{V_c}{Z_Y} \tag{7.12}$$

부하로 흘러 들어가는 전류는 단상 관점에서 바라보면 다시 전원 측으로 돌아가야 한다. 3상 회로에서도 각 상에 흐르는 전류는 키르히호프 전류법칙에 따라 중성선을 통해 발전원으로 돌아가야 하는 것으로 보인다. 3상의 전류를 더해서 중성선에 흐르는 전류를 표현하면 식 (7.13)과 같다.

$$I_n = \frac{V_a}{Z_Y} + \frac{V_b}{Z_Y} + \frac{V_c}{Z_Y} = \frac{V_a + V_b + V_c}{Z_Y} \tag{7.13}$$

식에서 분자에 배치된 전압의 합은, 발전원 각 상의 전압이 된다. 언급한 바와 같이, 3상이 평형으로 운전된다면 각 상의 전압의 합은 영이 되며, 중성선에 흐르는 전류 또한 영으로 도출될 수 있다. 이는 3상 시스템이 평형으로 운전될 수 있다면, 귀로를 위한 중성선 없이 3선으로 운영될 수 있음을 보여주며, 3상 시스템의 특성을 이용해 전선의 절감이 가능함을 암시한다. 해당 개념이 적용되어 전력시스템이 효과적으로 운영되고 있으며, 오늘날까지 송전의 효율성을 향상시켜 왔다.

■ pu법

우리나라 전력시스템의 경우에도 사용하는 전압의 분포가 다양하다. 22.9kV의 배전단 전압에서부터, 154kV, 345kV, 765kV까지 송전단 전압이 분포한다. 이러한 전압의 분포를 그대로 활용하여 전력계통을 해석하는 것은 복잡성이 확대될 수 있다. 따라서 해석 과정에서의 물리량의 단순화를 위해 퍼센트나 p.u.(per unit)을 활용하게 된다. 예를 들어, 기준 전압을 100kV로 설정할 경우, 90kV를 퍼센트로 나타낼 때, 90%, p.u.로 나타낼 때 0.9p.u.로 표기할 수 있다. 하나의 전압을 표현할 때 큰 의미가 없어 보일 수 있으나, 다양한 전압이 고려될 때 이러한 방법은 효율적으로 활용된다.

해당 방법들은 특히 변압기가 존재할 때 전력시스템 해석을 간단하게 만들 수 있다. 변압기의 양쪽에서 전압이 달라지는 전력시스템 특성상, 양쪽에 배치된 임피던스와 어드미턴스를 물리량 그대로 표기하면, 어느 방향에서 보는지에 따라 반복적으로 변환을 진행해야 하므로 해석이 어려워진다. 그러나 pu법을 이용해 p.u.로 변형하면, 임피던스와 어드미턴스는 변화하지 않으며, 등가회로상 변압기를 제거할 수 있다. 전력계통은 구조적으로 엄청난 수의 변압기가 포함되기 때문에, 퍼센트나 pu법의 도입은 해석의 부담을 크게 경감시킨다. pu법에서 p.u. 계산은 다음 식과 같이 이루어진다.

$$p.u. = \frac{\text{실제값}}{\text{기준값}} \tag{7.14}$$

pu법은 언급된 전압뿐만 아니라, 복소전력, 전류, 임피던스 등 전력시스템에서 활용되는 모든 물리량에 활용될 수 있다. 이러한 물리량에 pu법을 적용하기 위해서는 통일된 기준값을 활용해야 한다.

■ 고장해석

전력계통에서 사고가 발생하는 경우는 단상(1선) 지락, 선간 단락, 2선 지락, 3상 단락 고장이 있다. 3상 단락고장은 3상이 모두 단락되는 경우를 의미하며, 특이하지만 평형 고장이라는 특징이 있다. 3상 단락고장은 발생 빈도는 적지만, 평형 고장이라는 점에서 해석의 기본으로 다뤄진다. 가장 흔한 사고로 분류되는 단상 지락사고의 경우, 뇌(벼락)에 의한 사고, 수목에 의한 사고가 있을 수 있다. 3상 중 하나의 상이 지락되는 경우이므로 불평형 사고의 대표적인 형태로 분류된다.

전력시스템은 3상 평형으로 운영되므로, 불평형 사고가 발생할 때 전체 계통에 대한

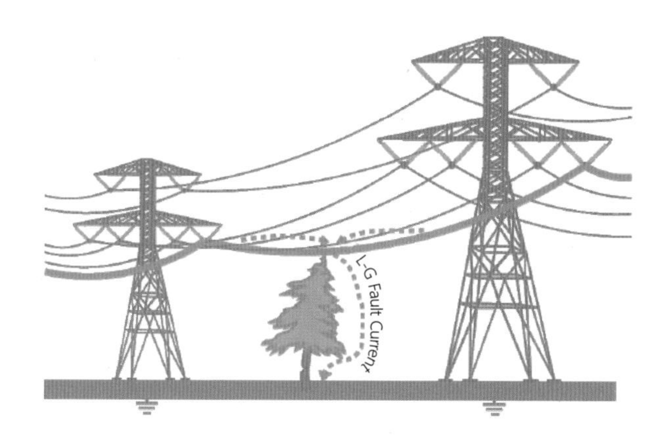

그림 7.7 단상 지락 사고의 대표적인 상황 예시

정상, 역상 및 영상 성분을 나누어 해석해야 한다. 대부분의 전력시스템 시뮬레이션 틀에서 주목하는 부분이 고장해석으로, 해석의 주요 목적은 고장전류의 크기와 계통 영향 분석이다. 직접적인 사고를 전력시스템에 발생시킬 수 없으므로, 고장분석은 시뮬레이션을 통해 진행하는 것이 일반적이며, 이는 대상 계통의 형태와 규모(X/R 등)에 따라 크게 달라진다. 해당 이론은 전력공학에서 주요 부분으로 분류되어 심도 있는 학습이 요구되므로, 본 교재에서는 실습에서 고려되는 고장의 형태를 확인하고 실습 시뮬레이션 도구에서 해당 상정사고에 관한 확인을 도모할 수 있도록 제시하고자 한다.

7.3 전력계통 설계

발전 · 송전 · 배전으로 분류되는 전력계통의 기본적인 체계는 그림 7.8로 표현할 수 있다. 화석연료나 신재생에너지는 교류나 직류 형태로 전기에너지 생산이 이루어지지만, 승압을 위한 변압기나 인버터를 통해 송전계통에 연계된다. 배전 계통에 직접적으로 연계되는 소규모 분산 전원도 있으나, 일반적인 3상 발전 시스템의 용량은 100MVA 이상으로 별도의 발전소 내 변압기를 통해 연계된다.

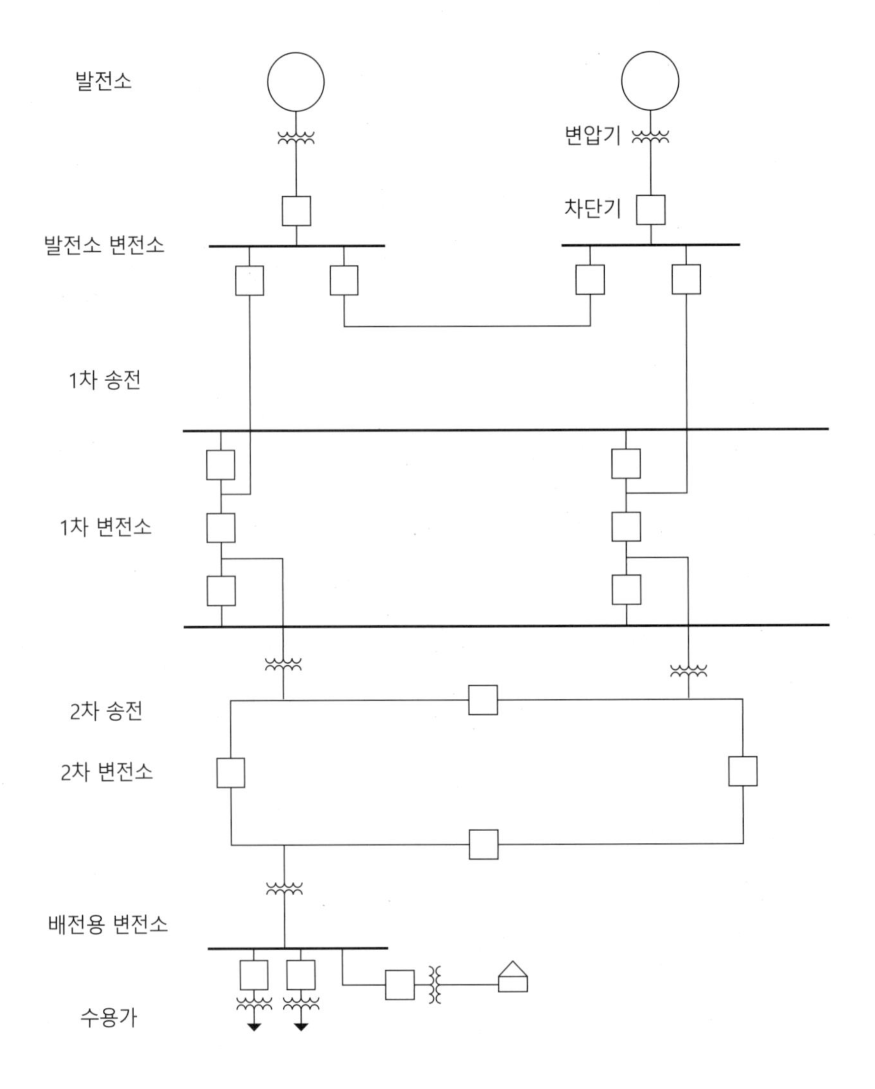

그림 7.8 전력계통 구성

일반적인 대규모 발전소는 1장에 기술된 바와 같이, 수요지로부터 멀리 위치한 해안 지역에 위치하며, 장거리 송전이 요구되는 경우가 많다. 따라서 손실을 위해 승압이 필수적이다. 생성된 전기에너지는 1차 송전 시스템을 통해 승압을 진행한다. 이를 통해, 비교적 가까운 거리의 수요지에 전력공급이 수행되지만, 보다 장거리 송전이 요구될 경우, 2차 송전을 진행한다. 2차 송전 시스템은 2차 변전소와 배전용 변전소로 이루어진다. 배전용 변전소는 2차 송전전압을 50kV 미만의 1차 배전전압까지 강압하며, 수용가에 전력 분배를 수행한다. 강압변압기의 2차 측에는 차단기를 통해서 간선이 구성되며, 전압을 조정하는 장치(Load tab changer)가 설치된다.

간선의 경우 국내는 22.9kV 20MVA의 정격용량을 가지고 있으며, 퓨즈나 스위치를 통해 구간이 분할된다. 분할된 구간은 사고 시 계통과 분리될 수 있도록 구성되며, 전력소비량이 큰 부하의 경우 전용선로로 분할 없이 연계되기도 한다.

배전용 변전소에서 수용가에 이르는 전력공급 체계는 1차 배전계통과 2차 배전계통으로 구분하여 정의한다. 1차 배전계통은 배전용 변전소에서 수용가 사용 전압 레벨로 낮추는 배전용 변압기의 1차 측까지를 의미하며 2.2kV~46kV 범위를 갖는다. 2차 배전계통은 수용가가 직접적으로 사용하는 전압 범위(110V~480V)를 가지며, 국내의 220V가 여기에 해당한다. 본 교재에서는 대규모 발전기가 아닌 배전계통 측면에서의 신재생에너지 연계 실습을 다루게 되므로 해당 배전계통에 대한 설명을 이어서 진행하였다.

7.3.1 1차 배전계통

대부분의 1차 배전계통은 3상 4선식 중성선 다중접지방식을 사용하고 있으며, 평형 운전 상태로 유지된다. 따라서 각 상전압의 크기가 같고 위상이 120도 차이 나게 된다. 3상 4선식의 1차, 2차 배전계통의 경우, 중성선을 연결하여 운전하는 공통 중성선 방식이 일반적으로 채용된다. 즉, 배전용 변전소의 2차 측 결선방식을 Y 접지방식으로 하고, 1차 배전선로를 따라 일정 간격으로 접지시켜, 2차 배전선로의 중성선과 같이 연결, 배전용 변압기 및 수용가 인입구에서 접지시키는 다중접지방식을 채용한다.

1차 배전계통에서 각 수용가로 배전을 수행하는 방식은 방사상(Radial), 루프(Loop), 네트워크(Network)으로 분류된다.

■ 방사상 1차 배전계통

방사상 배전계통은 타 배전계통에 비해 경제적으로 구성할 수 있다. 그림 7.9와 같이 배전용 변전소에서 간선이 인출되고 각 간선이 수용가로 전기를 공급하는 방식이다. 중복되는 선로 연결이 없으므로 경제적이며, 길게는 40km 이상 전개가 가능하다. 간선에서 퓨즈를 통해 연결되는 방식(단상 지선방식)은 지선상에 사고가 발생하면 즉시 분리될 수 있게 구성한다. 이러한 방식으로 배전계통을 구성하면, 퓨즈 말단의 부하는 사고 시 전력공급이 어려운 단점이 있으며, 상 불평형을 고려하여 각 상에 부하가 적절히 분배되도록 구성해야 한다.

말단 부하의 정전 시간을 줄이기 위해 그림 7.9와 같이 간선 상에 설치되는 차단기 또는 리클로저에 자동 재폐로장치를 설치하는 예도 있다. 일반적인 1차 배전계통에서 발생하는 사고는 뇌섬락 또는 동물의 접촉으로 인한 선간 단락과 같은 일시적인 성격을 가지므로, 재폐로를 통해 회로를 개방하고 일정 시간 후에 전기를 공급하는 방식이다.

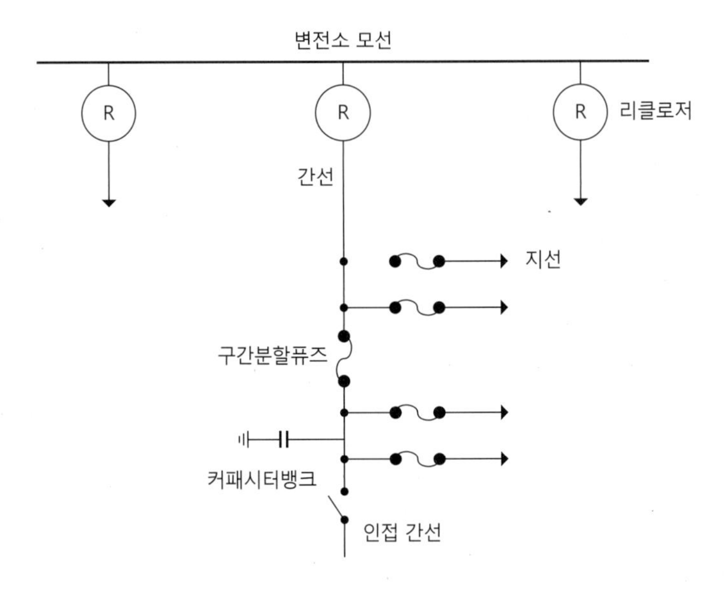

그림 7.9 방사상 1차 배전계통

■ 루프 1차 배전계통

그림 7.10은 루프 배전계통의 예시적 구성도로 안정적인 계통 구성이 필요할 시 적용된다. 변전소 모선에서 시작된 간선은 부하를 관통하여 다시 모선으로 돌아오도록 구성된다. 해당 형태에서는 특정 부분에서 사고가 발생하여 선로의 계통분리가 발생했을 시, 다른 쪽에서의 전력공급이 가능하다. 다만 배전계통의 경제성 측면에서는 단점이 있을 수 있는데, 대표적으로 간선은 양방향 전력공급이 가능한 범위에서 동일한 규격으로 설정되어야 하며, 중간 부분에 상시개방 스위치가 설치되어야 한다. 해당 스위치는 일반적으로 개방되어 있어, 평상시 단방향 전력공급이 진행되나, 특수 상황에 연결되어 전력공급을 진행하도록 구성된다.

일반적으로 지중 루프 배전계통을 구성할 시, 사고 발생 빈도는 적으나 한번 발생하면, 고장 복구에 시간이 걸릴 수 있으므로 루프 전체의 부하를 감당할 수 있도록 구성

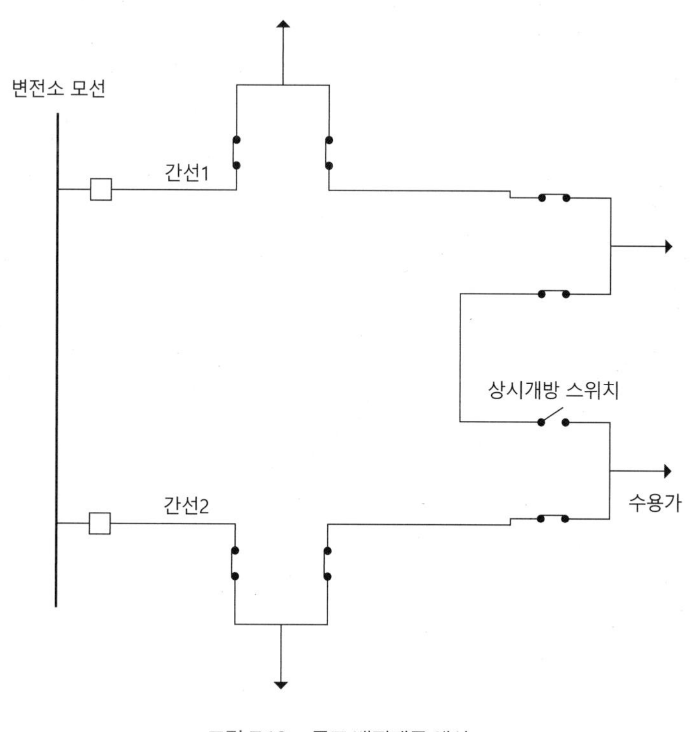

그림 7.10 루프 배전계통 예시

되어야 한다.

■ 네트워크 1차 배전계통

그림 7.11은 네트워크 1차 배전계통 형태를 도시하며, 루프 배전계통보다 높은 신뢰도를 가질 수 있다. 다수의 배전용 변전소로부터 다수의 간선이 분리되어 연계되어 있으

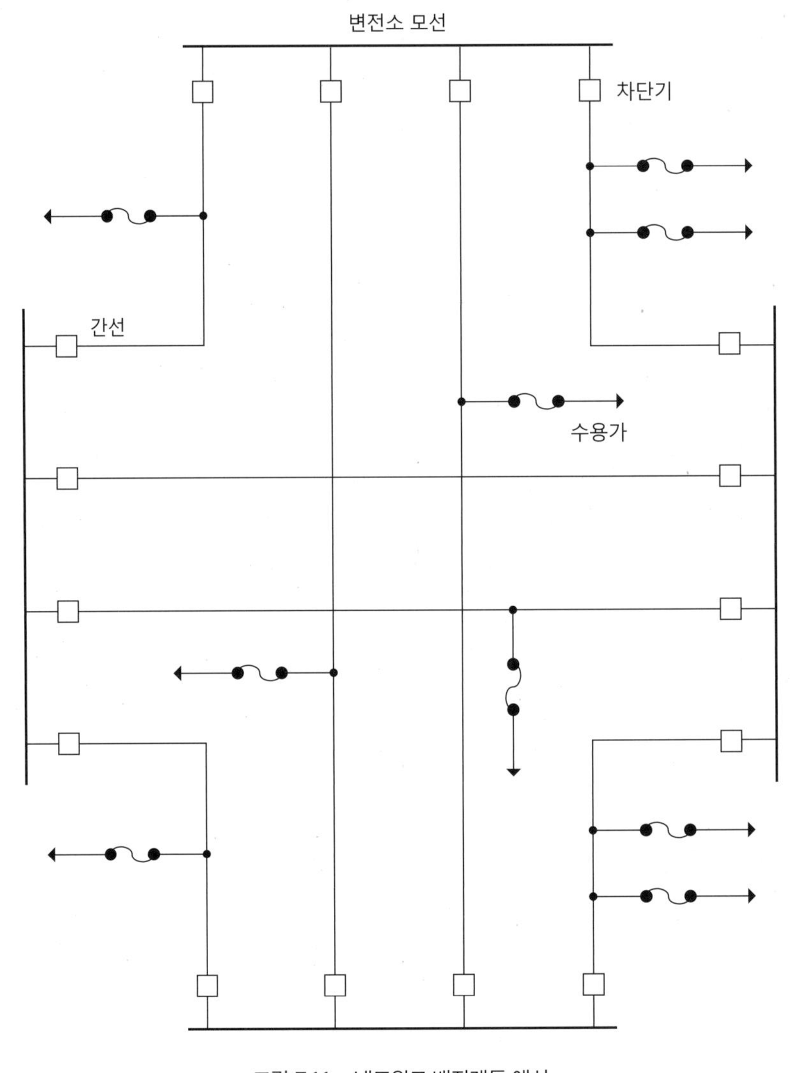

그림 7.11 네트워크 배전계통 예시

며, 특정 차단기가 동작하더라도, 다른 방향에서의 전력공급에 문제가 없도록 구성된다. 경제성 문제로 실제 적용되는 지역은 부하 밀도가 높은 지역에 한정되어 구성된다. 선로의 공급 방향이 다양하므로 배전용 변전소에 있는 전압조정장치에 의해 전압조정이 요구될 수 있다. 특정 지점에서 사고 발생 시 차단기에 의해 선로 분리가 발생하며, 각 부하의 사고는 퓨즈를 이용해 차단되도록 구성된다.

7.3.2 2차 배전계통

2차 배전계통은 배전용 변압기에서부터 수용가에 있는 계량기까지의 구간으로 정의된다. 일반적인 주택용 전압 220V뿐 아니라, 상업용으로 사용되는 3상 380V도 2차 배전계통에 해당한다.

국내의 경우, 단상 3선 공급방식이 일반적으로 사용되며, 일반 가정용 전압은 일괄적으로 단상 220V로 전기 공급이 이루어진다. 공장의 유도전동기와 같은 모터 부하에는 3상 380V 공급이 이루어진다. 2차 배전계통은 공식적인 표준에 의거, 전압유지가 이루어진다. 2차 배전계통의 배전방식은 수용가 전용 배전용 변압기 방식, 2차 배전선 공통방식, 2차 배전선 네트워크 방식, 스팟 네트워크 방식 4가지로 분류된다.

■ 수용가 전용 배전용 변압기 방식

그림 7.12와 같이 단일 수용가 전용 배전용 변압기로 배전되는 방식이 있다. 해당 방식은, 수용가와 배전용 변전소 사이의 거리가 멀거나, 추가 간선이 요구될 시에 이루어지며, 긴 거리에 의한 전압강하 문제로 인해 산간 지역 및 도서 지역에 적용된다. 혹은 부하가 일반수용가와 비교해 상대적으로 큰 경우에도 적용이 고려된다. 타 방식과 비교해 전용 변압기 설치에 필요한 경제적인 비용 문제가 있다.

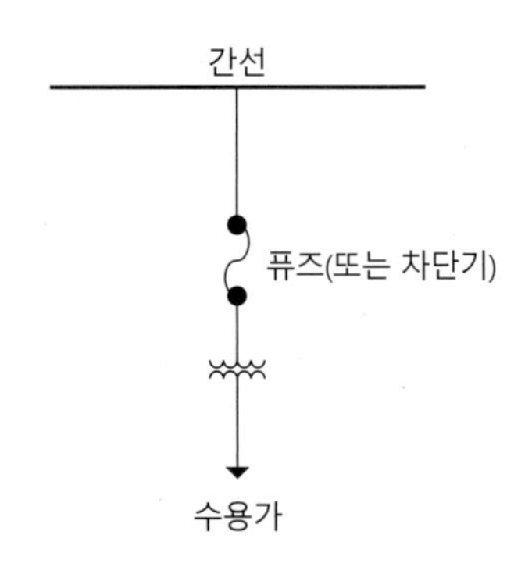

그림 7.12 단일 수용가 전용 배전용 변압기 배전방식

■ 2차 배전선 공통방식

그림 7.13은 일반수용가 집합체에 복수의 경로로 전기를 공급하는 루트를 구성하는 2차 배전선 공통방식을 도시한다. 1차 배전선(간선)에 하나 이상의 배전용 변압기를 이용, 연결된 2차 배전선을 공통으로 사용하는 방식이다. 그룹 내의 각 수용가에 필요한 전기 용량의 전체 합과 비교해 소용량으로 변압기를 구성할 수 있으므로 경제적 구성이 가능하다. 또한, 집합된 용량으로 변압기 구성 시 임피던스 측면에서 이점이 있으므로(손실 및 전압강하), 효율적인 전기 공급이 가능하다.

2차 배전선 공통방식은 구간이 분리되는 것이 일반적이며, 분리된 구간 내에서는 동

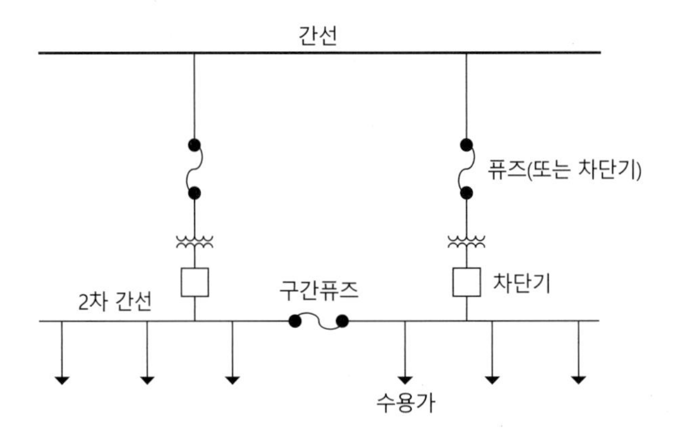

그림 7.13 2차 배전선 공통방식

일한 배전용 변압기로 전기공급을 받는다. 특정 상황에서 인접구간이 퓨즈에 의해서 연결되는 형태의 배전방식도 존재한다.

■ 2차 배전선 네트워크 방식

높은 신뢰도를 보이나, 고비용의 투자비가 요구된다. 2차 배전선 네트워크 방식은 3개 이상의 1차 배전선(간선)을 여러 개의 네트워크 변압기를 이용해 수용가와 연결하는 구조이다. 네트워크 변압기와 2차 배전선 사이에는 보호장치가 위치하며, 배전선로의 사고 및 역조류 발생 시 변압기를 보호하도록 동작한다. 국내의 경우 적용사례가 없다.

■ 스팟 네트워크 방식

그림 7.14는 고층빌딩, 백화점과 같이 집중된 부하에 전기를 공급하는 방식에 채택되는 2차 배전선 스팟 네트워크 방식을 도시한다. 네트워크 변압기를 통해 2개 이상의 배전선로가 병렬로 연결되므로 안정적인 전력공급이 가능하다. 수십 MVA급 부하의 경우 배전선로가 5개 이상 연결되기도 하며, 고신뢰도를 달성할 수 있다.

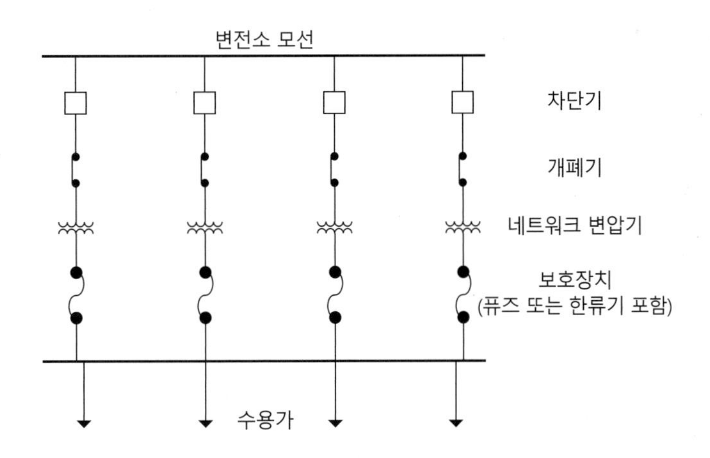

그림 7.14 2차 배전선 스팟 네트워크 방식

7.4 PSCAD 개요 및 기초

PSCAD는 전력계통 해석 분야에서 표준적인 순시치 해석프로그램 중 하나로, 캐나다의 Manitoba HVDC Research Centre에서 개발되어 지속적으로 새로운 버전이 출시되고 있다. EMTDC를 해석 엔진으로 하며, EMTDC 동작을 위한 데이터 작성이 GUI(Graphic user interface)로 구성되어 있다. PSCAD의 강점은 회로의 구성에 대한 GUI가 효과적으로 구성되어 있고, 복수의 페이지를 이용하여 전력계통을 구성할 수 있는 점에 있다.

해당 프로그램은 Manitoba HVDC 홈페이지(https://mycentre.hvdc.ca/)에서 다운로드가 가능하며, Student license 활용으로 실습 진행이 가능하다. Manitoba HVDC 홈페이지에는 각 버전에 대한 설명과 활용 방법이 지속해서 업데이트되고, 특정 모델에 대한 UDM(User defined model)이 공개되고 있으므로, 다양한 전력시스템 설계 학습을 진행할 수 있다.

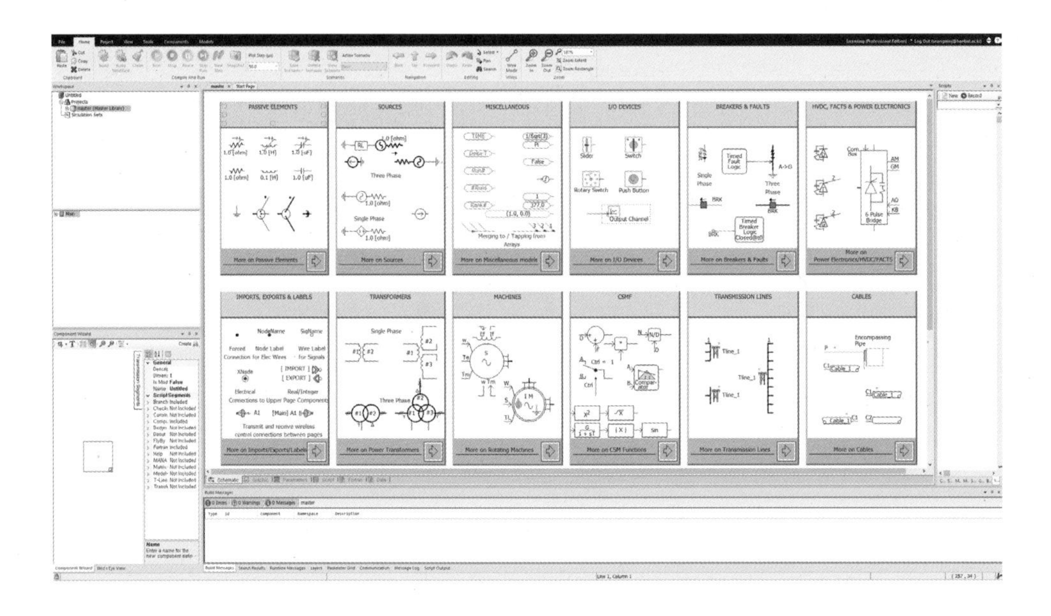

그림 7.15 PSCAD interface (V50)

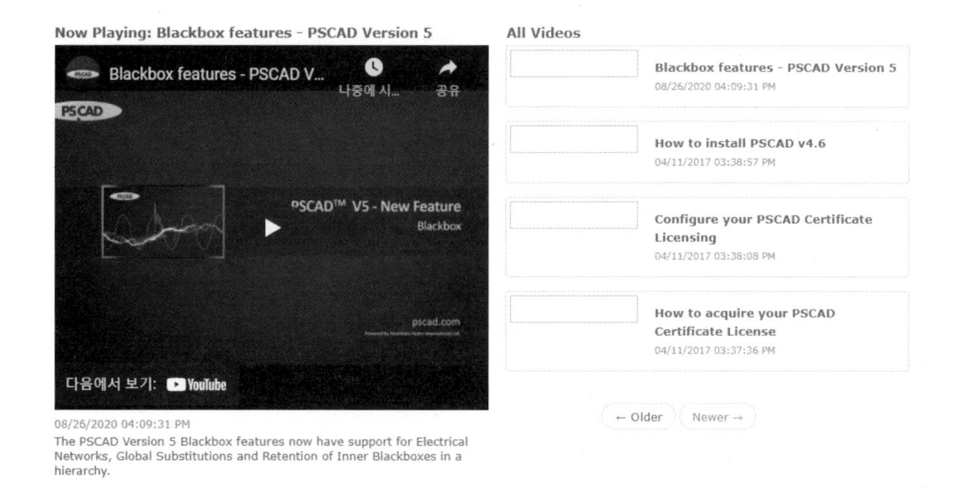

그림 7.16 Manitoba HVDC 홈페이지의 교육 영상

언급한 바와 같이, PSCAD는 GUI를 제공하는데, 설치 후 프로그램을 시작하면, 클릭할 수 있는 마스터 라이브러리에서 다양한 모델을 확인할 수 있다. 또한 가장 많이 활용되는 측정기, 신호, 그래프 출력 채널 등은 그림 7.17과 같이 프로그램 상단에서

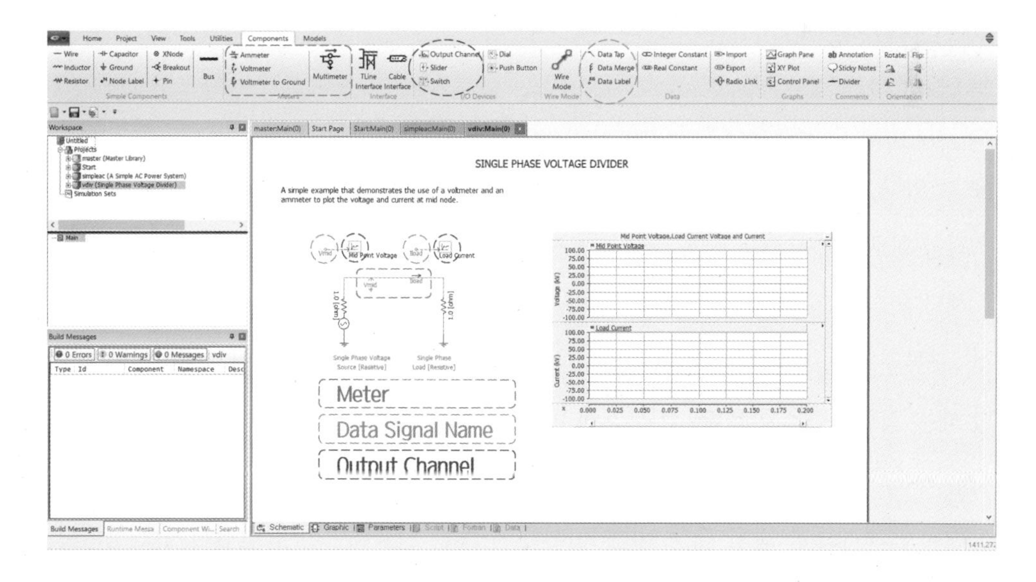

그림 7.17 대표 라이브러리의 활용 예시

가져올 수 있으며(마스터 라이브러리에서도 확인 가능함), 이들을 화면에 배치함으로써 개인이 원하는 전력시스템 해석을 진행할 수 있다.

우선 전력시스템의 출력값(전압, 전류, 유효전력 등)을 요소별로 확인할 수 있는 각종 미터기의 활용 빈도가 높다. 또한 전력기기들을 제어하거나, 측정된 값을 미터기로 전송하기 위해 개별 신호가 정확히 설계되어야 한다. 마지막으로 측정된 신호를 눈으로 확인하거나, 분리하여(고조파 차수 등) 해석할 수 있도록 그래프 출력 전용 채널과 패널이 갖춰져 있다.

본 교재에서는 PSCAD 활용 숙련도 향상을 위해, 기본적인 작동 원리와 프로젝트 설계를 숙지하였음을 전제로, PSCAD 전용 튜토리얼을 선별적으로 학습하고자 한다. PSCAD 튜토리얼은 설치와 동시에 활용할 수 있으며, 비교적 단순한 시스템을 예제 파일로 제공하여 이용자의 활용 능력의 향상을 도모한다.

단순한 회로 원리로 동작하는 전압분배기에서부터, 차단기를 활용한 교류시스템 설계와 관련된 내용을 기초 실습으로 진행하고자 한다.

7.4.1 전압분배기 [Tutorial name: vdiv]

PSCAD 창에서 파일열기를 클릭하고 Examples 폴더 내부를 보면 Tutorial 폴더를 찾을 수 있다. 해당 폴더 안에는 초보자를 위한 기본적인 회로가 배치되어 있다. 가장 기초적인 회로로 분류되는 vdiv.pscx 파일을 확인하고 동일한 회로를 구성해 보자.

해당 파일의 경우 회로의 기본지식인 전압분배의 원리가 적용되는지 확인하는 회로로, 교류전원을 이용하는 것이 특징이다(일반적인 회로이론에서 전압분배원리를 설명할 때는 직류전원을 이용함). 기본적인 PSCAD 창과 마스터 라이브러리에 관한 설명은 Appendix 부분을 참고하도록 한다.

해당 프로젝트를 열고 재생 버튼(Run)을 누르면 시뮬레이션이 간단하게 진행된다. 전원에 의해 입력되는 전압이 전원 저항과 부하 저항의 값에 따라 전압이 분배되는, 기

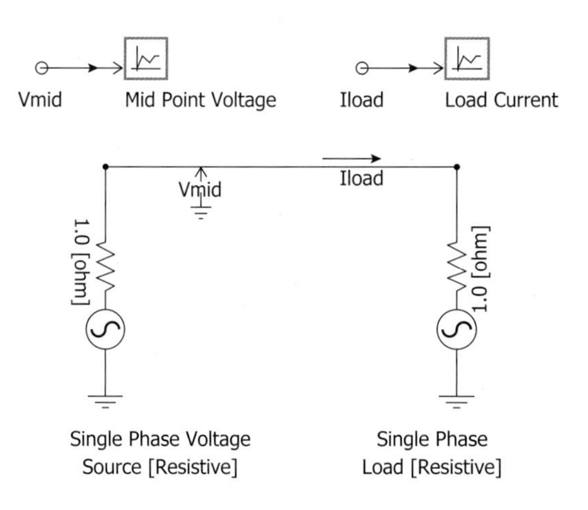

그림 7.18 PSCAD 튜토리얼 중 전압분배기 예제 파일

본적인 전압분배 법칙 성립을 확인하는 회로라고 볼 수 있다.

해당 회로를 참고하여 새로운 프로젝트 파일에 나만의 전압분배기를 설계해 보자. PSCAD 창에서 File 탭을 클릭하면 프로젝트 또는 라이브러리를 생성할 수 있다. PSCAD는 영어를 기반으로 하는 소프트웨어이므로, 파일명을 생성할 때 영어를 사용하여 불필요한 에러를 방지하도록 한다.

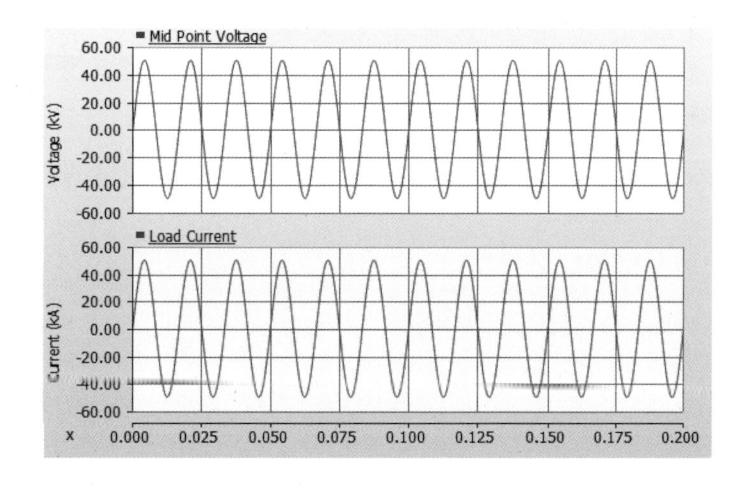

그림 7.19 PSCAD 튜토리얼 중 전압분배기 출력 결과

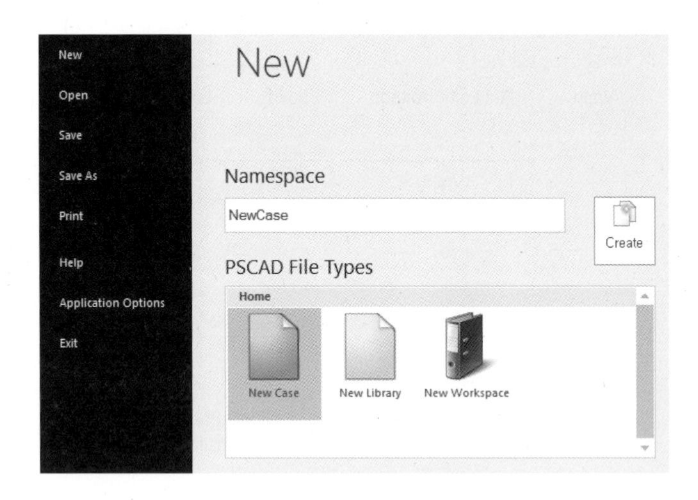

그림 7.20 PSCAD 프로젝트 생성

새로운 프로젝트를 생성하고 마스터 라이브러리에서 필요한 소자를 가져와 회로를 구성한다. 마스터 라이브러리의 소자는 Ctrl+c, Ctrl+v 이용으로 복사 및 붙여넣기가 가능하다. 가장 먼저 전원 소자를 가져온다. 마스터 라이브러리 안의 전원(Sources) 탭을 더블클릭하면, 직류전원, 교류전원을 포함한 3상 전원이 일반 모델로 제공되는 것을 확인할 수 있다. 튜토리얼의 전압분배기와 동일한 회로를 구성하기 위해 단상 교류 전압원을 복사한다. 그러나 튜토리얼 전압분배기와 완전히 동일한 형태는 라이브러리에서 찾을 수 없을 것이다. 그림 7.21은 라이브러리에서 찾을 수 있는 단상 교류전압원의 일반적 형태를 보여준다.

해당 소자 중 하나를 선택하여 프로젝트 파일에 넣어보자. 해당 소자를 더블클릭하

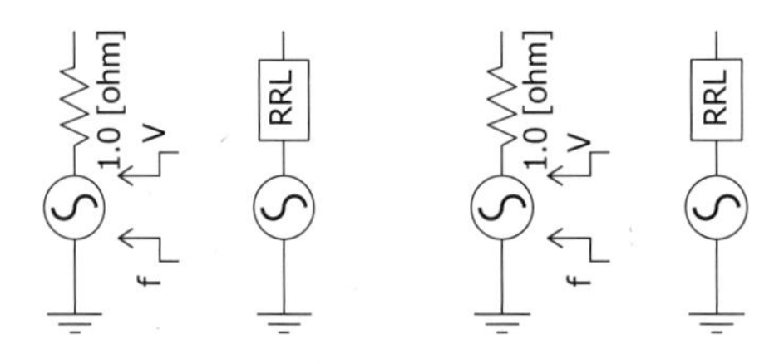

그림 7.21 마스터 라이브러리 단상 교류전원 예시

면 교류전압원에 대해 PSCAD 프로그램상에서 설정할 수 있는 다양한 옵션이 등장하는데, 해당 값을 사용자가 원하는 값으로 지정하여 원하는 전원으로 구성할 수 있음을 확인할 수 있다.

■ 구성

튜토리얼의 전압분배기와 일반설정을 동일하게 하기 위해, 전압원 임피던스를 순저항(Resistive), 전원의 접지 여부를 접지(Grounded), 주파수 및 전압의 입력값을 내부(Internal)로 설정한다. 구성된 교류전압원의 형태가 튜토리얼의 전압분배기와 같음을 확인할 수 있다.

단순히 전원만 프로젝트에 배치해서는 프로그램이 구동하지 않는다. 전기적 시뮬레이션을 수행하기 위해서는 키르히호프 법칙이 성립해야 하며, 발생된 전원이 소비될 수 있도록 회로를 구성해야 한다. 따라서, 튜토리얼의 전압분배기 회로와 동일하게 전력을 소비할 수 있도록 저항소자를 연결하고 접지회로를 구성해야 한다.

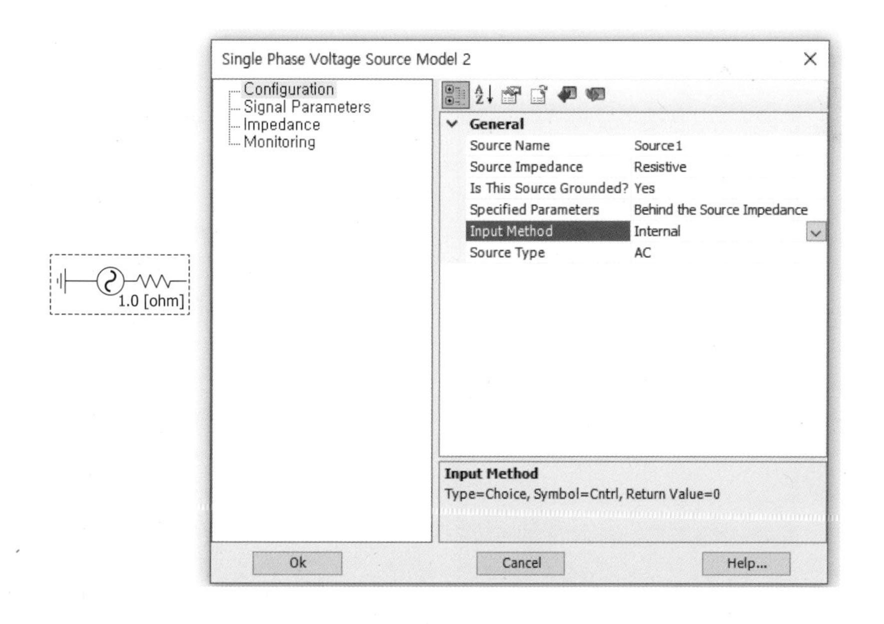

그림 7.22 단상 교류전원 일반설정

저항소자와 접지소자는 마스터 라이브러리의 수동 소자(Passive elements) 탭 안에서 쉽게 찾을 수 있다. 탭을 눌러보면 저항소자 외에도, 전력시스템에서 수동 소자로 분류되는 부하와 리액터를 확인할 수 있으나, 탭을 더블클릭하지 않더라도 외부 설명창에서 바로 복사할 수 있다. 저항과 접지를 복사해서 프로젝트 안에 붙여넣고 와이어로 연결하면, 튜토리얼 전압분배기와 동일한 회로가 그림 7.24와 같이 구성된다.

회로 구성이 완료되면, 프로그램 구동이 가능하지만, 이러한 상태에서 구동은 의미가 없다. 입력되는 전압과 그에 따른 전류 등을 확인하는 것이 전력시스템 해석의 주요 목표이므로, 튜토리얼의 전압분배기와 같은 방식으로 전원 측 전압과 공급 전류를 측정해 보도록 하자.

측정을 진행하기 위해서는 수동 소자가 아닌 측정기(Meter)가 프로젝트에 배치되어야 한다. 측정기의 경우, 사용자가 원하는 측정값을 고려하여 선택되어야 한다. 마스터 라이브러리의 측정기(Meters)를 더블클릭하면 다양한 종류의 측정기가 배치되어 있음이 확인된다.

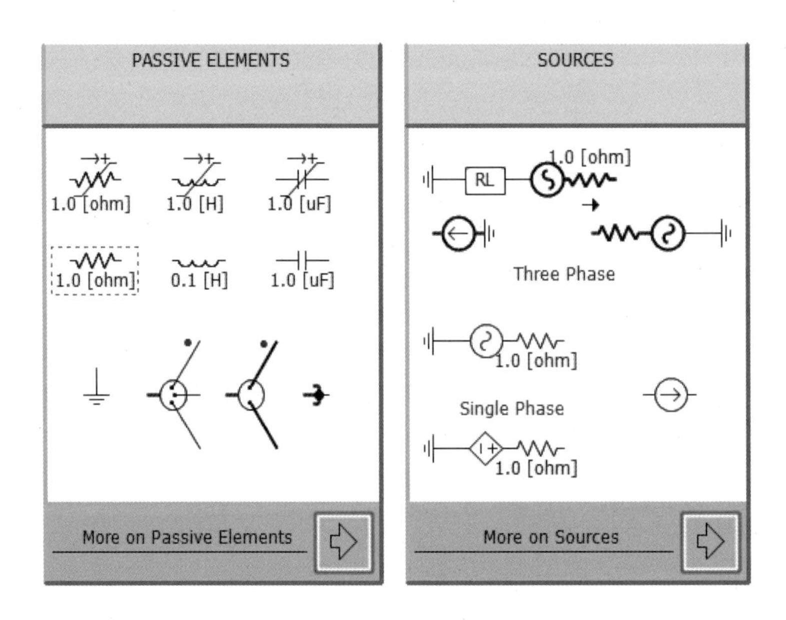

그림 7.23 마스터 라이브러리의 소자 폴더 (탭을 더블클릭하지 않아도 소자 선택 및 복사를 할 수 있음)

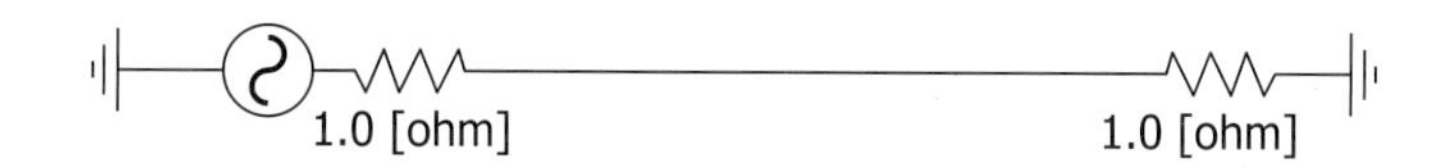

그림 7.24 전압분배기 회로 구성 (소자를 우클릭하면 각 방향으로 회전할 수 있음)

단상 전압측정기(Volt meter)와 전류측정기(Current meter)를 복사하여 프로젝트에 배치한다. 전압측정기의 경우 전원 저항 앞단에 배치하면 전력공학에서 의미하는 발전단 전압을 측정할 수 있는 형태가 된다. 전류측정기의 경우, 실제 회로에서 전류를 측정하는 방식과 동일하게 진행되어야 한다. 실제 회로에서 전류를 측정할 때는 반드시 회로를 오픈시킨 상태에서 양 전류측정기를 연결해야 하며, 이를 고려하여 와이어를 연결하도록 한다(단순히 와이어 위에 전류측정기를 올려놓으면, 회로가 구동되지 않음). 측정기를 프로젝트에 배치하였으니, 이를 그래프로 출력하도록 하자. 먼저 전압측정기에서 측정되는 값을 그래프로 출력하기 위해, 신호값이 일치되도록 설정한다. 전압측정기를 더블클릭하면 측정된 신호를 어떠한 신호값으로 설정할 것인지 입력할 수 있다. 같은 방식으로 전류측정기의 신호값도 설정한다. 본 교재에서는 튜토리얼 전압분배기와 동일한 값으로 설정하였다. 신호값이 설정되면, 입출력 신호를 출력장비와 연결하여 그래프를 추출해야 한다. 마스터 라이브러리의 입출력 장비(I/O devices) 탭에서 그래프를 출력하기 위한 채널(Channel)을 복사하여 프로젝트에 배치한다. 해당 채널을 전압, 전류측정 신호와 연계(그림 7.25)하면 모든 준비가 완료된다.

이제 프로그램을 구동하고 그래프를 출력하면(채널을 우클릭하여 Graphs/Meters/Controls 난에서 그래프를 직접적으로 출력하거나, PSCAD 툴박스의 Components 창

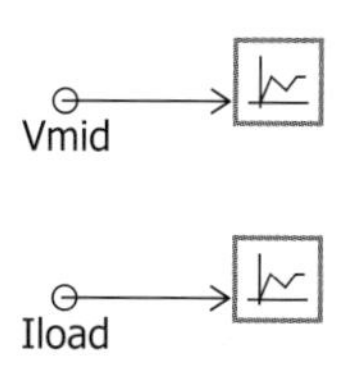

그림 7.25 측정 신호와 Channel 연계

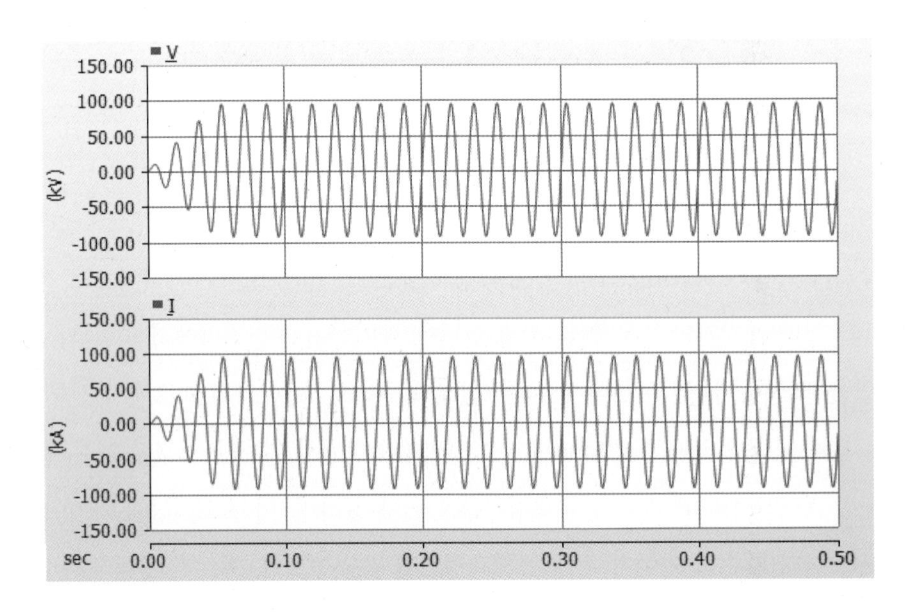

그림 7.26 구성한 전압분배기의 전압·전류 곡선 측정 결과

에서 Graph frame 배치를 통해 출력할 수 있음), 전압분배기가 동작하는 것을 확인할 수 있다.

직접 구성한 전압분배기와 튜토리얼의 전압분배기를 비교해 보자. 튜토리얼 전압분배기의 전압 곡선과 많은 부분이 다른 것을 확인할 수 있으며, 이러한 세부 사항은 조정을 통해 일치시킬 수 있다.

먼저 그림 7.26의 전압 · 전류 곡선과 다른 부분은 시작 부분이다. 튜토리얼 상 전압분배기의 전압 전류는 시작과 동시에 정격값이 출력되는 데 반해, 제작한 전압분배기는 초기 과도구간이 설정되어 있다. 이는 전원의 설정값 조정을 통해 조정이 가능한데, 전원의 더블클릭 이후 일반설정 다음의 설정값 조정(Signal parameters)에서 가능하다. 해당 탭의 Ramp up time을 0[s]으로 설정하면, 처음의 구동시간이 사라지도록 설정할 수 있다. 또한 해당 탭에서 전압의 크기 조정이 가능한데, 단상 상전압의 값을, 튜토리얼 전압값과 일치시킴으로써 동일한 설정이 가능하다. 마지막으로 시뮬레이션 시간이 다른 부분은 전체 프로젝트 설정 창에서 조정될 수 있다. 프로젝트 설정은 대상 프로젝

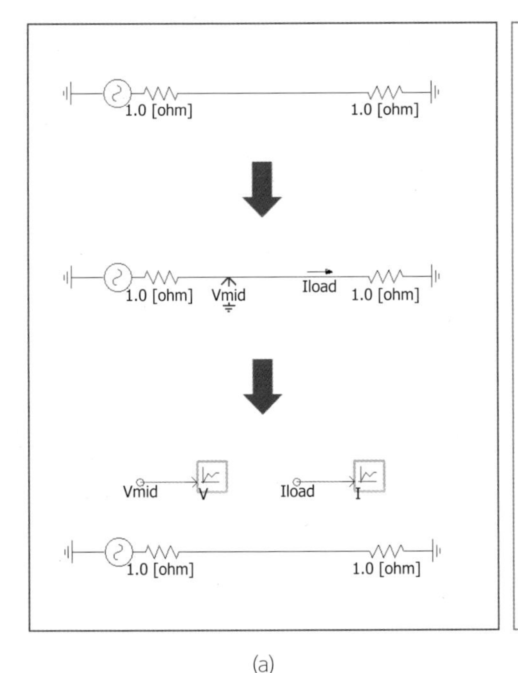

(a)

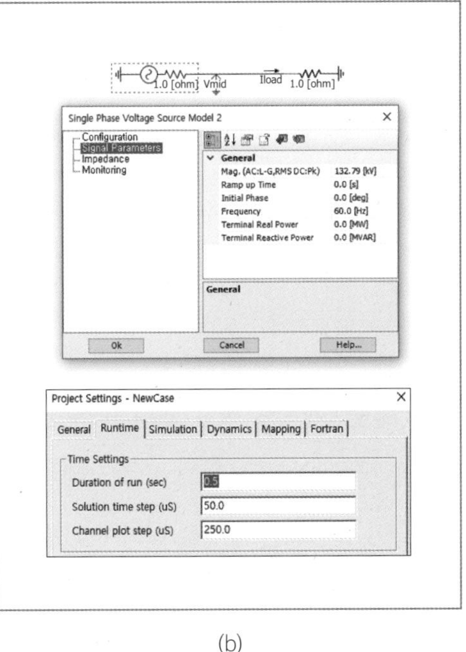

(b)

그림 7.27 전압분배기 구성과정(a) 주요설정화면(b)

트 바탕화면에서 우클릭을 통해 진행할 수 있는데(Project setting), 시뮬레이션 시간이 팝업창 상단에 배치되어 있고 이를 사용자가 원하는 구간에 맞게 설정하면 된다.

전압분배기 구성과정을 그림 7.27에 정리하였다. 해당 과정을 통해 PSCAD 마스터 라이브러리의 활용방법과 시스템 설계의 기본을 진행할 수 있다.

7.4.2 차단기 [Tutorial name: chatter]

전압분배기와 마찬가지로 PSCAD 창에서 파일열기를 클릭하고 Examples 내 Tutorial 폴더에서 찾을 수 있다. 전력시스템에서 초보자가 제어하기 가장 간단한 계전기(Relay)를 확인해 보자.

파일을 열면 그림 7.28과 같이 전압분배기 예제와 비슷한 형태로 구성된 회로를 확인할 수 있다.

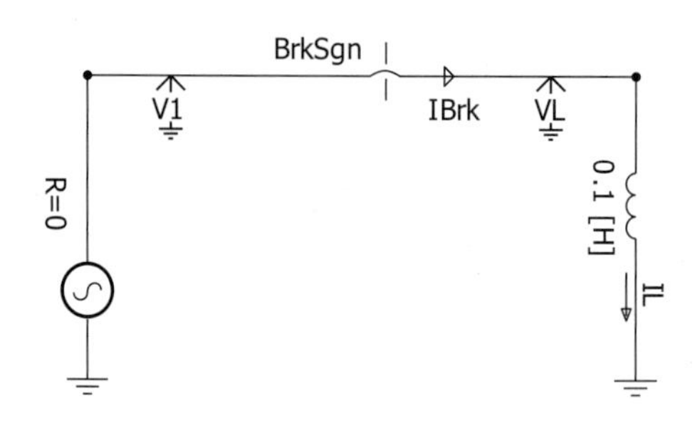

그림 7.28 PSCAD 튜토리얼 중 Chatter 회로

해당 프로젝트를 열고 재생 버튼(Run)을 누르면 기본적인 시뮬레이션이 진행된다. 전원에 의해 입력되는 전압이 회로에 공급되다가 특정 시간대에 차단기가 동작해서 전원공급이 중단되는 형태로 동작이 진행된다.

전압분배기 예제와 마찬가지로, 해당 회로를 참고하여 새로운 프로젝트 파일에 설계를 진행해 보자.

새로운 프로젝트를 생성하고 마스터 라이브러리에서 필요한 소자를 가져와 회로를 구성한다. 앞의 예제와 같은 순서로 가장 먼저 전원 소자를 가져온다. 마스터 라이브러리 안의 전원(Sources) 탭을 더블클릭하여, 단상 교류전압원을 복사한다. 라이브러리 상의 단상 전압원 소자를 더블클릭하여, 이상전압원 상태(Ideal), 전원의 접지 여부를 접지(Grounded), 주파수 및 전압의 입력값을 내부(Internal)로 설정한다. 구성된 교류전압원의 형태가 튜토리얼의 전압분배기와 같음을 확인할 수 있다. 튜토리얼의 차단기 회로와 동일한 특성이 발생될 수 있도록 인덕터소자를 연결하고 접지회로를 구성한다.

인덕터소자는 저항소자와 같이 마스터 라이브러리의 수동 소자(Passive elements) 탭 안에서 쉽게 찾을 수 있다. 일종의 기본 소자로서, 탭을 더블클릭하지 않더라도 외부 설명 창에서 바로 복사할 수 있다. 인덕터와 접지를 복사해서 프로젝트 안에 붙여넣고 와이어로 연결하면, 기본 회로가 구성된다.

입력되는 전압과 그에 따른 전류 등을 확인하는 것이 전력시스템 해석의 주요 목표이므로, 앞의 예제와 같은 방식으로 전원 측 전압과 공급 전류를 측정하도록 구성한다.

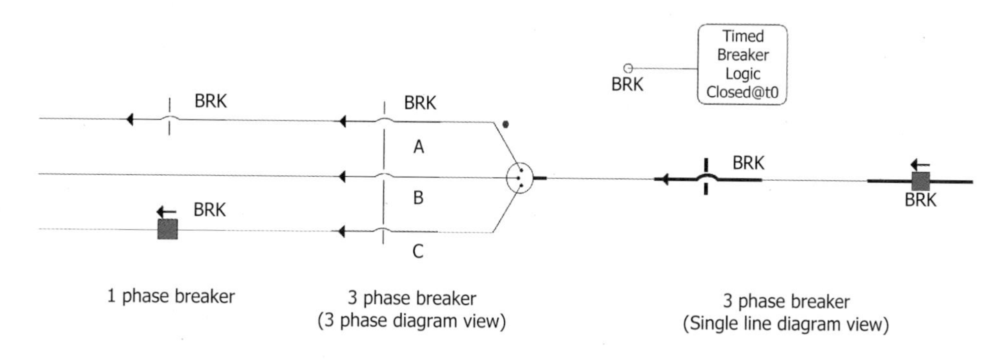

그림 7.29 마스터 라이브러리 Breaker & Fault 내 계전기 소자

단상 전압측정기(Volt meter)와 전류측정기(Current meter)를 복사하여 프로젝트에 배치한다.

이제 새로운 동작을 입력할 수 있는 계전기를 프로젝트에 배치해 보자. 계전기는 마스터 라이브러리의 차단기 및 사고(Breakers & Faults) 탭에 위치한다. 해당 폴더를 더블클릭하면, 차단기의 종류(3상 차단기 포함)와 사용 방법, 예시에 관한 기술이 함께 배치되어 있다. 단상 교류전원을 주요 전원으로 설정하였으므로, 단상 차단기를 프로젝트에 배치하도록 한다.

차단기의 위치는 그림 7.29에 나타난 바와 같이, 전원과 부하 사이에 배치하도록 한다. 차단기에 의한 영향을 보기 위해서는 측정기 사이에 배치하는 것이 좋은데, 차단기 양방향에 대한 영향을 분석하기 위해서이다. 전력계통에서 차단기의 주요 역할은 사고의 파급 방지를 위해 계통에서 분리하는 것이지만, PSCAD에서 아무런 설정 없이 사고

General	
Name for Identification	
Number of Breaker Operations	2
Initial State	Close
Time of First Breaker Operation	TOpen
Time of Second Breaker Operati	TClose

그림 7.30 계전기 전용 시간 응답 제어기

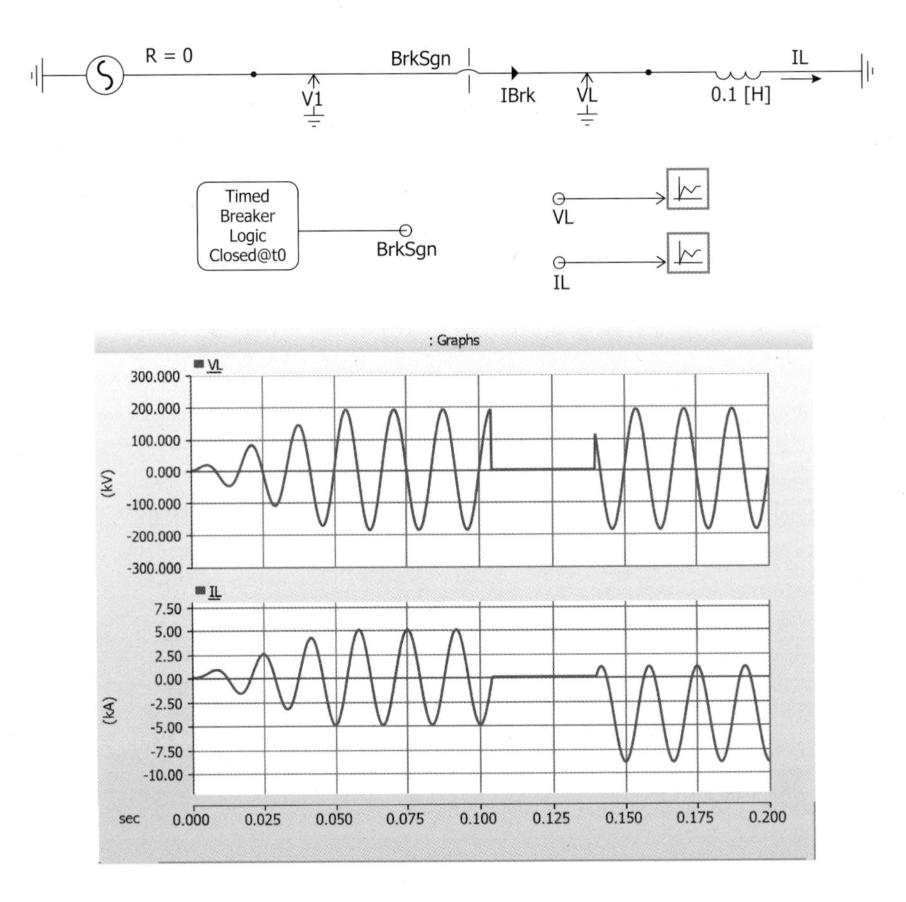

그림 7.31 모의된 차단기 동작 결과

전류를 감지하지는 못한다. 본 교재에서는 튜토리얼에서 활용하는 바와 같이, 차단기 동작 신호를 시간의 변화에 따라 입력하여 동작에 의한 영향을 확인하도록 하였다.

차단기 동작을 시계열에 따라 입력하기 위해, 마스터 라이브러리에 위치하였던 제어기(Timed Breaker Logic)를 활용한다.

해당 제어기를 더블클릭하면, 차단기의 동작 횟수, 초기 상태, 차단기 동작 시간을 차례대로 입력값으로 설정할 수 있도록 구성되어 있다. 차단기 동작 횟수는 최대 2회로, 초기 상태에서 변하는 횟수를 의미한다. 여기서 초기 차단기 동작 상태에 따라 최종 차단기 상태가 결정되는데, 만약 차단기 동작 횟수를 2회, 초기 상태를 개방(Open)

으로 입력한다면, 첫 번째 동작은 접속(Close), 두 번째 동작은 개방이 되며, 만약 초기 상태를 접속으로 설정한다면, 반대가 된다.

차단기 동작 시간을 직접 숫자로 입력할 수 있으며, 튜토리얼과 같이 외부 신호를 설정하여 입력할 수 있다. 튜토리얼에서의 동작 신호는, 초기 접속, 2회 동작, 동작 시간은 0.1과 0.14초로 설정되어 있다. 해당 상황과 유사하되, 동작 시간을 직접적으로 입력해 본다.

그래프로 출력해 보자. 프로그램을 구동하고 그래프를 출력하면, 차단기가 튜토리얼과 동작하는 것을 확인할 수 있다. 직접 구성한 회로와 튜토리얼의 회로를 비교해 보자. 혹시 크기와 전체 시뮬레이션 시간에 차이가 있다면, 튜토리얼과 동일하게 시뮬레이션 시간과 전압을 설정했는지 확인해 보도록 하자.

7.4.3 3상 전력시스템 [Tutorial name: simpleac]

튜토리얼의 마지막으로 3상 전력시스템 예제를 다루어보도록 한다. 앞서 기술된 바와 같이, 전력시스템, 특히 교류 송전 시스템의 경우, 모두 3상으로 구성되어 있다. 따라서 전력시스템을 모델링하기 위해서는 3상 송전 시스템을 기본적으로 확인해야겠다. 그림 7.32는 튜토리얼에서 구성된 3상 전력시스템 회로도이다.

PSCAD에서 이상적인 전선으로 활용되는 wire는, 3상의 가압상태를 확인할 수 있도록 구성되어 있다. 그림 7.32는 튜토리얼을 열면 등장하는 회로를 그대로 도시한 것이지만, 해당 상태에서 재생버튼(Run)을 클릭하면 그림 7.33과 같이 선로가 가압되어,

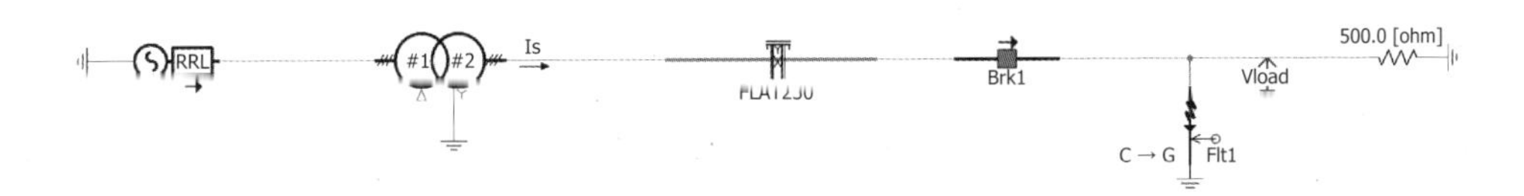

그림 7.32 PSCAD 튜토리얼 중 simpleac 회로

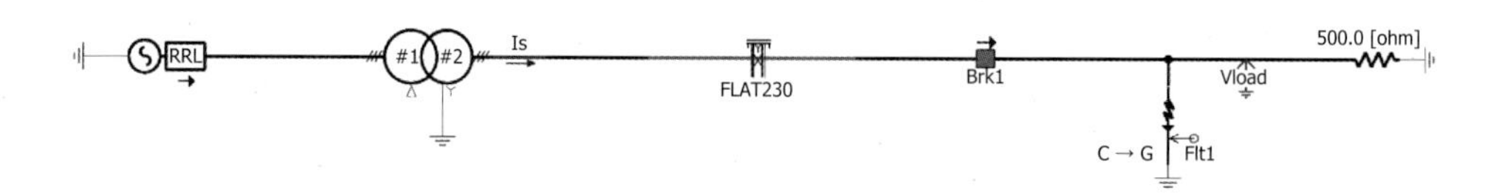

그림 7.33 PSCAD 튜토리얼 중 simpleac 회로의 가압상태

3상 전력시스템으로 wire가 동작하고 있음을 확인할 수 있다.

신규 프로젝트에 해당 회로를 구성하기 전에, 동작상태를 확인해 보도록 하자. 해당 예제를 재생하면, 그림 7.34와 같은 3상 차단기 전류를 확인할 수 있다.

앞의 예제와 마찬가지로, 해당 회로를 참고하여 새로운 프로젝트 파일에 설계를 진행해 보자. 새로운 프로젝트를 생성하고 마스터 라이브러리에서 필요한 소자를 가져와 회로를 구성한다.

이번 튜토리얼에서 전원은 3상 전원이므로, 마스터 라이브러리의 전원 탭에 들어가 3상 전원을 가져오도록 한다. 3상 전원은 구성방식에 따라 3가지 형태가 마스터 라이브러리에 주어져 있다. 튜토리얼 전원과 같은 방식으로 설정된 전원(ESYS65) 형태를 프로젝트에 배치하도록 하자.

전원 내부임피던스 설정을 R-R//L로, 전원 제어 형태를 Fixed로 설정하면, 튜토리얼

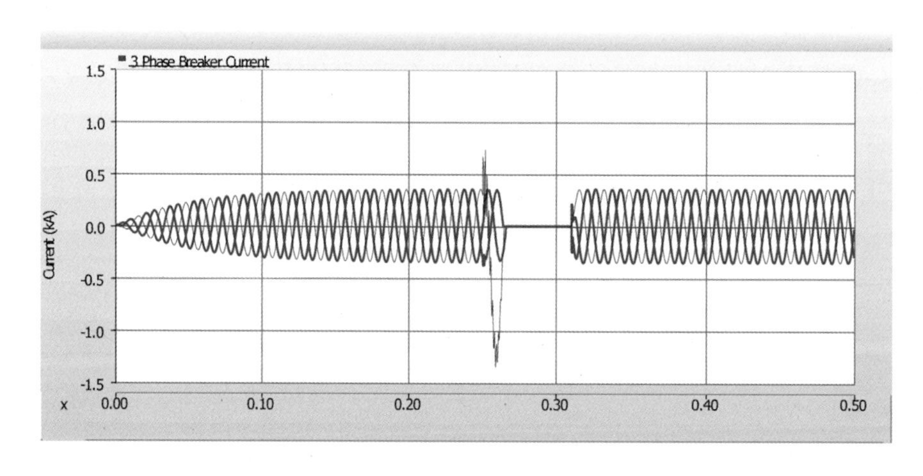

그림 7.34 simpleac 튜토리얼에서의 차단기 전류

생각해 보자! 시나리오 동작시간 외에 프로젝트 설정은 어떠한 의미가 있을까?

그림 7.34에 나타난 바와 같이, 기본 설정에서도 차단기에 흐르는 전류가 상세하게 측정되고 있음을 확인할 수 있다. 전자기 특성을 반영할 정도의 짧은 시간 간격으로 그래프를 도출한 결과이다. 그렇다면 만약 그래프 출력 시간 간격을 크게 하면 어떤 그래프가 도출될까?

프로젝트 설정(프로젝트 바탕화면에서 우클릭)에 들어가 그래프 출력 단위 시간(Channel plot step)을 20배, 1000us로 설정해 보도록 하자. 기존 그래프 출력의 세밀함을 20배 낮추어 그래프를 출력하는 것이다. 해당 결과는 그림 7.35와 같다.

이처럼, 계산 시간과 출력 시간을 짧게 하면 보다 우수한 결과를 확인할 수 있으나, 복잡한 전력 시스템 계산에서 계산 시간에 대한 적절한 고려가 필요하다. 따라서 항상 시뮬레이션 대상과 구성, 확인하고자 하는 목표를 반영하여 프로젝트 설계를 진행해야 할 것이다.

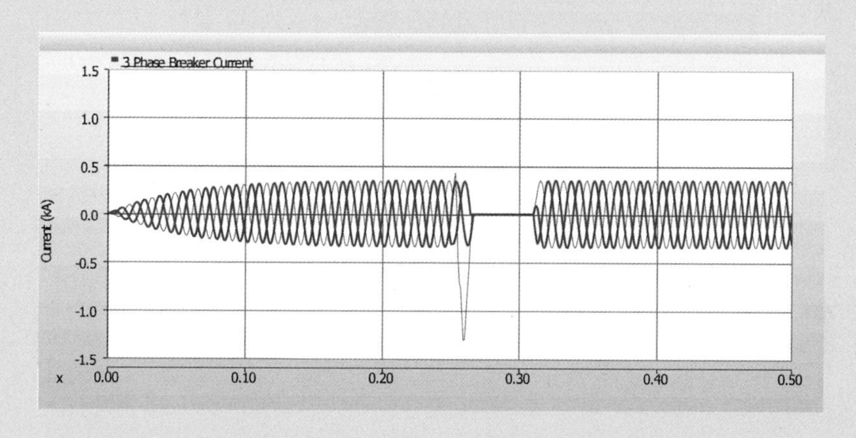

그림 7.35 simpleac 튜토리얼에서 그래프 출력 시간 1ms 설정 시 차단기 전류 곡선

과 동일한 형태로 전원 구성이 가능하다. 그림 7.36은 전원 설정 창을 도시한다.

해당 창에 나타난 도시 방법(Graphics Display)의 경우, PSCAD 프로젝트 내 해당 소자의 전원 모양 표시 방법을 의미하며, 튜토리얼 예제가 단일 선로 형태(Single line view)로 제시되었으나, 추가적인 학습 및 배전시스템 구성도 확인을 위해 3상 선로(3 phase view)로 진행해 보도록 하자. 해당 옵션을 선택하면 프로젝트에 입력한 전원 형

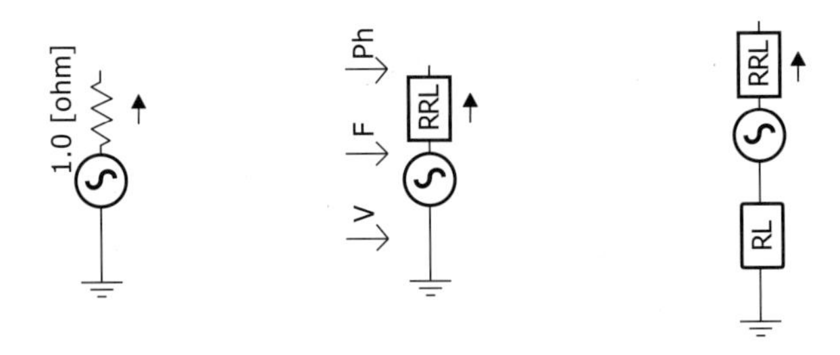

그림 7.36 마스터 라이브러리 내 3상 전원

General	
Source Name	Source1
Source Impedance Type:	R-R//L
Source Control:	Fixed
Zero Seq. Differs from Positive Seq. ?	No
Impedance Data Format:	Impedance
External Phase Input Unit	Radians
Graphics Display	**3 phase view**
Specified Parameters	Behind the Source Impedance

그림 7.37 3상 전원 설정 창

태가 그림 7.38과 같이 변화한다.

각 전원에 표기된 A, B, C 기호가 3상 전력시스템에서의 각 상을 의미하며, 해당 전원에 회로를 연결하기 위해서는 각 상에 송전, 배전시스템을 연계, 구성해야 한다. 튜토리얼 3상 시스템을 확인해 보면, 변압기를 통해 송전 시스템과 연계되고, 차단기를 통해 부하와 연계되도록 시스템이 구성되어 있다. 전원과 직접적으로 연계된 3상 변압기를 우선 연결해 보자. 마스터 라이브러리의 변압기(Transformers) 폴더 안에 단상/3상 변압기가 배치되어 있다. 3상 변압기의 경우, 단일 선로 형태로 표기되어 있으므로, 튜토리얼과 동일한 3 phase 2 winding 모델을 가져와 보도록 하자.

현재 전원을 3상 선로로 표기한 상태이므로 3상 변압기와 프로젝트 상으로 직접 연계할 수 없다. 두 모델을 연계하기 위해서는 전원을 3상 선로와 연계하거나 변압기도 3상 선로 표기하는 방법이 있을 수 있다. 두 방법은 그림 7.39와 같이 진행할 수 있다(3상 선로를 단일 선로로 취합하는 모델은 마스터 라이브러리 수동 소자 폴더에 있음).

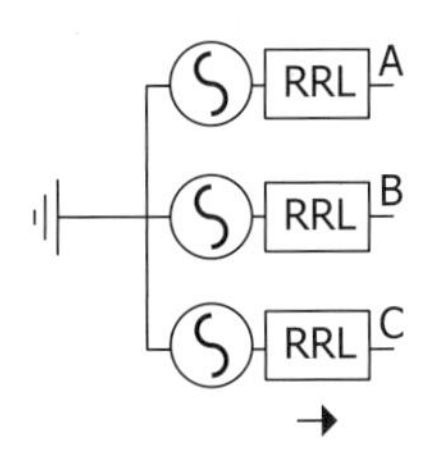

그림 7.38 3상 전원의 3상 선로 형태 설정 시 회로도

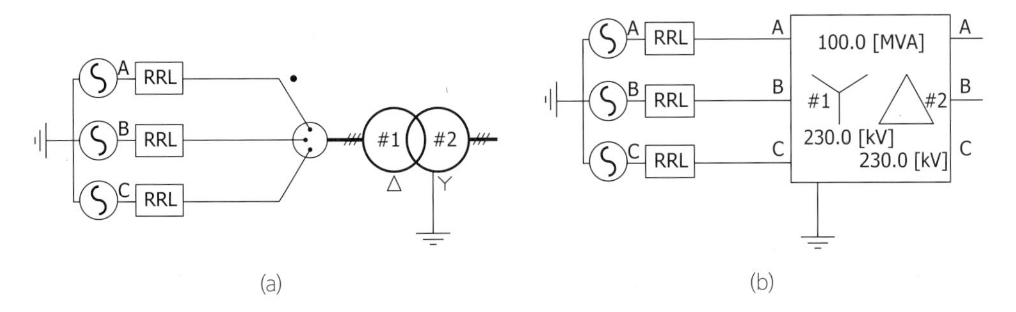

그림 7.39 3상 선로 표기된 전원의 3상 단일 선로 표기 변압기와 연계하는 방법. (a) 3상 선로로 재연계 (b) 변압기의 3상 선로 표기

송전 시스템의 경우, 마스터 라이브러리의 송전선(Transmission lines) 폴더에서 튜토리얼과 동일한 모델을 연결할 수 있으나, 단순 모델인 벨제론(Bergeron) 외의 모델은 전문적인 요소가 요구되며, 일반적인 모델링은 등가화된 임피던스(RLC) 모델로 대체할 수 있다. 본 예제에서는 송전선 임피던스를 상당 0.1[H] 리액터로 대체하고 사고 모의 학습에 주목하고자 한다. 차단기 튜토리얼 예제에서는 외부 사고에 대한 모의 없이 차단기를 동작하도록 설정하였으나, 본 예제에서는 직접적인 사고를 모의한다. 마스터 라이브러리의 차단기 및 사고(Breakers & Faults) 폴더에서 사고 모델을 가져와 구성해 보도록 하자.

3상 형태의 차단기와 사고 모의 모듈, 부하를 연결하면 그림 7.40과 같다.

튜토리얼의 3상 전력시스템에 입력된 사고와 차단기 동작신호를 분석해 보면, 시뮬레이션 시간 0.5초 중 0.25초에 사고가 입력되고 0.05초 만에 사고가 해제된다. 또한 사고 종류는 단상 지락(C상)이며, 차단기는 0.01초 만에 동작하고 0.05초 만에 사고가

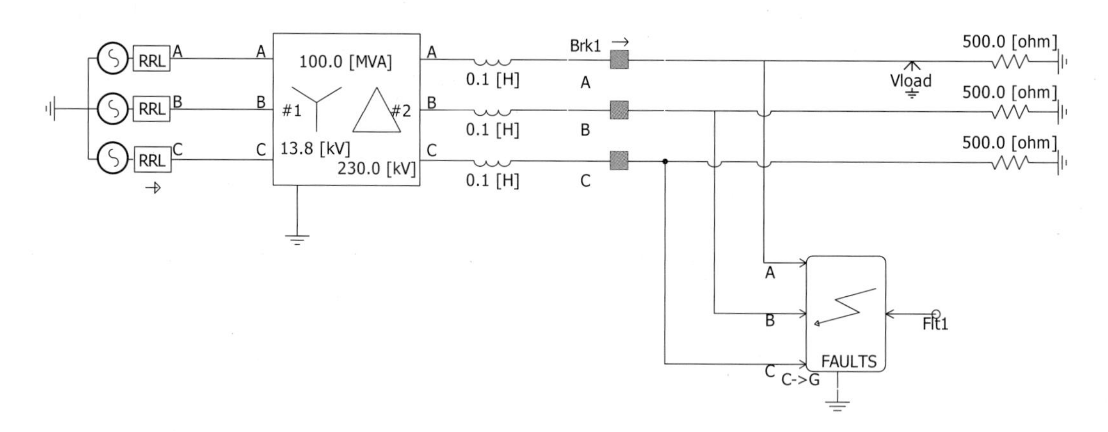

그림 7.40 튜토리얼 3상 전력시스템과 유사한 형태로 모의한 사고해석 모의 모델

해제됨으로써 다시 계통과 접속되도록 설정된다. 우선 구성된 사고 모듈을 더블클릭하여 사고 종류(Fault type)를 설정한다. 사고 시간과 차단기 동작 신호는 시간 값으로 입력할 수 있으며, 차단기 예제에서와 같이 Breaker logic으로 설정할 수 있다(Fualt logic도 동일 폴더에서 제공됨). 구성된 모델로 재생 버튼을 누르면 전압 그래프가 출력되는데, 튜토리얼 모델과 다른 형태인 이유는, 여기서 3상 선로 표기법으로 모델링을 진행하였고 측정된 전압도 단상 전압이기 때문이다. 3상에 대한 전압을 하나의 그래프에 도시하기 위해서는 전압측정기를 각 상에 연계하여 그래프로 출력하면 된다.

7.5 신재생에너지 실습

7.5.1 배전계통 신재생에너지 연계 실습

본 절에서는 교재에서 학습해 온 신재생에너지가 배전계통에 연계될 경우, 전력공급 측면에서의 변동과 그 영향을 확인하고자 PSCAD를 이용하여 시뮬레이션을 진행하도록 한다. 태양광발전과 풍력터빈이 방사형 배전계통에 인가될 때 발생 가능한 변동을 확인하고, 영향평가를 수행해 보자. 본 절에서 활용하는 PSCAD 샘플 파일은 구글드라이브에서 다운로드가 가능하다.

■ 배전계통 설계

앞서 기술한 바와 같이, 일반적인 배전계통은 방사형으로 구성된다. 송전계통을 154kV 전압의 이상적인 등가모델(R=0)로 구성하고, 154kV/22.9kV 변압기를 연계, 6개의 부하가 차례로 연결되는 형태로 배전계통을 구성하였다. 배전계통 내 배전선로는 PI 등가회로(마스터 라이브러리 PI Sections 위치)를 이용하여 구성하였으며, 각 노드 사이에 1.5km의 이격거리를 가지도록 구성하였다.

각 노드에는 0.8MW/phase, 0.25MVAR/phase 크기의 부하가 동일하게 연계되며, 22.9kV 변전소 앞단에는 1MVAR 크기의 션트 커패시터를 연계하였다. 해당 배전계통을 기준으로 신재생에너지를 연계하여 전압 변동을 확인하고자 한다.

설계된 기본 배전계통에서의 전압을 각 노드에서 측정한 평균값은 표 7.2와 같다. 배전계통의 연계지점을 중심으로 말단으로 갈수록 노드의 전압이 감소하는 것을 확인할 수 있다. 송전단에서부터 공급되는 전력에 의해 전압강하가 발생하기 때문이며, 가장 끝에 있는 Node 6의 경우 21.9986kV가 측정된다. 이는 p.u. 기준으로 0.96에 해당하는 값이다. 5%의 전압강하까지는 발생하지 않았으나, 3%를 초과한 전압강하가 배전계통에 인가되고 있음이 확인된다.

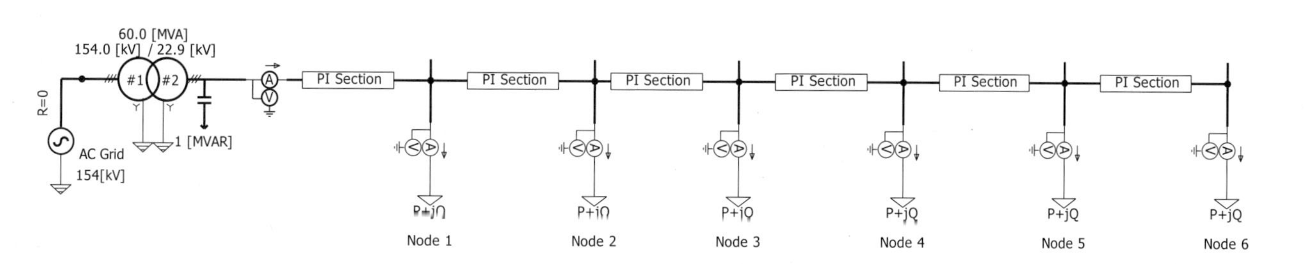

그림 7.41 설계된 배전계통 구성도 (PSCAD 화면)

표 7.2 설계된 계통의 노드 전압

측정위치	Node 1	Node 2	Node 3	Node 4	Node 5	Node 6
전압 [kV]	22.5	22.33	22.19	22.09	22.03	22.00
p.u.	0.983	0.975	0.969	0.965	0.962	0.961

■ 태양광발전 연계

배전계통에서 가장 흔하게 연계되는 태양광발전을 연결해 보자. 태양광발전 시스템은 2장에 기술한 바와 같이, 직류로 발전되어 인버터를 통해 계통에 연계되게 된다. PSCAD에서는 태양광 모듈에서 발생하는 직류를 인버터에서 MPPT 제어를 수행하도록 구성함으로써 계통연계가 가능하다.

그림과 같이 PSCAD에서 제공되는 모듈에 임의의 일사량을 입력하도록 구성하고 발생하는 전류에 대해 전압제어가 수행되도록 태양광발전 예시가 시뮬레이션 안에 모듈로 구성되어 있다. 태양광발전 시스템 용량은 2MW이며, 시뮬레이션 전반에 걸쳐 대략 1.5MW의 출력이 발생하도록 구성되었다.

인버터의 경우 무효전력제어가 가능하나, 유효전력 이외의 요소를 해석에 적용하지 않게 하도록 0으로 설정하였다.

태양광을 Node 6에 연계할 시 출력되는 전압 변동을 측정하면 표 7.3과 같다. 기본 배전계통과 같이, 말단으로 향할수록 전압강하가 발생하게 되나, 태양광에 의해 공급되는 전력이 부하량을 감소시키면서 전압강하가 비교적 적게 발생함을 유추할 수 있

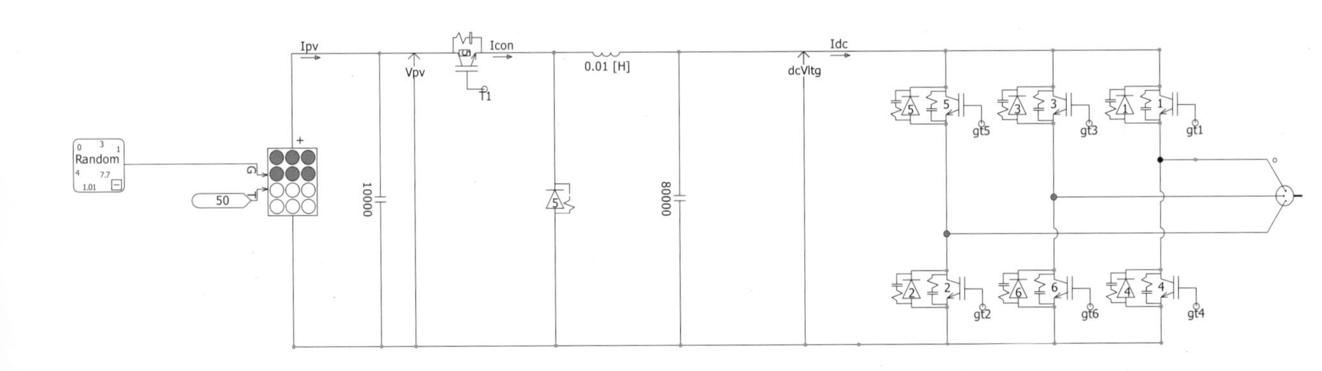

다. 송전단에서부터의 전류 흐름에 의해 전압강하가 발생하게 되는데, 흐르는 전류의 크기가 감소하게 되어, 송전단에서부터의 전압강하가 줄어드는 것이다.

표 7.3 태양광을 Node 6에 연계할 시 출력되는 전압 변동

측정위치	Node 1	Node 2	Node 3	Node 4	Node 5	Node 6
전압 [kV]	22.51	22.34	22.21	22.12	22.06	22.04

개별학습

태양광발전 시스템 모듈을 Node 1부터 6까지 연계하면서 전압강하가 가장 크게 나타나는 연계지점과 크기를 분석해 보자. 또한, 태양광발전을 복수로 연계하여, 송전단 연계지점보다 전압이 높아지는 경우가 발생하는 상황을 찾아보고 해당 상황을 전력의 흐름과 연관을 지어 분석을 수행해 보자.

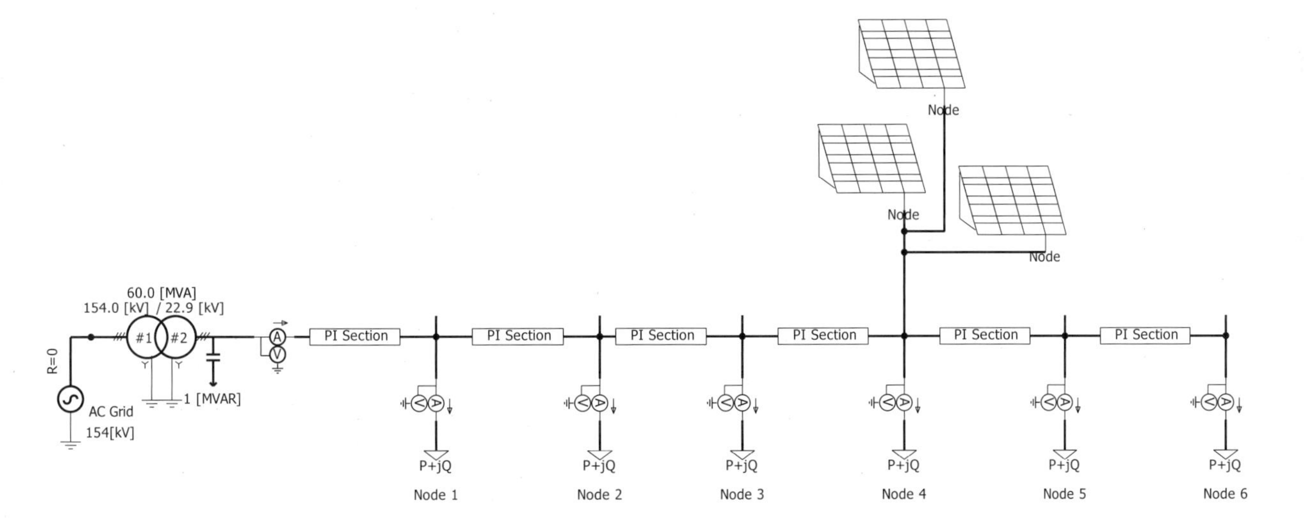

■ 풍력터빈 연계

전력계통의 안정성 문제로 인해, 최근에는 배전계통에의 직접적인 연계가 고려되지 않지만, 소규모 풍력터빈은 배전계통에 연계할 수 있다. 전력계통연계 시 무효전력 수급 측면에서 악영향이 예상되는 유도발전기(Type 1) 기반 풍력터빈 연계를 수행해 보자. 해당 풍력터빈은 3장에 기술한 바와 같이, 교류로 직접적으로 연계되도록 구성되며, 풍력

터빈 로터, 밀도, 풍속에 의해 계산된 유효전력이 출력되도록 구성되었다. 태양광 모듈에서와 같이, 시간에 따른 풍속 변화를 입력하기 위해, 시계열 입력값 변화를 테이블로 입력하고, 풍속 생성기(마스터 라이브러리 Machines 위치)와 연계하여 구성하였다. 해당 풍력터빈 또한 시뮬레이션 안에 모듈로서 구성되어 있으므로 실습에 활용하도록 하자.

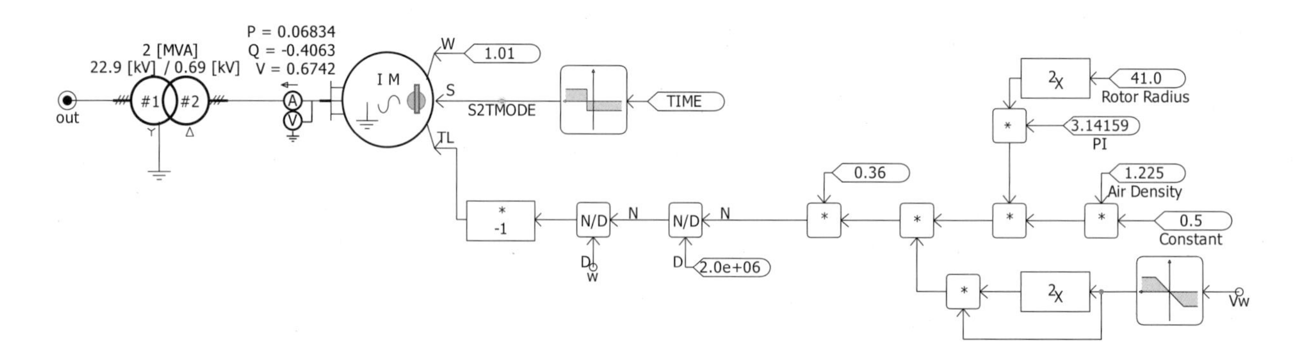

그림과 같이 PSCAD에서는 일반적인 계산과정을 포함하여, 복잡한 제어기를 구성할 수 있는 모듈이 제공되고 있다(마스터 라이브러리 CSMF). 제공되는 모듈을 활용하여 풍력발전 출력 예측값이 풍속에 따라 계산되도록 구성하고 발생하는 토크에 따라 유도발전기에서 전기 출력이 생성되도록 하였다. 풍력터빈의 용량은 2MW이며, 풍력터빈의 변동성을 고려하기 위해, 2MW의 출력과 풍속 감소 현상을 2회 정도 모의하였다.

구성된 풍력터빈을 Node 6에 연계할 시 출력되는 전압 변동을 측정하면 표 7.4와 같다. 태양광발전의 경우와 같이, 풍력터빈에 의해 공급되는 전력이 부하량을 감소시키면서 전압강하가 비교적 적게 발생함을 유추할 수 있다. 송전단에서부터의 전류 흐름에 의해 전압강하가 발생하게 되는데, 흐르는 전류의 크기가 감소하게 되어, 송전단에서부터의 전압강하가 줄어드는 것이다. 태양광발전과 비교해 공급되는 전력량이 높아, 전압회복량이 소폭 높은 것을 확인할 수 있다.

표 7.4 풍력터빈을 Node 6에 연계할 시 출력되는 전압 변동

측정위치	Node 1	Node 2	Node 3	Node 4	Node 5	Node 6
전압 [kV]	22.55	22.39	22.28	22.20	22.16	22.15

개별학습

풍력터빈에 입력되는 풍속을 개별적으로 설정하여 신재생에너지 변동성을 입력해 보자. 풍력터빈 3개를 특정 노드에 연결해 보고, 변동성을 같게 입력하는 경우와 다르게 입력할 때의 유효전력 변동을 측정해 보자. 3장에서 학습한 감쇄 효과(Smoothing effect)가 도출될 수 있도록 풍속을 조정해 보고 송전단 인입점에서의 유효전력 변화를 확인해 보자.

심화학습

1. 신재생에너지를 배전계통에 연계함으로써 전력조류에 변동이 발생할 수 있고, 그에 따른 전압강하가 발생할 수 있음을 확인하였다. 개별 학습에서 수행된 결과를 바탕으로 심화학습을 진행해 보자.
2. 신재생에너지의 공급량과 부하량이 전압의 크기에 영향을 줄 수 있다면, 태양광발전과 풍력터빈을 활용하여 전압 변동을 최소화할 수 있을 것이다. 각 모듈을 1기 이상 활용하여 배전계통의 전압강하를 1% 이내로 조정해 보자.

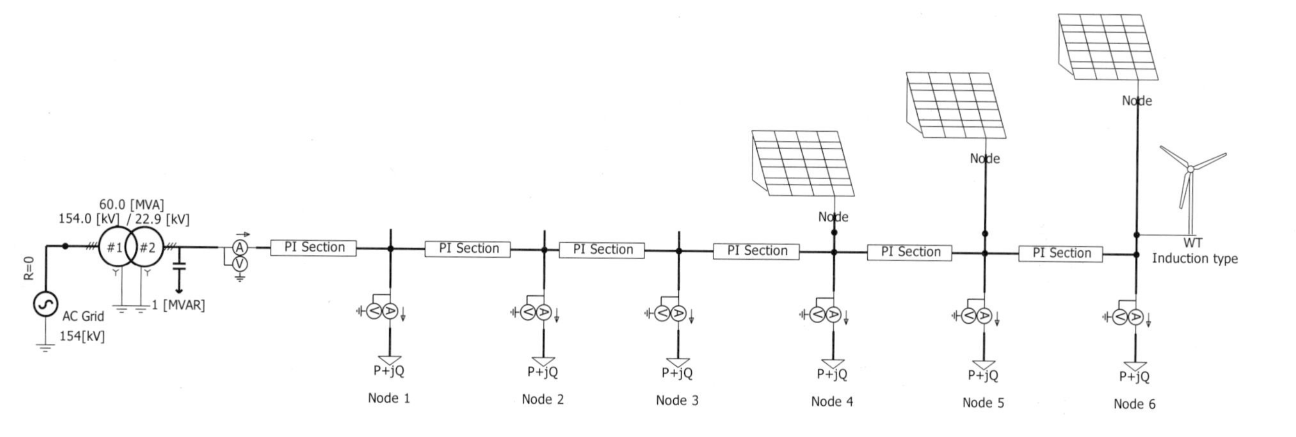

3. 풍력터빈과 태양광발전에 션트 커패시터를 연계하지 않고 배전계통 내 신재생에너지 연계를 수행해 보자. 분산전원에서의 무효전력으로 인해 배전계통의 전압강하가 심화될 수 있음이 확인된다. 다음과 같은 조건에서의 시뮬레이션 설계를 진행하고 전압을 기록해 보자.

[태양광발전 Node 6 연계]

풍력터빈 측정위치	Node 1	Node 2	Node 3	Node 4	Node 5	Node 6
Node 1						
Node 2						
Node 3						
Node 4						
Node 5						
Node 6						

4. 해당 시뮬레이션에서 2MVAR의 션트 커패시터를 배치할 수 있다면, 가장 적절한 위치를 선정해 보고 이유를 기술해 보자.

개별학습

션트 커패시터는 전압강하가 심화될 때 계통에 투입되어 전압강하를 억제하는 역할을 한다. PSCAD 시뮬레이션에서 확인했다시피, 신재생에너지 변동성에 의해 특정 Node에서 전압강하가 발생할 수 있고, 해당 Node를 중심으로 커패시터 투입이 필요할 수 있음이 확인된다. PSCAD 마스터 라이브러리에서 제공하는 차단기 모듈을 통해, 전압강하가 3% 발생할 시 동작할 수 있도록 무효전력 보상기를 설계해 보고 계통 상황에 따라 동작하는지 확인해 보자.

1. 2루트2cos 곡선에 대해 2초 동안 그래프를 순시치/실효치로 그려보고 어느 곡선에 대한 해석이 어려울지 알아보도록 하자.

7.5.2 에너지 저장장치용 배터리 모델 실습

■ PSCAD 모델링

배터리의 충방전 특성을 모의하기 위하여 테브닌 모델을 이용한 PSCAD 시뮬레이션을 진행해 보자. OCV Table은 본 교재[4장 에너지 저장장치]의 25도 데이터를 이용하였다. 그림에서 전류 Ia가 흐르는 첫 번째 와이어 부분은 전류를 적산하여 SoC를 계산하고, OCV 테이블을 이용하여 개방 회로 전압을 계산한다. 두 번째 와이어 부분은 옴 저항에 의한 전압을 계산하고, 세 번째 와이어는 RC회로에 걸리는 테브닌 전압을 계산한다.

아래 그림 (a)는 충전 시 SoC가 증가하고, 개방회로 전압값이 상승하는 것을 보여준다. SoC가 100%가 된 후부터는 전류가 인가되어도 SoC와 OCV가 더 이상 상승하지 않는 것을 확인할 수 있다. 아래 그림 (b)는 방전 그래프를 나타내며, 충전 그래프와 반대의 모습을 보이는 것을 확인할 수 있다.

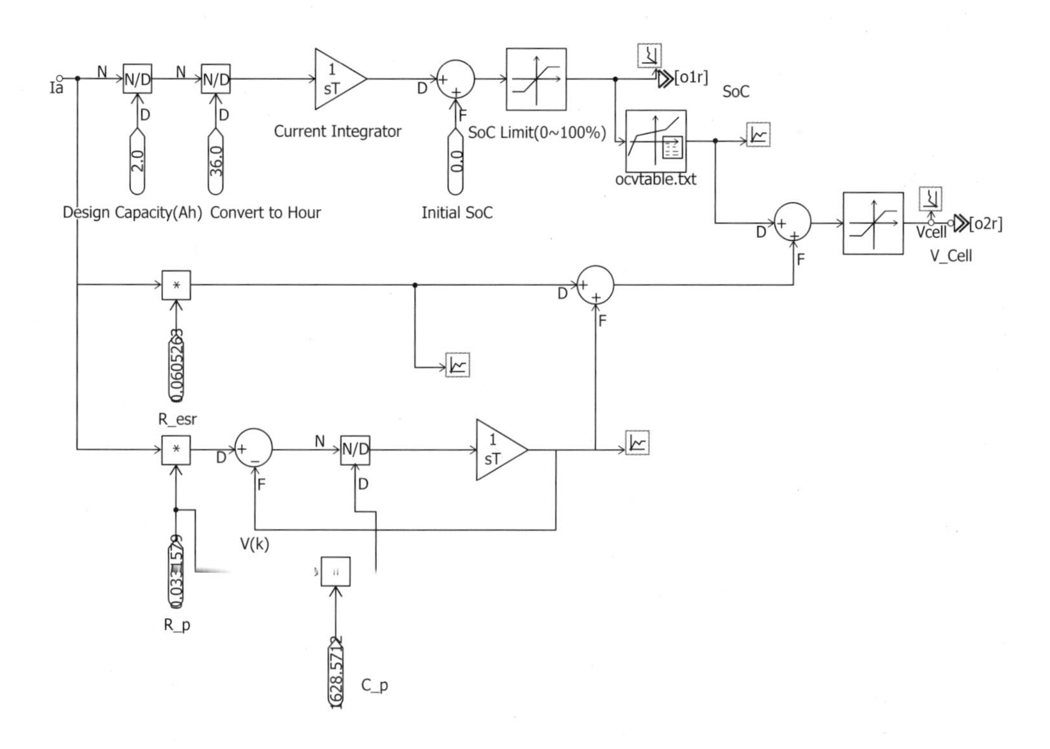

그림 7.42는 SoC에 따른 개방 회로 전압, 충전/방전 전압을 나타낸 그래프이다. 개방 회로 전압을 기준으로 충전 시 전압 그래프가 위로 이동하고, 방전 시 아래로 이동하는 것을 확인할 수 있다.

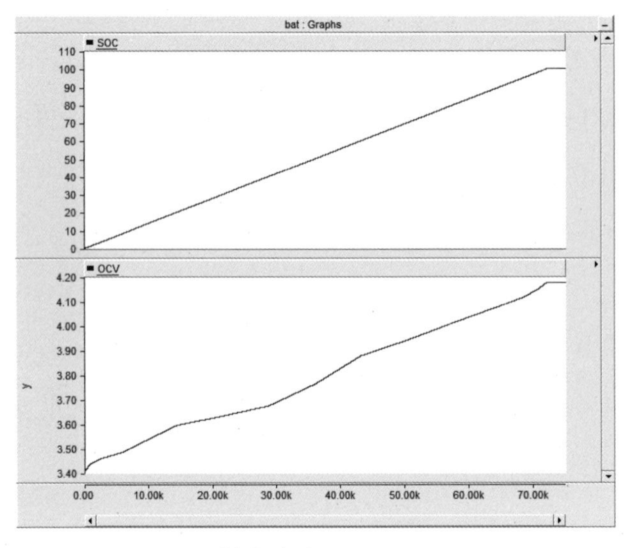

(a) 충전 시 SoC, OCV

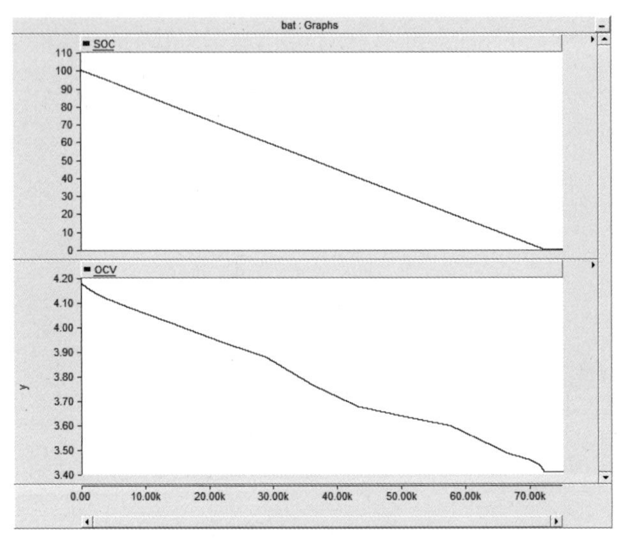

(b) 방전 시 SoC, OCV

그림 7.42 충방전 시뮬레이션 결과

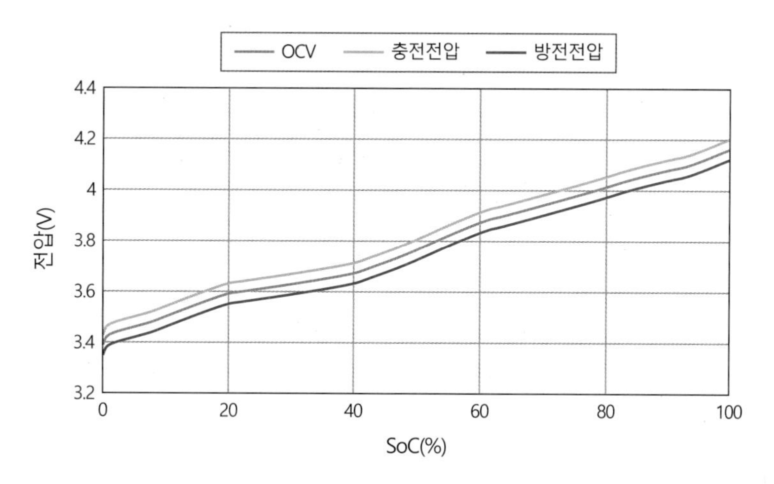

그림 7.43 SoC에 따른 OCV, 충방전 전압 시뮬레이션 결과

그림 7.43은 Li-ion 배터리의 모델인 HP-50160282의 충방전 특성을 나타낸 그래프이다. 이 그래프를 모의하기 위하여 그림과 같이 PSCAD를 이용하여 구현하여 배터리 소자와 실제 배터리와 비교를 위하여 모의실험하였다. 충 · 방전 그래프의 경우 전체

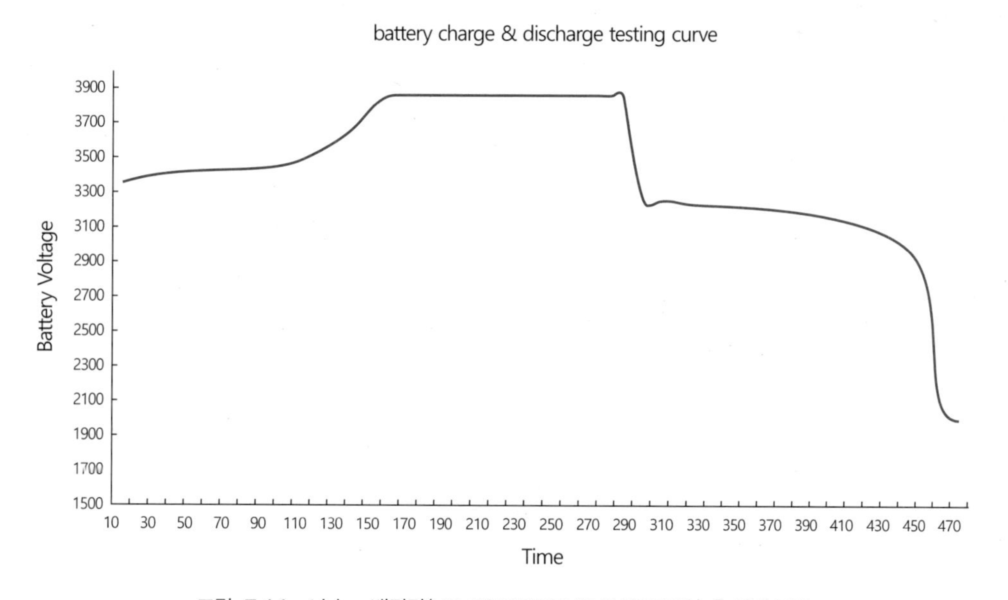

그림 7.44 Li-ion 배터리(HP-50160282/3.2V/100Ah) 충·방전 특성

적인 그래프의 개형을 보여주기 위하여 낮은 용량을 선정하였지만 실제적으로 ESS 시스템 설계의 경우는 그에 맞는 큰 용량을 지정하여 시뮬레이션을 수행해야 한다. 그림 7.45와 그림 7.46은 PSCAD 배터리 모델과 충방전 시뮬레이션 결과를 나타낸다.

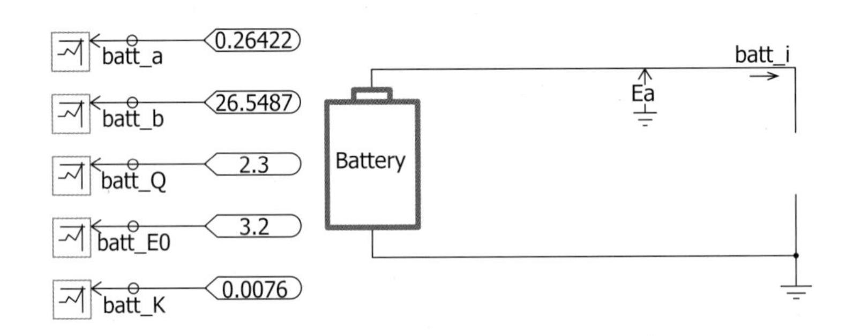

그림 7.45 PSCAD를 이용한 배터리 dynamic 모델 소자

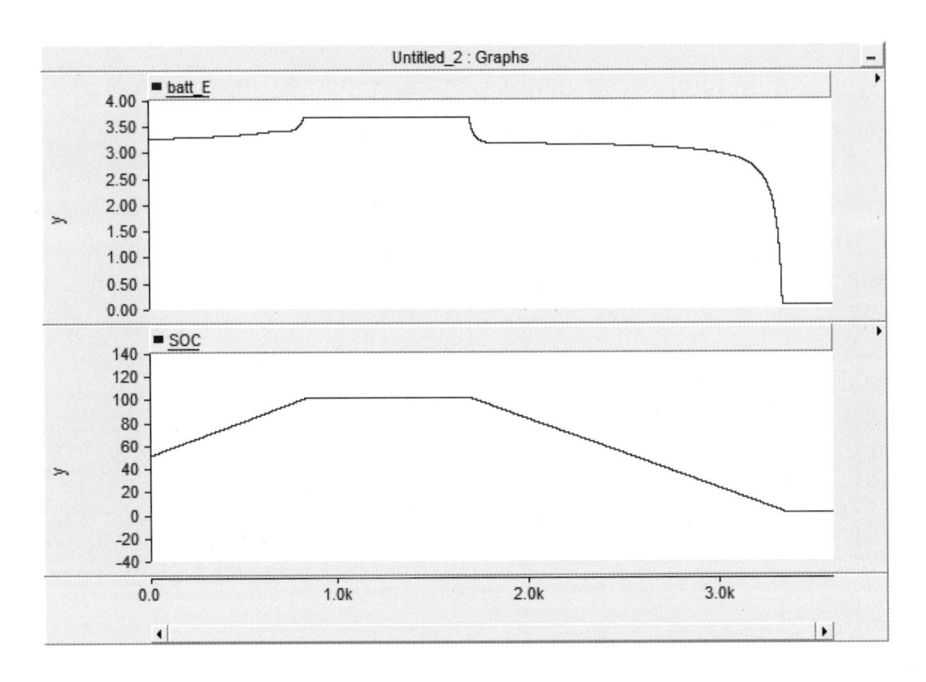

그림 7.46 Li-ion 배터리(3.2V/2.3Ah) 충·방전 특성

참고문헌

- He, H., Xiong, R., & Fan, J. (2011). Evaluation of lithium-ion battery equivalent circuit models for state of charge estimation by an experimental approach. energies, 4(4), 582-598.
- Mastali, M., Vazquez-Arenas, J., Fraser, R., Fowler, M., Afshar, S., & Stevens, M. (2013). Battery state of the charge estimation using Kalman filtering. Journal of Power Sources, 239, 294-307.
- PSCAD user manual.
- SHANDONG HIPOWER ENERGY GROUP, Lithium-Ion Battery Specification.
- Xia, B., Wang, S., Tian, Y., Sun, W., Xu, Z., & Zheng, W. (2014). Experimental Research on the LiNixCoyMnz02 Lithium-ion Battery Characteristics for Model Modification of SoC Estimation. Information Technology Journal, 13(15), 2395.

APPENDIX

ENERGY

APPENDIX A : 에너지의 수학 - 빠른 참조

1장에서 설명했듯이 이 책은 SI 단위계를 채택하고 있다. 이 부록은 가장 큰 값과 작은 값을 표현하는 방법과 각 단위 간의 변환 방법을 설명하고 있다. Section A1은 10의 지수승으로 값을 표현하는 방법을 설명하고 Section A2에서는 이 책에서 사용한 에너지와 전력에 관한 단위 간의 변환 방법을 설명해 두었다. Section A3에서는 비 SI 단위와 이에 상응하는 SI 단위 간의 관계를 설명하였다.

A.1 크기의 순서

에너지 소비와 생산에 대해 논의할 때 가장 큰 값이 자주 언급되고, 원자 수준의 과정을 논의할 때에는 가장 작은 값이 언급된다. 이러한 값을 표기하는 2가지 방법을 설명해 두었다: 간단한 수학적인 표현법과 접두어를 이용하는 방법이다.

■ 10의 지수승

200만은 100만의 2배이며, 10의 10배의 10배의 10배의 10배의 10배이다(10을 6번 곱한 값이다). 이를 수학적으로 표기하면 아래와 같다:

$$2,000,000 = 2\times10\times10\times10\times10\times10\times10 = 2\times10^6$$

10^6은 10의 6승 혹은 10의 6거듭제곱이라 부르며 6을 지수라고 한다. 이렇게 10의 지수승의 이용은 매우 큰 값을 표기할 때 장점이 있다. 2009년 전 세계 1차 에너지 소비량은 502,000,000,000,000,000,000J이었는데, 이를 502×10^{18}이라고 표현하는 것이 훨씬 편리하다.

이 방법은 작은 값을 표기할 때에도 편리하다. 1/10(0.1)은 10^{-1}, 1/100(0.01)은

10^{-2}이다. 전형적인 금속에서 두 원자 간의 거리는 약 1000만 분의 0.25m로서, 이는 0.000,000,000,25m이다. 좀 더 간략하게는 0.25×10^{-9}m이다.

과학적 표기법은 이러한 개념에 기초하고 있으며 좀 더 구체적인 규칙을 따른다. 즉, 과학적인 표기법에서는 1과 10 사이의 값에 적절한 10의 지수승을 곱해 표기한다. 따라서 위에서 언급했던 값들은 아래와 같이 표현된다:

$$502\times10^{18} \rightarrow 5.02\times10^{20}$$

$$0.25\times10^{-9} \rightarrow 2.5\times10^{-10}$$

표 1 접두어

기호	접두어	10의 지수승
E	엑사(exa)	10^{18}
P	페타(peta)	10^{15}
T	테라(tera)	10^{12}
G	기가(giga)	10^{9}
M	메가(mega)	10^{6}
k	킬로(kilo)	10^{3}
h	헥토(hecto)	10^{2}
da	데카(deca)	10^{1}
d	데시(deci)	10^{-1}
c	센티(centi)	10^{-2}
m	밀리(milli)	10^{-3}
μ	마이크로(micro)	10^{-6}
n	나노(nano)	10^{-9}
p	피코(pico)	10^{-12}

왼쪽의 표현법에 의한 표기는 여전히 사용되기도 하고 컴퓨터나 계산기에서도 사용할 수 있다. 그러나 많은 경우에 이러한 값은 계산기나 컴퓨터에서 풀어 써지거나 과학적 표기법으로 다시 환산된다.

■ 접두어

접두어를 이용하여 10의 승수를 표기하기도 한다. 표 1은 지수승과의 관계를 보여주고 있다.

A.2 단위와 변환 방법

1장에서 에너지나 전력의 양을 '실생활'에서 사용되는 양으로 표현하고 있다. 아래의 표는 서로 상관관계를 정리한 것이다.

■ 에너지

에너지는 J, kWh로 표기되며 종종 석유나 석탄이 평균적으로 가지는 에너지양에 비견해 석유에 상응하는 질량(tonne of oil equivalent, toe)이나 석탄에 상응하는 질량(tonne of coal equivalent, toe) 등을 사용하기도 한다. 일반 가정 수준의 에너지 변환 표 2와 국가 및 전 세계 통계에 활용되는 변환표(표 3)로 분리해 제시했다. toe와 tce는 유효숫자 2개로 제시하고 있다. 연료에 포함된 에너지는 자료를 제공하는 기관에 따라 서로 상이한 값을 사용할 수도 있기 때문에 약간의 혼동을 발생시킬 수 있어 항상 주의를 기울여야 한다. kWh와 TWh의 값은 100% 효율을 가정한 것이다.

■ 일률

kWh는 천연가스와 전기의 에너지 단위의 기준이다. 일률은 에너지를 사용, 소모, 전달, 변환하는 비율이다. 일률의 단위는 W이다. kW의 일률은 시간당 kWh의 에너지를 사용한 것이다. 1W의 일률은 1초에 1J을 사용한 것과 동등하다.

표 4는 일률에 따른 시간당 및 연간 에너지 사용량이다. 즉, 1kWh는 3.6MJ이고, 1TWy는 31.54EJ 혹은 750Mtoe이다.

표 2 접두어

	MJ	GJ	kWh	toe	tce
1 MJ =	1	0.001	0.2778	2.4×10^{-5}	3.6×10^{-5}
1 GJ =	1000	1	277.8	0.024	0.036
1 kWh =	3.60	0.0036	1	8.6×10^{-5}	1.3×10^{-5}
1 toe =	42 000	42	11 667	1	1.5
1 tce =	28 000	28	7778	0.67	1

표 3 국가 수준의 에너지 변환관계

	PJ	EJ	TWh	Mtoe	Mtce
1 PJ =	1	0.001	0.2778	0.024	0.036
1 EJ =	1,000	1	277.8	24	36
1 TWh =	3.60	0.0036	1	0.086	0.13
1 Mtoe =	42	0.042	11.667	1	1.5
1Mtce =	28	0.028	7.778	0.67	1

표 4 일률과 에너지 사용량

비율	J		연간 kWh	연간 toe	연간 toc
	시간당	연간			
1 W	3.6 kJ	31.54 M MJ	8.76	0.75×10^{-3} toe*	1.13×10^{-3} tce
1 kW	3.6 M MJ	31.54 GJ	8760	0.75 toe	1.13 tce
1 M MW	3.6 GJ	31.54 TJ	8.76×10^{6}	750 toe	1130 tce
1 GW	3.6 TJ	31.54 PJ	8.76×10^{9}	0.75 M Mtoe	1.13 M Mtce
1 TW	3.6 PJ	31.54 EJ	8.76×10^{12}	750 M Mtoe	1130 M Mtce

*즉, 0.75kg의 석유와 1.13kg의 석탄은 동등한 에너지이다.

A.3 기타 단위들

표 5는 일부에서 사용하고 있는 단위와 SI 단위의 환산표이다.

표 5 접두어

물리량	단위	SI 확산량	역환산 값
질량	1 oz (ounce)	= 2.835×10^{-2} kg	1 kg = 35.27 oz
	1 lb (pound)	= 0.4536 kg	1 kg = 2.205 lb
	1 ton (= 2240 lb)	= 1016 kg	1 kg = 0.9842×10^{-3} ton
	1 short ton (= 2000 lb)	= 907 kg	1 kg = 1.102×10^{-3} short tons
	1 t (tonne)	= 1000 kg	1 kg = 10^{-3} t
	1 u (unified mass unit)	= 1.660×10^{-27} kg	1 kg = 6.024×10^{26} u
길이	1 in (inch)	= 2.540×10^{-2} m	1 m = 39.37 in
	1 ft (foot)	= 0.3048 m	1 m = 3.281 ft
	1 yd (yard)	= 0.9144 m	1 m = 1.094 yd
	1 mi (mile)	= 1.609×10^{3} m	1 m = 6.214×10^{-4} mi
속도	1 km/h (kph)	= 0.2778 m/s	1 m/s = 3.600 kph
	1 mi/h (mph)	= 0.4470 m/s	1 m/s = 2.237 mph
	1 knot	= 0.514 m/s	1 m/s = 1.944 knots
면적	1 in^2	= 6.452×10^{-4} m^2	1 m^2 = 1550 in^2
	1 ft^2	= 9.290×10^{-2} m^2	1 m^2 = 10.76 ft^2
	1 yd^2	= 0.8361 m^2	1 m^2 = 1.196 yd^2
	1 acre	= 4047 m^2	1 m^2 = 2.471×10^{-4} acre
	1 ha (hectare)	= 10^4 m^2	1 m^2 = 10^{-4} ha
	1 mi^2	= 2.590×10^{6} m	1 m^2 = 3.861×10^{-7} mi^2
부피	1 in^3	= 1.639×10^{-5} m^3	1 m^3 = 6.102×10^{4} in^3
	1 ft^3	= 2.832×10^{-2} m^3	1 m^3 = 35.31 ft^3
	1 yd^3	= 0.7646 m^3	1 m^3 = 1.308 yd^3
	1 litre	= 10^{-3} m^3	1 m^3 = 1000 litres
	1 gallon (UK)	= 4.546 litres	1 m^3 = 220.0 gallon (UK)
	1 gallon (US)	= 3.785 litres	1 m^3 = 264.2 gallon (US)
	1 barrel	= 159 litres	1 m^3 = 6.3 barrels
	1 acre-ft	= 1.233×10^{3} m^3	1 m^3 = 0.811×10^{-3} acre-ft
	1 bushel	= 3.637×10^{-2} m^3	1 m^3 = 27.50 bushels

물리량	단위	SI 확산량	역환산 값
힘	1 kgf (weight of 1 kg mass) 1 lbf (weight of 1 lb mass)	= 59.807 N = 54.448 N	1 N = 0.102 kgf 1 N = 0.2248 lbf
압력	1 bar (≈1 atmosphere) 1 kgf/m^2 1 lbf/in^2 (or psi)	= 5105 Pa (pascals) = 59.807 Pa = 56895 Pa	1 pa = 10^{-5} bar 1 pa = 0.102 kgf/m^2 1 pa = 1.450 × 10^{-4} psi
에너지	1 barrel of oil equivalent (boe) 1 cal (calorie) 1 ft lb (foot pound) 1 eV (electron-volt) 1 M MeV	= 55.7 GJ (lower heating value) = 54.2 J = 51.356 J = 51.602310213 J = 51.602310213 J	1 GJ = 0.175 boe 1 J = 0.24 cal 1 J = 0.7375 ft lb 1 J = 6.242 × 10^{18} eV 1 J = 6.242 × 10^{12} M eV
일률	1 H Hp (horse power)	= 5745.7 W	1 W = 1.341 × 10^{-3} H P

참고문헌

- The Royal Society (1975) Quantities, Units and Symbols, London, The Royal Society.

APPENDIX B : 기본 사용 방법 - PSCAD

이 부록은 PSCAD를 사용할 시 알아두어야 할 기본 사용 방법에 대해 설명하고 있다. Section A1은 PSCAD 기본 실행 방법을 설명하고 Section A2에서는 PSCAD를 동작하기 위한 기본 버튼에 대해 설명해 두었다. Section A3에서는 Master Library를 통해 회로 구성에 있어 여러 가지 소자에 대한 설명하였다.

B.1 기본 동작

PSCAD를 첫 사용 시 주의해야 할 점은, 오류를 발생하지 않기 위해 관리자 권한으로 실행을 해야 한다는 것이다. 그림 1과 같이 설치된 PSCAD를 마우스 우클릭 후 "관리자 권한으로 실행" 버튼으로 실행한다.

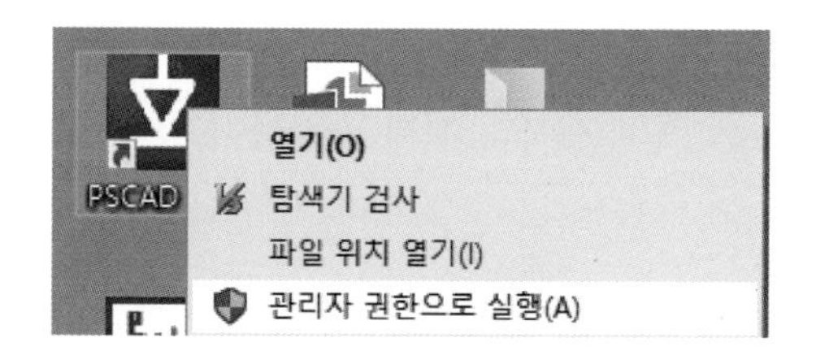

그림 1 PSCAD 실행 방법

■ New Case 생성 방법

PSCAD를 실행한 후 첫 화면에서 회로를 구성하기 위한 창을 생성해야 한다. 그림 2와 같이 New Case를 통해 회로 구성 창을 생성할 수 있다(단축키 : Ctrl + N). 여기서 New Case 버튼을 클릭하면 그림 3과 같은 창이 생성되는데, "Name"을 반드시 영어로 작성해야 한다.

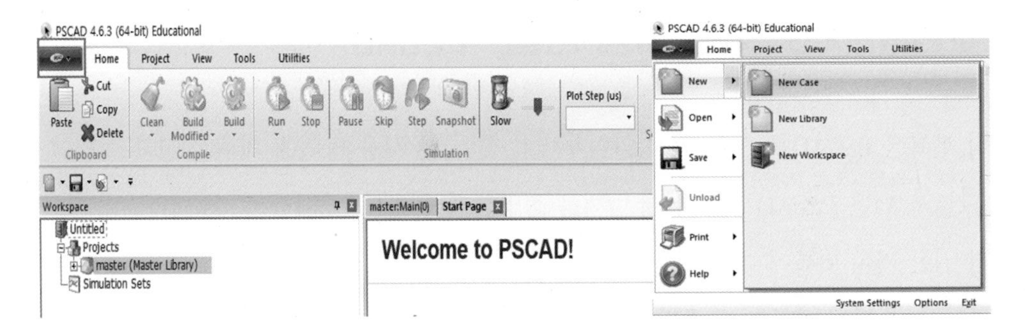

그림 2 New Case 생성 방법

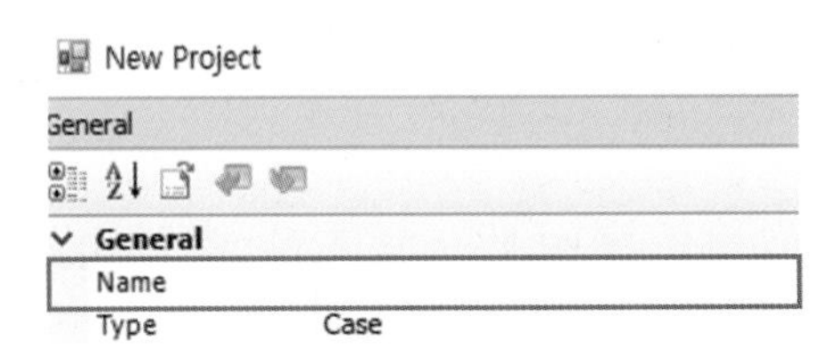

그림 3 Name 작성

■ Open Examples

PSCAD에는 내장되어 있는 여러 가지의 예제 파일들이 있다. 이 파일을 불러와 구성되어 있는 회로를 볼 수 있다. 그림 4와 같은 방법을 통해 예제 파일을 불러올 수 있다. 이 부록에서 사용할 예제는 전압 분배기(vdiv)이며, 이를 통해 PSCAD의 간단한 기능을 살펴본다.

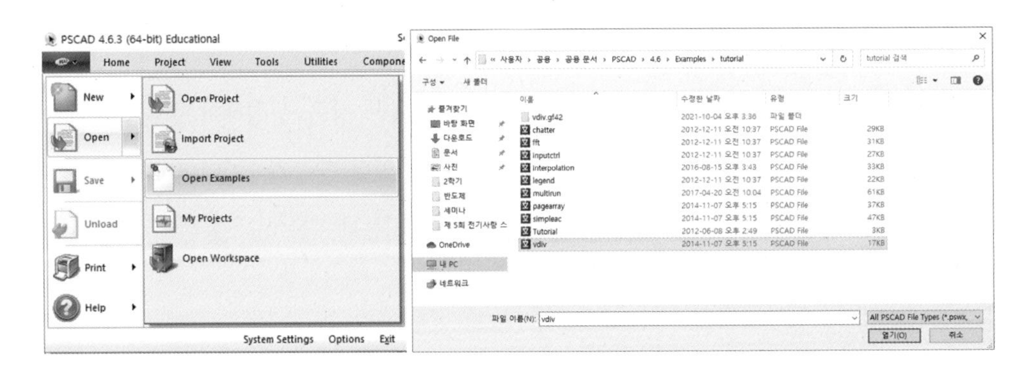

그림 4 Example 생성 및 파일 불러오기

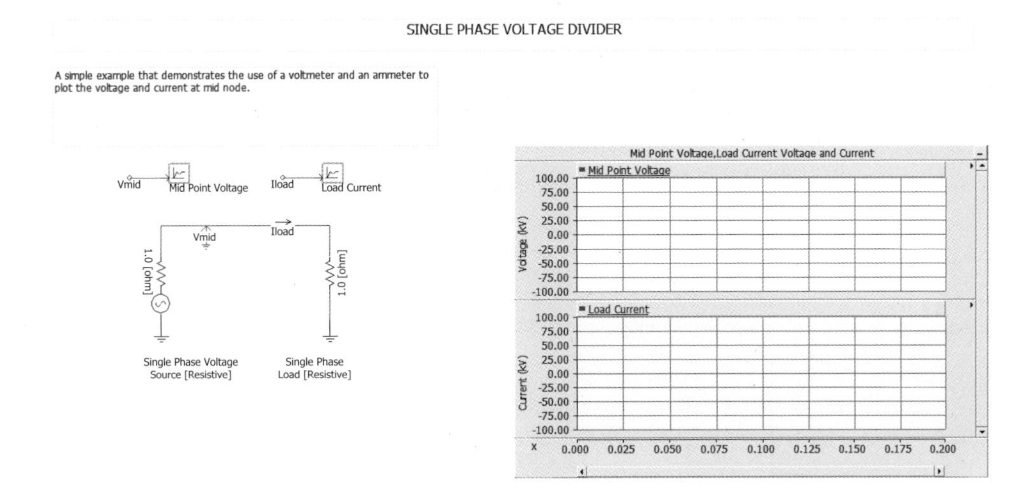

그림 5 vdiv 프로젝트 실행 창

vdiv 파일을 불러오면 그림 5와 같은 화면이 PSCAD에 생성된다. 다음으로 그림 5와 같은 회로를 구성하기 위해 PSCAD 내에서 어떤 동작을 하면 되는지를 알아보자.

B.2 PSCAD 동작 버튼

회로를 손쉽게 구성하고 동작하기 위해 Tool bar를 사용한다.

■ Components Tool bar

그림 6 Components Tool bar

그림 6은 Tool bar 탭에 있는 Components 부분을 나타낸다. 이 탭에서는 자주 사용하는 회로 구성요소를 포함하고 있으며, 그 구성은 표 1과 같다.

표 1 Components Tool bar

구분	내용
Simple Components	전선(Wire), 수동소자(Resistor, Inductor, Capacitor), 접지(Ground) 등 회로의 기본이 되는 소자들로 구성
Meters	전류측정기, 전압측정기 등으로 구성되며, 회로의 전압, 전류, 유효전력, 무효전력 등을 측정할 수 있는 기능으로 구성
Interface	송전선 및 케이블을 설정하기 위한 탭
I/O Devices	회로의 입력을 조정하고 출력을 확인할 수 있는 기능을 가진 소자들로 구성
Data	측정한 데이터를 가져오거나, 실수 및 상수를 설정할 수 있는 소자들로 구성
Graph	출력값을 그래프로 표현할 수 있는 기능을 가진 소자들로 구성
Comments	회로를 부연 설명하기 위해 글을 작성할 수 있는 창을 가져올 수 있는 소자들로 구성
Orientation	소자들을 시계 방향(Clockwise), 반시계 방향(Counter Clockwise), 좌우 반전(Horizontally) 및 상하 반전(Vertically)할 수 있는 버튼

다음으로 Component Tool bar에서 자주 사용되는 소자들의 파라미터에 대해서 알아보자. 우선, 회로의 가장 기본이 되는 소자인 수동소자의 파라미터는 다음과 같이 설정할 수 있다.

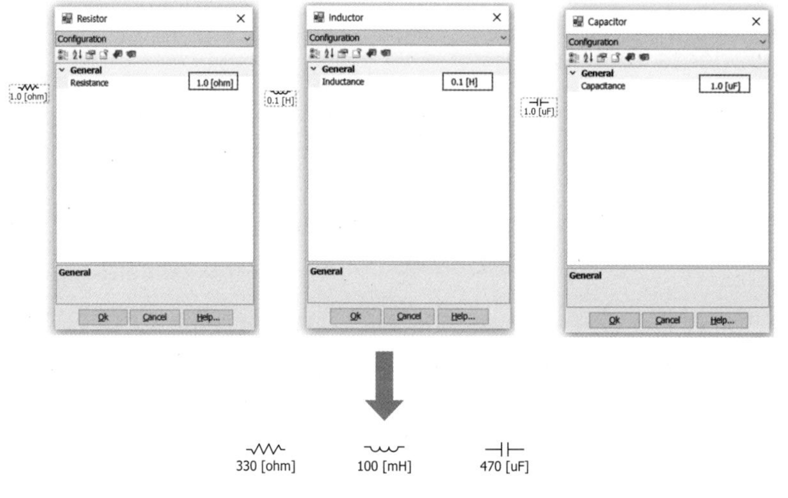

그림 7 수동소자 parameter 설정

파라미터를 설정하는 창으로 들어가기 위해 소자를 더블클릭을 하면 그림 7과 같은 창이 형성된다. 이 창을 통해 수동소자의 값과 단위를 수정할 수 있다. 다음으로 Meter 세션에 위치한 Multimeter의 파라미터에 대해서 살펴보자.

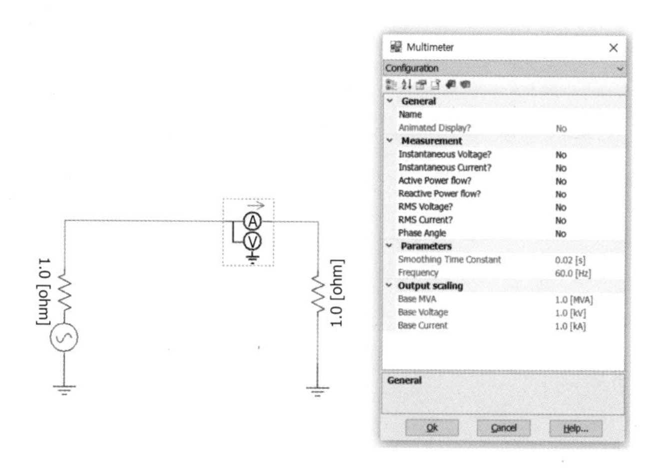

그림 8 Multimeter 구성

그림 8을 보면 Multimeter를 통해 측정할 수 있는 항목을 확인할 수 있다. vdiv 예제는 전류값과 전압값을 측정하므로 이에 맞춰 Multimeter 파라미터를 조정한다.

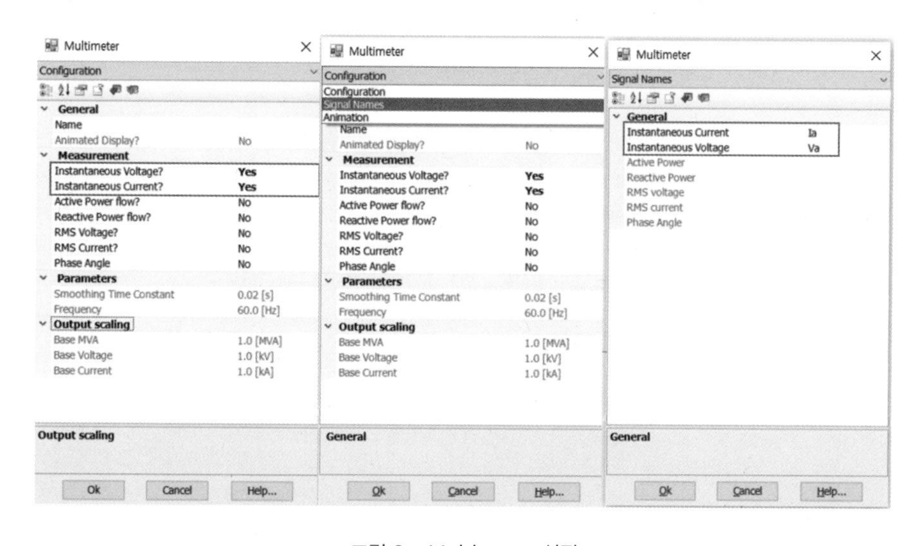

그림 9 Multimeter 설정

그림 9와 같이 Multimeter 설정에서 측정하고자 하는 전압과 전류를 Yes로 변환 후, 전류 및 전압측정값을 확인하기 위해 Signal Names에서 이름을 지정한다. 다음으로 Multimeter에서 측정한 값을 그래프를 통해 확인할 수 있는 방법에 대해서 살펴보자. Tool bar의 Data 세션에 있는 Data Label이 측정값을 전달하는 매개체 역할을 한다.

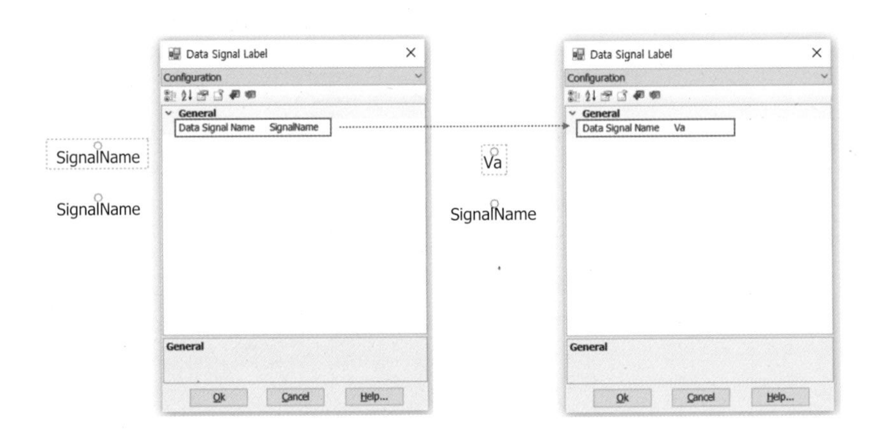

그림 10 Data Label 설정

이 부분에서 가장 중요한 점은, Multimeter에서 설정한 SignalName과 DataLabel에 입력되는 이름이 같아야 한다는 것이다. 이제 전달받은 측정값을 확인하기 위해 Tool bar의 I/O Devices 세션에 위치한 Output Channel을 사용한다.

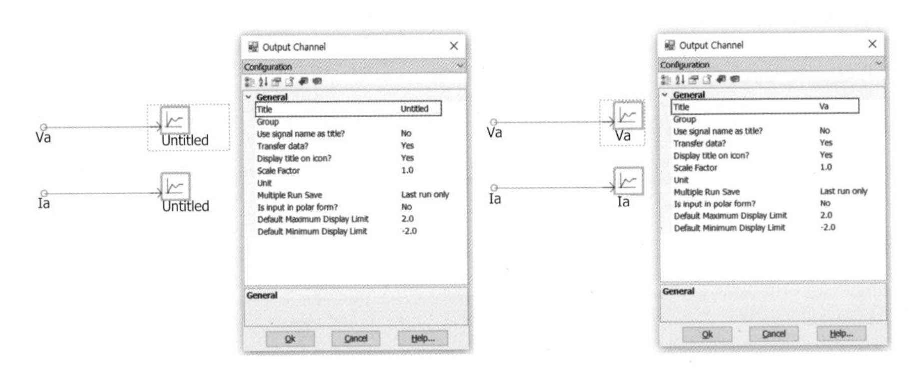

그림 11 Output Channel 설정

DataLabel과 달리 Output Channel에 입력하는 이름은 SignalName과 달라도 무방하다. 마지막으로, 위 과정들의 최종 결과값을 확인할 수 있는 그래프 출력에 대해 알아보자.

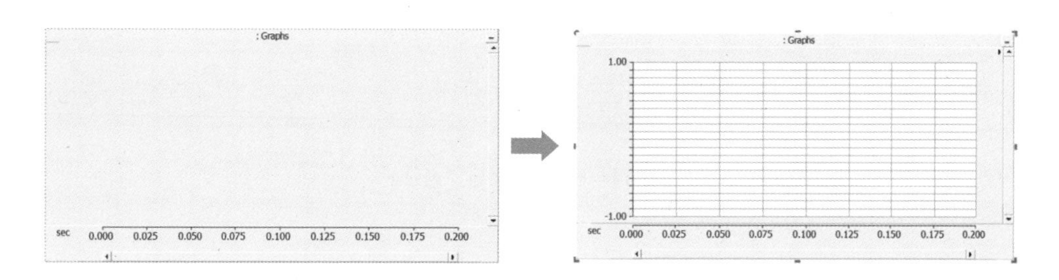

그림 12 Graph Pane

Toolbar의 Graphs 세션에 위치한 Graph Pane을 사용하면 그림 12의 왼쪽과 같은 창이 생성된다. 이 창에서 그래프를 삽입하기 전 Insert 버튼을 클릭하면 그림 12의 오른쪽과 같이 그리드가 형성된다. 이 그리드에 Output Channel을 삽입 후, Run을 통해 실행하면 측정값이 그래프에 도출된다. 여기서 Output Channel과 ctrl 키를 동시에 누른 후 드래그하여 그리드에 주입하면 된다.

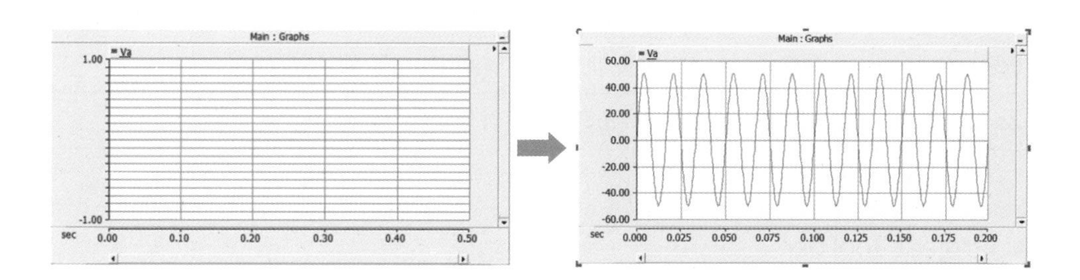

그림 13 OutputChannel 주입 및 실행 결과

위의 과정들이 PSACAD의 측정과 결과값 확인을 위한 가장 기초적이고, 중요한 방법이다.

■ Home Tool bar

여러 소자들의 조합으로 완성된 회로를 실행시키려면 그림 14의 “Run” 버튼을 누르면 된다.

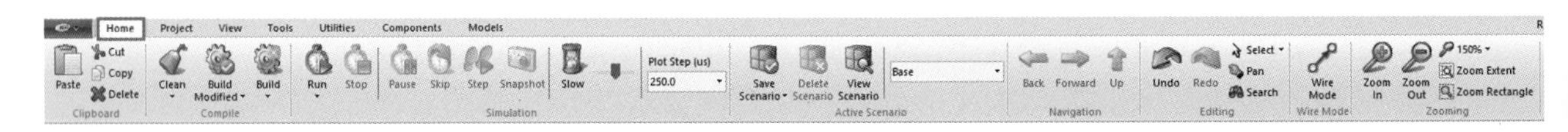

그림 14 Home Tap의 구성요소

이 외에도 Home Tap에서 주로 사용하는 기능은 표 2와 같다.

표 2 Home Tool bar

구분	내용
Clipboard	회로를 복사 및 붙여넣거나 회로의 소자를 삭제할 수 있는 버튼이다.
Compile	회로의 오류 사항이 있는지 확인할 수 있는 버튼이며, “Build” 버튼을 누르면 회로가 실행되지 않고 오류 사항을 점검한다.
Simulation	회로를 실행시키거나 중지시킬 수 있는 버튼이 있으며, “Slow” 버튼을 통해 더욱 상세히 회로를 분석 가능하며, “Plot Step”을 통해 그래프에 계산 포인트를 늘리거나 줄일 수 있다.
Editing	회로 소자를 삭제했을 때, 실행을 되돌리는 버튼 등이 있다.
Zooming	회로를 확대하거나 축소하는 버튼이 있다.

■ Project Tool bar

그림 15는 앞서 언급한 vdiv 예제 회로의 실행 결과를 보여준다. 그래프를 확인해 보면 실행 시간이 0.2초인 것을 확인할 수 있다. 회로의 실행 시간은 Tool bar의 Project Tap을 통해 조정할 수 있다. 그림 16은 Project Tap을 보여준다.

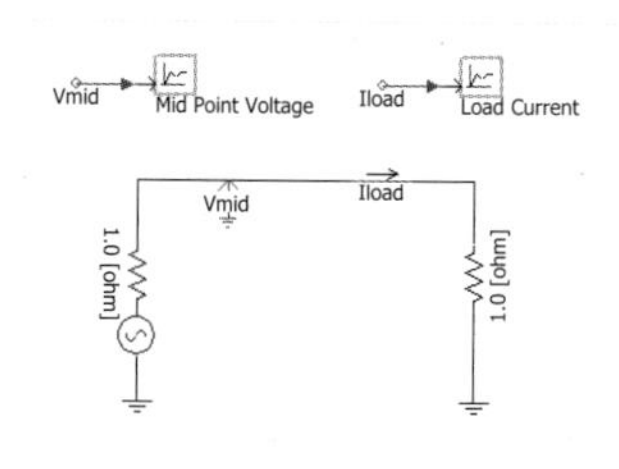

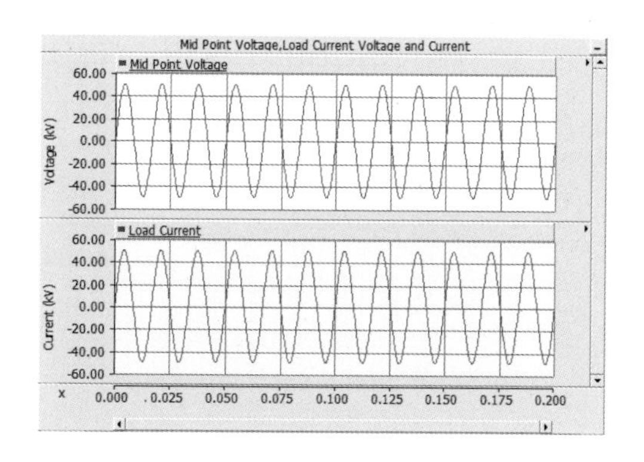

그림 15 회로 실행 결과

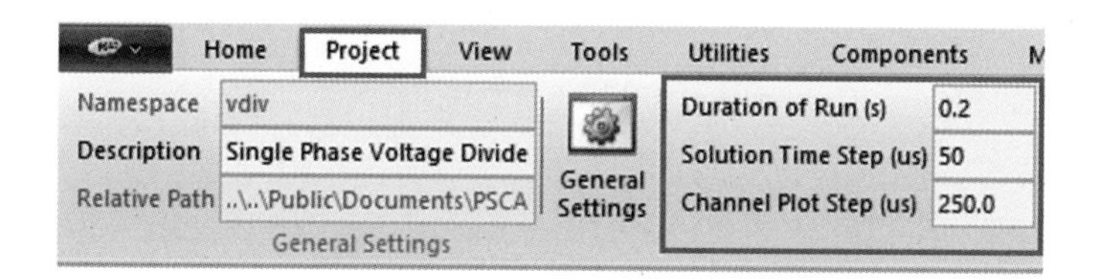

그림 16 Project Tap

- Duration of Rus : 프로젝트를 몇 초 동안 실행할지 설정하는 칸
- Solution Time Step : 몇 마이크로초마다 계산할 것인지 설정하는 칸
- Channel Plot Step : 몇 마이크로초마다 그래프에 표시할 것인지 설정하는 칸

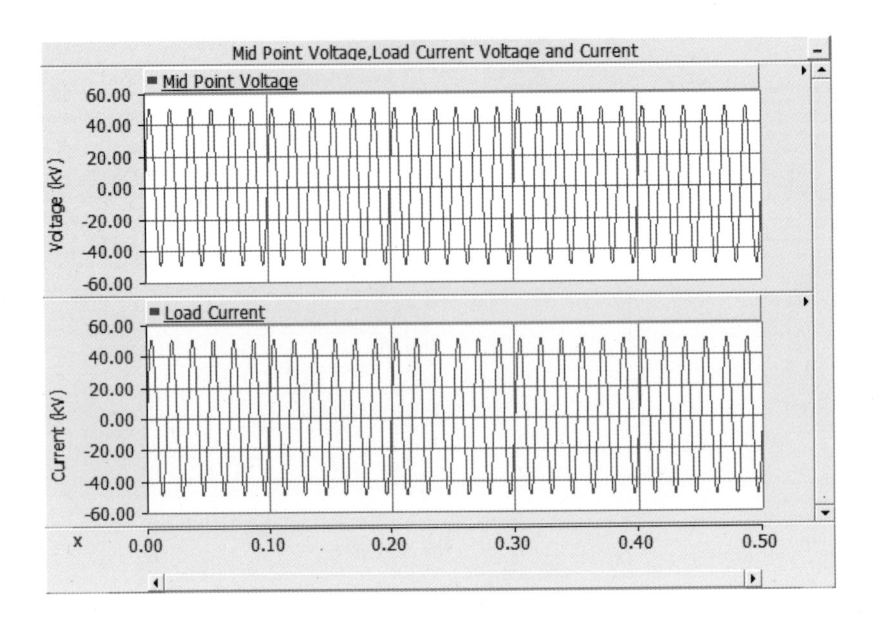

그림 17 시간 조정 후 결과 그래프

그림 17은 그림 15 회로의 실행 시간(Duration of Run)을 0.5초로 변경 후, 실행 결과이다. 그림 15와 비교한 결과 실행 시간이 늘어난 것을 확인할 수 있다.

B.3 Master Library

위에서 간단한 예제를 통해 PSCAD에서 가장 많이 사용하는 기능들에 대하여 알아보았다. 이 외에 더 많은 소자들과 기능들은 그림 18과 같이 master(Master Library)Tap에서 사용이 가능하며, 각각의 구성 요소에 대해 설명한다.

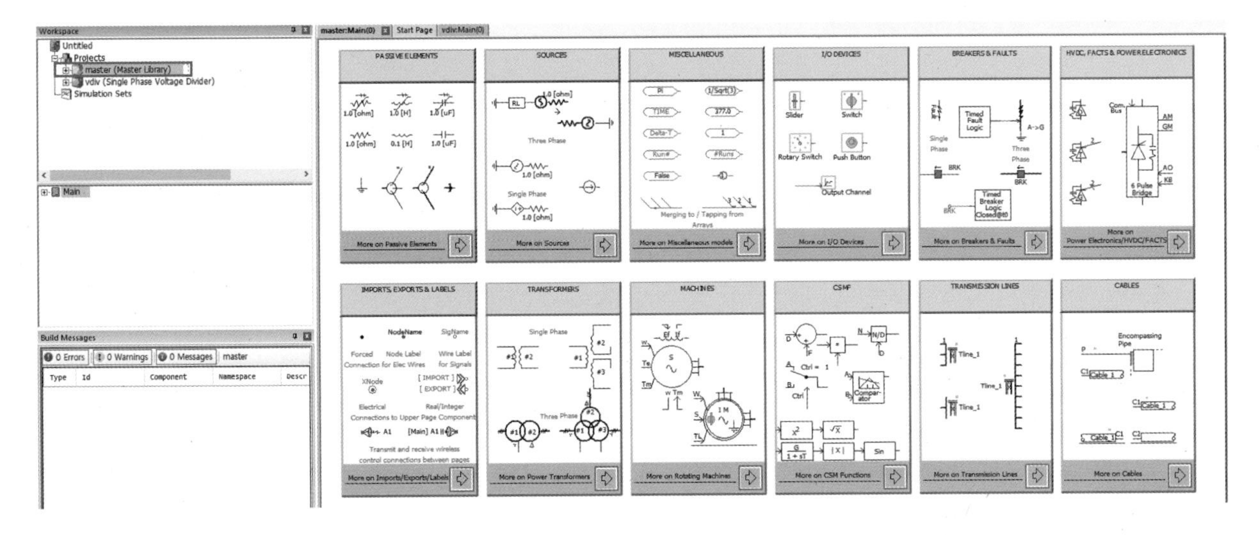

그림 18 Master Library

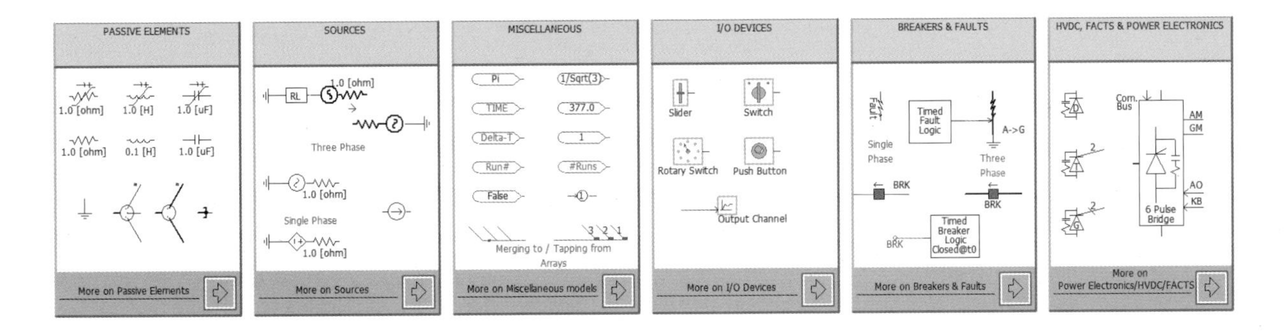

그림 19 Master Library #1

1. PASSIVE ELEMENTS : 수동 소자(저항, 인덕터, 커패시터 등)를 모아놓은 세션
2. SOURCES : 단상 전원, 3상 전원, 태양광 전원 및 배터리를 모아놓은 세션
3. MISCELLANEOUS : 실수, 상수 및 회로 구성에 도움이 되는 여러 가지 기능을 모아놓은 세션
4. I/O DEVICES : 입력 및 출력을 조정할 수 있는 소자들을 모아놓은 세션
5. BREAKERS & FAULTS : 회로 차단기 및 고장 상정에 필요한 소자들을 모아놓은 세션

6. HVDC, FACTS & POWER ELECTRONICS : HVDC 및 전력전자 소자들을 모아 놓은 세션

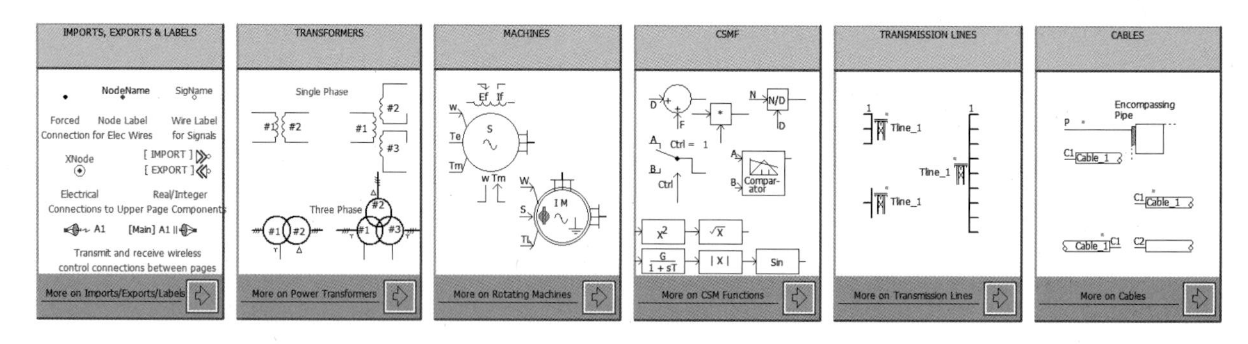

그림 20 Master Library #2

7. IMPORTS, EXPORTS & LAVELS : 데이터의 교환 및 데이터 이름을 설정할 수 있는 소자들을 모아놓은 세션
8. TRANSFORMERS : 여러 타입의 변압기를 모아놓은 세션
9. MACHINES : 여러 타입의 발전기 및 전동기를 설정할 수 있는 세션
10. CSMF : 연속 시스템 모델 함수를 제어할 수 있는 블록을 모아놓은 세션
11. TRANSMISSION LINES : 다양한 송전선 모델을 설정할 수 있는 세션
12. CABLES : 다양한 케이블 모델을 설정할 수 있는 세션

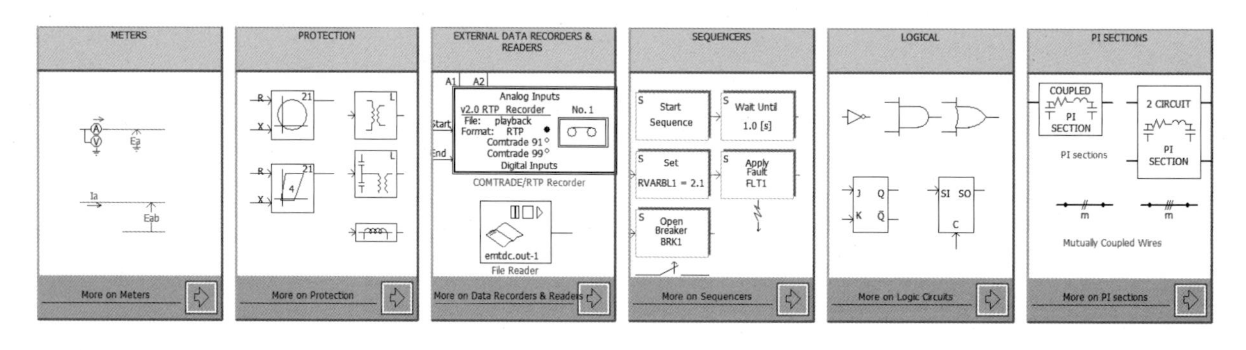

그림 21 Master Library #3

13. METERS : 전압, 전류, 유효전력, 무효전력 및 주파수 등을 측정할 수 있는 측정기를 모아놓은 세션

14. PROTECTION : 회로 보호장치를 모델링할 수 있는 세션

15. EXTERNAL DATA RECORDERS & READERS : 외부 데이터를 불러오거나 저장할 수 있는 기능을 가진 세션

16. SEQUENCERS : 시퀀스 회로를 모델링할 수 있는 소자들을 모아놓은 세션

17. LOGICAL : 디지털 논리 회로 소자들을 모아놓은 세션

18. PI SECTION : PI 등가화 모델을 모델링할 수 있는 세션

INDEX

S

T

V

ㄱ

ㄴ

ㄷ

ㄹ

ㅁ

ㅂ

ㅅ

ㅇ